同济数学系列丛书
TONGJISHUXUEXILIECONGSHU

研究生数学建模竞赛
获奖论文选评

（上）

陈雄达　杨筱菡　王勇智　编

同济大学 出版社
TONGJI UNIVERSITY PRESS

内 容 提 要

　　同济大学在 2018 年中国研究生数学建模竞赛中取得了优异的成绩。本书精选了获奖论文中具有代表性的论文，按照竞赛论文的写作要求，每一篇论文都包含了摘要、问题重述、分析、假设和建模、问题的求解及模型检验和评价等内容。论文前给出了原题，同一问题还包含了不同的解决方案，以及对应这一方案的教师点评，以供读者参考。

　　本书可供准备参加数学建模竞赛的学生学习参考，对于从事工科建模尤其是要寻找一定实际问题的数学解决方法的研究者也有一定的参考价值。

图书在版编目(CIP)数据

研究生数学建模竞赛获奖论文选评. 上 / 陈雄达，
杨筱菡，王勇智编. -- 上海：同济大学出版社，2021.1
　　ISBN 978-7-5608-8961-0

　　Ⅰ.①研… Ⅱ.①陈… ②杨… ③王… Ⅲ.①数学模
型—文集 Ⅳ.①O141.4-53

中国版本图书馆 CIP 数据核字(2019)第 299125 号

研究生数学建模竞赛获奖论文选评（上）

陈雄达　杨筱菡　王勇智　编

责任编辑 张 莉		**助理编辑** 任学敏		**责任校对** 徐逢乔		**封面设计** 陈益平

出版发行	同济大学出版社　　　　www.tongjipress.com.cn
	（地址：上海市四平路 1239 号　邮编：200092　电话：021-65985622）
经　销	全国各地新华书店
排　版	南京月叶图文制作有限公司
印　刷	常熟市大宏印刷有限公司
开　本	787 mm×1092 mm　1/16
印　张	18.5
字　数	462 000
版　次	2021 年 1 月第 1 版　　2021 年 1 月第 1 次印刷
书　号	ISBN 978-7-5608-8961-0
定　价	56.00 元

前 言

　　研究生数学建模竞赛已经走过了十多个年头,深受广大研究生的欢迎。尤其是对理工科的同学,数学建模竞赛更是一次业务大赛,它为研究生提供了一次合作解决实际问题的机会,并很好地提高了他们的学术能力。这个锻炼是全方位的,包括搜集资料、问题分析、探求解决方案,经历各种困难和失败,在极短的时间内完成模型并书写成正式的论文,不仅需要各小组成员具备基本的能力,也考验他们的团队协作精神。经过这样一次历练,很多学生都觉得受益匪浅,增强了自身利用所学服务社会的信心。指导教师也为他们取得的进步感到由衷的欢喜。

　　经过多年参加研究生数学建模竞赛,同济大学在研究生数学建模的团队建设、教学组织和竞赛培训方面取得了长足的进步。最近几年,同济大学的竞赛成绩更是在全国名列前茅,多次获得一等奖和专项奖。竞赛的名次固然重要,但更重要的是学生们在竞赛中获得了能力的提升,增强了自信心。我们觉得有必要分析总结他们在竞赛中的成功经验和有待改进之处,对参赛的学生是一个反思和再次提高的机会,对其他学生则是一个学习借鉴的样本,可以使其多吸收他人经验,少走弯路。

　　本书精选了2018年中国研究生数学建模竞赛多篇获奖的同济大学参赛论文,入选论文在文字上略有修改,但基本模型和论文结构没有改动,文后附有指导教师的点评。与通常的数学竞赛不同,数学建模论文的优劣可以说是见仁见智的事情,点评的指导教师因为个人风格和点评的侧重不一,甚至会和比赛时评阅老师的意见相左。尽管如此,本书收录的论文都是获奖的优秀论文,每一篇论文都有它的出彩之处,也有论文作者不经意留下的一些瑕疵。我们希望读者能够从原作者的角度去思考问题,审视论文,从而汲取营养,获得经验。

最后,感谢论文的作者即这些参赛的学生们,他们把仓促而成的作品放在这里和大家分享;感谢点评论文的老师们,他们的指导工作是学生们成长的巨大助力;感谢研究生院培养处的廖振良教授、王玮老师和徐立蓓老师,没有他们事无巨细的后勤工作,该论文集的出版是无法实现的;感谢同济大学出版社,是他们的工作使得我们的想法最终得以实现。

编　者

2019 年 8 月

目 录

第二部分　2018 年 C 题

第三部分　2018 年 E 题

第一部分
2018 年 A 题

赛题：关于跳台跳水体型系数设置的建模分析

附件1

国际泳联在跳水竞赛规则中规定了不同跳水动作的代码及其难度系数（见附件1），它们与跳水运动员的起跳方式（起跳时运动员正面朝向、翻腾方向）及空中动作（翻腾及转体周数、身体姿势）有关。裁判员们评分时，根据运动员完成动作的表现优劣及入水效果，各自给出从 10 到 0 的动作评分，然后按一定公式计算该运动员该动作的完成分，此完成分乘以该动作的难度系数即为该运动员该动作的最终得分。因此，出于公平性考虑，一个跳水动作的难度系数应充分反映该动作的真实难度。但是，有人说，瘦小体型的运动员在做翻腾及转体动作时有体型优势，应当设置体型系数予以校正，请通过建模分析，回答以下问题：

（1）研究分析附件 1 的 Appendix 3-4，关于国际泳联十米跳台跳水难度系数的确定规则，你们可以得到哪些对解决以下问题有意义的结论？

（2）请应用物理学方法，建立模型描述运动员完成各个跳水动作的时间与运动员体型（身高、体重）之间的关系。

（3）请根据模型说明，在十米跳台跳水比赛中设置体型校正系数有无必要。如果有，校正系数应如何设置？

（4）请尝试基于建立的上述模型，给出表 1 中所列的十米跳台跳水动作的难度系数。结果与附件 1 中规定的难度系数有无区别？ 如果有区别，请作出解释。

表 1   十米跳台难度系数表（部分动作）

动作代码	PIKE		TUCK		动作代码	PIKE		TUCK	
	原	新	原	新		原	新	原	新
	B	B	C	C		B	B	C	C
105	2.3		2.1		5154	3.3		3.1	
107	3.0		2.7		5156	3.8		3.6	
109	4.1		3.7		5172	3.6		3.3	
1011	—	—	4.7		5255	3.6		3.4	
205	2.9		2.7		5257	4.1		3.9	
207	3.6		3.3		5271	3.2		2.9	
209	4.5		4.2		5273	3.8		3.5	
305	3.0		2.8		5275	4.2		3.9	

(续表)

动作代码	PIKE		TUCK		动作代码	PIKE		TUCK	
	原	新	原	新		原	新	原	新
	B	B	C	C		B	B	C	C
307	3.7		3.4		5353	3.3		3.1	
309	4.8		4.5		5355	3.7		3.5	
405	2.8		2.5		5371	3.3		3.0	
407	3.5		3.2		5373	—	—	3.6	
409	4.4		4.1		5375	—	—	4.0	

【动作代码说明】(1)第一位数表示运动员起跳前正面朝向以及翻腾方向,1、3表示面向水池,2、4表示背向水池;1、2表示向外翻腾,3、4表示向内翻腾。(2)第三位数字表示翻腾周数,例如407,表示背向水池,向内翻腾3周半。(3)B表示屈体,C表示抱膝。(4)如果第一位数字是5,表示有转体动作,此时,第二位数字意义同(1),第三位数字表示翻腾周数,第四位数字表示转体周数,例如5375,表示面向水池向内翻腾3周半,转体2周半。

第1篇

运动员跳台跳水运动学建模与分析

刘嘉辉　陈　淼　聂飞龙

同济大学机械与能源工程学院

摘要　运动员跳台跳水过程中要完成各个跳水动作,跳水成绩的优劣取决于运动员跳水完成时间的长短以及跳水动作难度系数的高低。由于运动员的不同体型参数(身高、体重)会对跳水动作完成时间及跳水成绩产生影响,本文针对跳台跳水运动员完成各个跳水动作的时间与运动员体型之间的关系进行了研究,分析了不同跳水动作的含义及其总体难度系数确定规则,根据总体难度系数与翻腾周数、转体周数、空中姿势、起跳方式及非自然落水的关系,发现翻腾周数与转体周数是难度系数的主要影响因素。根据运动员离开跳台完成翻腾、转体等一系列动作过程中人体满足整体角动量守恒定理,建立运动学模型。首先,在运动员质心处建立整体坐标系及局部坐标系,采用欧拉角描述局部坐标系相对整体坐标系的姿态参数,并利用姿态变换矩阵将局部坐标系下的角动量投影至整体坐标系中,推导完成各姿态角速度之间的关系。其次,设置初始条件,利用微元分析法求解得到新的姿态参数及角速度,对角速度进行积分,得到运动员翻腾角位移及转体角位移与时间的关系。分析转体、抱膝翻腾及屈体翻腾三种动作技术特点,将人体分为9部分,分别计算各部分转动惯量,利用平行轴定理将各部分转动惯量进行叠加,得到人体总转动惯量,同时定义了体型参数。最后,分析体型参数对抱膝翻腾、屈体翻腾及组合动作(转体和翻腾)的影响,推导了部分动作完成时间与体型参数的关系式,利用 MATLAB 仿真实例说明运动员的体型参数与跳水动作时间的关系。该运动学模型的建立与分析为跳水动作难度系数的设置提供了指导,对保证跳水比赛的公平性具有重要意义。

关键词　难度系数,跳水运动学模型,角动量守恒,微元分析法,体型参数

1　引　言

国际泳联在跳水竞赛规则中规定了不同跳水动作的代码及其难度系数,它们与跳水运动员的起跳方式(起跳时运动员正面朝向、翻腾方向)及空中动作(翻腾及转体周数、身体姿势)有关。裁判员们评分时,根据运动员完成动作的表现优劣及入水效果,各自给出从 10 到 0 的动作评分,并按一定公式计算该运动员该动作的完成分,此完成分乘以该动作的难度系

数即为运动员该动作的最终得分。出于公平性考虑,跳水动作的难度系数应充分反映该动作的真实难度。然而不同体型参数的运动员跳水动作完成时间可能有所不同,进而影响其跳水成绩。

本文根据运动员的不同体型参数(身高、体重)对跳水动作完成时间及跳水成绩的影响建立数学模型,应用物理学方法分析了运动员完成各个跳水动作的时间与运动员体型之间的关系。以十米跳台跳水为例,根据所建立的运动学模型定义了相应的体型参数,通过MATLAB仿真实例说明了该模型建立的合理性,为跳水动作难度系数的设置提供了指导。

2 跳水难度系数影响因素分析

2.1 难度系数的确定方法

按照国际泳联规定,跳水运动员完成一组动作的最终得分由动作难度系数乘以动作完成分得到。难度系数取决于翻腾周数、转体周数、空中姿势、起跳方式及非自然入水,其中翻腾周数与转体周数是主要影响因素。

要确定跳水动作的难度系数,首先要确定动作难度。动作包括五个部分,分别为起跳方式、空中采用的姿势(直体、屈体、抱膝)、翻腾情况、转体情况、非自然入水,然后分项地给出动作难度定量标准。对于一组跳水动作,通过分项计算五部分难度系数量值并叠加,即可得到总的难度系数。五部分的具体分析如下:

(1) 翻腾(A):跳水动作的主要技术部分,其难度系数值取决于翻腾周数。翻腾周数越多,难度系数越高。

(2) 空中姿势(B):其难度系数值取决于采用的直体、屈体、抱膝等不同的姿势,翻腾周数以及起跳方式。

(3) 转体(C):跳水的主要技术动作之一,其难度系数值取决于转体周数、翻腾周数及起跳方式。转体周数大则难度大。(转体周数的影响因素为起跳时身体的方向,运动员起跳时在自身平面内的倾转角度决定了转体速度和翻腾速度的比例关系。)

(4) 起跳方式(D):分为走台(向前、反身)起跳和静止(向后、向内、臂立)起跳。起跳方式也是动作难度系数的逻辑构成,因此难度系数值由转体周数、翻腾周数及起跳方式共同决定。

(5) 非自然入水(E):诸如向前、向内翻腾半周、一周半等带半周头的入水动作,入水较为简单,为自然入水;反之则为非自然入水。其难度系数值取决于翻腾周数及起跳方式。由非正常入水动作难度系数可知,入水前完成的翻腾周数越多,难度系数越高。

总体难度系数为

$$DD = A + B + C + D + E \tag{1}$$

2.2 动作难度系数的研究

由上述分析可知,难度系数的影响因素为翻腾周数、转体周数、空中姿势、起跳方式及非自然入水。其中,翻腾周数以及转体周数是动作难度系数的主要影响因素。

本文侧重于对空中翻腾以及转体动作的研究。因此,在分析体型对某一个动作的影响时,仅考虑其对翻腾(A)与转体(C)所形成的动作难度系数值D_f的影响,即

$$D_f = A + C \tag{2}$$

那么总体难度系数值为

$$DD = D_f + B + D + E \tag{3}$$

由于运动员完成一次跳水时,质心只受重力作用,即离开跳台到落水的时间段内,重心运动时间一样,则翻腾周数、转体动作及空中姿势的难度系数取决于运动中转动惯量的大小。运动中控制身体,确保以最小的转动惯量完成更多的翻腾或转体动作,这是动作难度系数的本质。而非自然入水的难度系数随着翻腾周数增加而增加,进一步说明在运动中转动惯量越小,完成的翻腾周数越多,难度系数越大。

各因素对动作难度系数的影响见表1。

表1　　　　　　　　　　各因素对难度系数重要性的星级评价

因素	影响难度系数星级	各部分难度系数	总体难度系数
翻腾	★★★★★	D_f	DD
转体	★★★★		
空中姿势	★★★	B	
起跳方式	★★	D	
非自然入水	★★	E	

在相同动作或身体姿势下,运动员的体型(身高、体重)必然带来转动惯量的差异,因此需要考虑设置体型参数。

3　跳台跳水的运动学建模分析

3.1　运动学基本原理

运动员的跳水运动过程包括两部分:一是运动员质心在重力作用下的自由落体运动;二是运动员在整个运动过程中的一系列技术动作(翻腾、扭转、屈体、抱膝等)。忽略空气阻力及初始起跳速度的差异,运动员质心下落的时间是一个恒定值。由于动作的难易程度与完成动作的时间呈正相关,那么需要较长时间完成的动作,难度系数也更高。

在运动员离开跳台完成翻腾、转体等一系列动作的过程中,人体质心处仅受到重力(忽略空气阻力),由于重力对质心的力臂为零,重力对自身无法产生外力矩,因此满足角动量守恒定理,即运动员在空中无论是何种运动形式,该运动过程中整体角动量的大小及方向都保持不变。因此,可根据整体角动量守恒建立跳水运动学模型,分析体型参数对抱膝翻腾、屈体翻腾及组合动作(转体+翻腾)的影响。

对于十米跳台,假设质心做平抛运动,人体质心满足抛物线轨迹,运动员从起跳到落水

的时间约为 1.429 s,那么全部动作(翻转、转体及身体打开等一系列动作)要在这段时间内完成。

3.2 组合动作角速度模型分析

运动员的翻腾及转体动作是决定难度系数的重要因素,对这两种动作进行运动学建模并分析。如图 1 所示,建立整体坐标系 $G\text{-}x_G y_G z_G$ 及局部坐标系 $L\text{-}x_L y_L z_L$。

整体坐标系 $G\text{-}x_G y_G z_G$ 的坐标原点 G 位于人体质心,选择垂直于跳台向上方向为整体坐标系的 z_G 方向,跳台左右方向为 x_G 方向(以垂直纸面向外为正),跳台前后方向为 y_G 方向,该坐标系原点跟随质心移动,但各坐标轴朝向保持不变。

局部坐标系 $L\text{-}x_L y_L z_L$ 的坐标原点 L 位于人体质心,选择骨盆至头顶方向为 z_L 方向,左右手方向为 x_L 方向,以垂直纸面向外为正(初始时刻),身体前后背

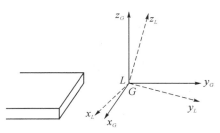

图 1　整体坐标系与局部坐标系

方向为 y_L 方向,该坐标系原点跟随质心移动,各坐标轴朝向与运动员身体动作密切相关。

运动员在运动过程中,转体运动往往伴随着翻滚动作,为便于分析,假定在极短时间内,运动过程为运动员先绕局部坐标系 x_L 轴转动角度 ψ,在得到的新坐标下绕 y_L 轴转动角度 θ,继续在得到的新坐标下绕 z_L 轴转动角度 ϕ,则局部坐标的姿态角即可定义为 $(\psi\theta\phi)^{\mathrm{T}}$。局部坐标系与整体坐标系之间的变换关系可以用欧拉角($x-y-z$,相对于当前坐标)描述[1],即

$$
\begin{aligned}
R_G^L &= R_{x,\psi}(\psi)R_{y,\theta}(\theta)R_{z,\phi}(\phi) \\
&= \begin{bmatrix} 1 & 0 & 0 \\ 0 & c_\psi & -s_\psi \\ 0 & s_\psi & c_\psi \end{bmatrix} \begin{bmatrix} c_\theta & 0 & s_\theta \\ 0 & 1 & 0 \\ -s_\theta & 0 & c_\theta \end{bmatrix} \begin{bmatrix} c_\phi & -s_\phi & 0 \\ s_\phi & c_\phi & 0 \\ 0 & 0 & 1 \end{bmatrix} \\
&= \begin{bmatrix} c_\phi c_\theta & -s_\phi c_\theta & s_\theta \\ s_\phi c_\psi + s_\psi s_\theta c_\phi & c_\phi c_\psi - s_\phi s_\theta s_\psi & -s_\psi c_\theta \\ s_\phi s_\psi - c_\phi s_\theta c_\psi & c_\phi s_\psi + s_\phi s_\theta c_\psi & c_\psi c_\theta \end{bmatrix}
\end{aligned} \tag{4}
$$

式(4)中,c 表示余弦函数 cos;s 表示正弦函数 sin。

在局部坐标系 $L\text{-}x_L y_L z_L$ 下的矢量 $\boldsymbol{p}_L$ 在整体坐标系 $G\text{-}x_G y_G z_G$ 下的描述为

$$\boldsymbol{p}_G = R_G^L \boldsymbol{p}_L \tag{5}$$

设运动员相对三个局部坐标系转轴的转动惯量分别为 I_{Lx}、I_{Ly} 及 I_{Lz},在运动员身体各部分位置不发生改变的情况下该转动惯量保持不变,则在局部坐标系 $L\text{-}x_L y_L z_L$ 下的角动量为

$$
\boldsymbol{H}_L = \begin{bmatrix} I_{Lx}\dot\psi \\ I_{Ly}\dot\theta \\ I_{Lz}\dot\phi \end{bmatrix} \tag{6}
$$

由于 $\dot{\psi}$、$\dot{\theta}$ 及 $\dot{\phi}$ 在空间中的大小方向有可能改变,因此局部坐标系下的角动量是变化的。由上述分析可知,运动员的整体角动量相对于整体坐标系守恒,将各部分角动量投影到整体坐标系下,可得

$$\boldsymbol{H}_G = R_G^L \boldsymbol{H}_L \tag{7}$$

式(7)中,$\boldsymbol{H}_G = (H, 0, 0)^T$ 为运动员在整体坐标系下的初始角动量[2],则

$$\begin{bmatrix} c_\varphi c_\theta & -s_\varphi c_\theta & s_\theta \\ s_\varphi c_\psi + s_\psi s_\theta c_\varphi & c_\varphi c_\psi - s_\psi s_\theta s_\varphi & -s_\psi c_\theta \\ s_\varphi s_\psi - c_\psi s_\theta c_\varphi & c_\varphi s_\psi + s_\psi s_\theta c_\varphi & c_\psi c_\theta \end{bmatrix} \begin{bmatrix} I_{Lx}\,\dot{\psi} \\ I_{Ly}\,\dot{\theta} \\ I_{Lz}\,\dot{\phi} \end{bmatrix} = \begin{bmatrix} H \\ 0 \\ 0 \end{bmatrix} \tag{8}$$

式(8)中,c 表示余弦函数 $\cos$;s 表示正弦函数 $\sin$。化简得到

$$\dot{\psi} = \frac{Hc_\theta c_\varphi}{I_{Lx}}, \qquad \frac{\dot{\theta}}{\dot{\psi}} = -\frac{s_\varphi I_{Lx}}{c_\varphi I_{Ly}}, \qquad \frac{\dot{\phi}}{\dot{\psi}} = \frac{s_\theta I_{Lx}}{c_\theta c_\varphi I_{Lz}} \tag{9}$$

据此,即可求解运动员的翻腾角度、转体角度及姿态参数等重要信息。

值得注意的是,运动员转体动作的角度与 φ 并不为同一角度,φ 描述的是运动员局部坐标方位朝向的姿态角(小于 2π),而转体动作的角度是相对自身 z_L 轴所经历的所有转动角度[3, 4],即

$$s(\varphi) = \sum_{i=1}^{n} \dot{\varphi}_i \Delta t_i \tag{10}$$

式(10)中,$\dot{\varphi}_i$ 为某一时刻的转体角速度;Δt_i 为时间间隔;$s(\varphi)$ 为运动员转体运动的角度。

同理,运动员翻腾运动的角度也可写为

$$s(\psi) = \sum_{i=1}^{n} \dot{\psi}_i \Delta t_i \tag{11}$$

式(11)中,$\dot{\psi}_i$ 为某一时刻的翻腾角速度。其他动作类似,MATLAB 求解流程如图 2 所示。

以翻腾动作为例,采用微元分析法求解该运动过程的步骤如下:

(1) 设定各姿态值、角位移及角速度等状态的初值,假定某一时刻角速度 $\dot{\psi}$ 为 $u(i)$,根据上述公式计算 $\dot{\varphi}$、$\dot{\theta}$,分别设为 $v(i)$ 及 $w(i)$;

(2) 在该极短时间段内求解各姿态角度的增量得到新的姿态值 $uu(i)$、$vv(i)$ 及 $ww(i)$,将新的姿态值代入角速度 $\dot{\psi}$ 公式中;

(3) 重复这一过程,即可得到整体运动过程,在循环计算过程中,累加每次姿态角度的增量即为运动员运动过的角度 $us(i)$。

3.3 跳水动作的转动惯量模型分析

通过前文的分析可知,运动员主要有 2 种技术动作(翻腾及转体)和 3 种身体姿势(抱膝、屈体及展开)。因此可将人体分为 9 大部分[5],分别为上半身(头颈与躯干)、前臂(前臂与手掌)、上臂、大腿、小腿(小腿与足部),如图 3 所示。m 为人体总质量,C_0 为人体质心,m_i ($i = 1, \cdots, 5$) 为各部分质量,C_i($i = 1, \cdots, 5$) 为各部分质心,除上半身质心不在形心处以

外,其他部分的质心假设位于形心。

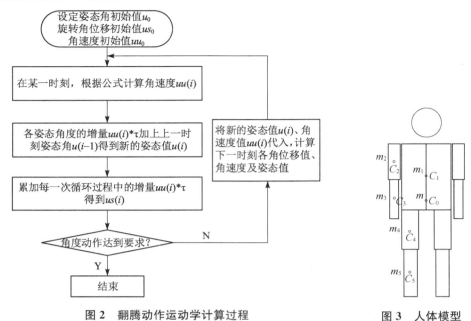

图 2 翻腾动作运动学计算过程

图 3 人体模型

查阅国家技术监督局根据 300 多万个中国成年人人体尺寸数据库进行统计分析的结果,得到人体模型参数,见表 2。

表 2 人体模型参数表

组成部分	物理形状模型	相对质量	各部分长度 e_i 与身高 E 的关系	重心位置	直径等尺寸
上半身	球体+长方体	52.67% (8.62%+44.05%)	$e_1 = (0.107 + 0.380)E$	$0.267e_1$	$D_{\text{head}} = 0.107E$, $l = 0.192E$, $w = 0.152E$, $h = 0.283E$
左上臂	圆柱	2.43%	$e_2 = 0.172E$	$0.5e_2$	$d_2 = 0.044E$
左前臂	圆柱	1.89%	$e_3 = 0.232E$	$0.5e_3$	$d_3 = 0.067E$
左大腿	圆柱	14.19%	$e_4 = 0.266E$	$0.5e_4$	$d_4 = 0.124E$
左小腿	圆柱	5.15%	$e_5 = 0.247E$	$0.5e_5$	$d_5 = 0.092E$
右上臂	圆柱	2.43%	$e_2 = 0.172E$	$0.5e_2$	$d_2 = 0.044E$
右前臂	圆柱	1.89%	$e_3 = 0.232E$	$0.5e_3$	$d_3 = 0.067E$
右大腿	圆柱	14.19%	$e_4 = 0.266E$	$0.5e_4$	$d_4 = 0.124E$
右小腿	圆柱	5.15%	$e_5 = 0.247E$	$0.5e_5$	$d_5 = 0.092E$

注:重心位置为各环节质心离上端部的距离,l 为躯干宽度,w 为躯干厚度,h 为躯干高度

查询头颈质量与躯干质量，计算得到上半身重心与颈部距离为 $h_1 = 0.160E$，与头顶距离为 $0.267e_1$。通过计算可得各部分相对自身质心的转动惯量。

（1）上半身转动惯量

上半身分为头颈与躯干两部分，头颈质量为 M_{head}，躯干质量为 M_{body}，二者之和为 m_1，如图 4 所示。

$$I_{x1} = \frac{2}{5}M_{\text{head}}R_{\text{head}}^2 + M_{\text{head}}R_{\text{head}2c}^2 + \frac{M_{\text{body}}}{12}(h^2 + w^2) + M_{\text{body}}R_{\text{body}2c}^2 \tag{12}$$

$$I_{y1} = \frac{2}{5}M_{\text{head}}R_{\text{head}}^2 + M_{\text{head}}R_{\text{head}2c}^2 + \frac{M_{\text{body}}}{12}(h^2 + l^2) + M_{\text{body}}R_{\text{body}2c}^2 \tag{13}$$

$$I_{z1} = \frac{2}{5}M_{\text{head}}R_{\text{head}}^2 + \frac{M_{\text{body}}}{12}(l^2 + w^2) \tag{14}$$

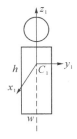

图 4　上半身转动惯量

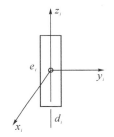

图 5　其他部分转动惯量

（2）其他部分转动惯量

其他部分均视为圆柱体，因此可认为质心与形心重合，如图 5 所示。

$$I_{xi} = \frac{m_i}{4}\left(\frac{d_i^2}{4} + \frac{e_i^2}{3}\right) \tag{15}$$

$$I_{yi} = \frac{m_i}{4}\left(\frac{d_i^2}{4} + \frac{e_i^2}{3}\right) \tag{16}$$

$$I_{zi} = \frac{m_i d_i^2}{8} \tag{17}$$

式中，$i = 2, \cdots, 5$。

分 3 种跳水姿态对转动惯量进行分析：

（1）抱膝动作

抱膝旋转过程中，假定大臂与躯体平行，小腿与躯体平行，大腿与躯体夹角为 α，前臂抱膝且与大臂垂直。由于该动作出现时只有翻腾方向的转动，因此只须计算绕 x 轴的转动惯量 I_{x01}。如图 6 所示，所形成的新的质心位置为 C_{01}，以 C_1 坐标系为原点计算新的质心位置 C_{01}，可得各部件质心相对于 C_1 坐标系的坐标：

$$C_1 = (0, 0, 0) \tag{18}$$

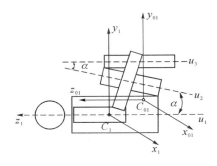

图 6　抱膝动作转动惯量

$$C_2 = \left(\frac{l+d_2}{2}, \, 0, \, h_1 - \frac{e_2}{2} \right) \tag{19}$$

$$C_3 = \left(\frac{l-d_2}{2}, \, \frac{e_3}{2}, \, h_1 - e_2 \right) \tag{20}$$

$$C_4 = \left(\frac{l-d_4}{2}, \, d_4 \cos\alpha + e_4 \sin\alpha + \frac{w}{2}, \, h_1 - h + \frac{e_4}{2}\cos\alpha - \frac{d_4}{2}\sin\alpha \right) \tag{21}$$

$$C_5 = \left(\frac{l-d_4}{2}, \, d_4 \cos\alpha + e_4 \sin\alpha + \frac{w}{2} + \frac{d_5}{2}, \, h_1 - h + \frac{e_4}{2}\cos\alpha - \frac{d_4}{2}\sin\alpha \right) \tag{22}$$

则新的质心位置 C_{01} 为

$$C_{01x} = 0 \tag{23}$$

$$C_{01y} = \frac{\left[2m_4 \left(\frac{d_4}{2}\cos\alpha + \frac{e_4}{2}\sin\alpha + \frac{w}{2} \right) + 2m_5 \left(d_4 \cos\alpha + e_4 \sin\alpha + \frac{w}{2} + \frac{d_5}{2} \right) + 2m_3 \frac{e_3}{2} \right]}{m} \tag{24}$$

$$C_{01z} = -\frac{\left[2m_2 \left(\frac{e_2}{2} - h_1 \right) + 2m_3(e_2 - h_1) + 2(m_4 + m_5)\left(h - h_1 - \frac{e_4}{2}\cos\alpha + \frac{d_4}{2}\sin\alpha \right) \right]}{m} \tag{25}$$

于是,绕 x 轴的转动惯量 I_{x01} 为

$$I_{x01} = \sum_{i=1}^{9} I_{xi} + M_{\text{head}} R_{\text{head2c01}}^2 + M_{\text{body}} R_{\text{body2c01}}^2 + 2m_2 R_{22c01}^2 + 2m_3 R_{32c01}^2 + 2m_4 R_{42c01}^2 + 2m_5 R_{52c01}^2 \tag{26}$$

其中,

$$R_{\text{head2c01}}^2 = C_{01y}^2 + (C_{01z} - C_{\text{headz}})^2 \tag{27}$$

$$R_{22c01}^2 = C_{01y}^2 + (C_{01z} - C_{2z})^2 \tag{28}$$

$$R_{32c01}^2 = \left(\frac{e_3}{2} - C_{01y} \right)^2 + (C_{01z} - C_{3z})^2 \tag{29}$$

$$R_{42c01}^2 = (C_{01y} - C_{4y})^2 + (C_{01z} - C_{4z})^2 \tag{30}$$

$$R_{52c01}^2 = (C_{01y} - C_{5y})^2 + (C_{01z} - C_{5z})^2 \tag{31}$$

式中, C_{iy} 与 C_{iz} 为各部分质心在 C_1 坐标系下的坐标。

经编程计算,当 $\alpha = \frac{\pi}{15}$ 时, $I_{x01} = 0.033\,4mE^2$。多取几组角度,进一步分析可得大腿与躯体夹角 α 与转动惯量 I_{x01} 系数的关系。线性拟合后的表达式为

$$I_{x01} = (0.025\,3\alpha + 0.028\,3)mE^2 \tag{32}$$

夹角 α 越大,转动惯量 I_{x01} 越大,转动角速度越慢,完成动作时间越长。

（2）屈体动作

如图7所示,屈体旋转过程中,假定大臂与躯体平行,小腿与大腿平行,大腿与躯体夹角为α,大臂与躯体垂直,前臂抱住小腿且与大臂垂直,由于该动作出现时只有翻腾方向的转动,因此只需计算绕x轴的转动惯量I_{x02}。

绕x轴的转动惯量I_{x02}为

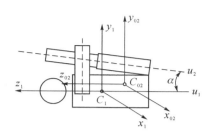

图7 屈体动作转动惯量

$$I_{x02} = \sum_{i=1}^{9} I_{xi} + M_{\text{head}} R_{\text{head}2c01}^2 + M_{\text{body}} R_{\text{body}2c02}^2 + 2m_2 R_{22c02}^2 \\ + 2m_3 R_{32c02}^2 + 2m_4 R_{42c02}^2 + 2m_5 R_{52c02}^2 \tag{33}$$

转动惯量的推导过程与前文相同,这里不再赘述。

当$\alpha = \dfrac{\pi}{15}$时,$I_{x02} = 0.042\,7mE^2$。经计算得到大腿与躯体夹角α与转动惯量I_{x02}系数的关系。线性拟合后的表达式为

$$I_{x02} = (0.042\,5\alpha + 0.034\,1)mE^2 \tag{34}$$

夹角α越大,转动惯量I_{x02}越大,转动角速度越慢,完成动作时间越长;在相同体型及夹角的前提下,屈体翻腾转动惯量大于抱膝翻腾,在相同角动量下,角速度较慢,因此动作完成难度更大。

（3）展开转体动作

如图8所示,在展开转体动作过程中,假定大臂、躯体、小腿与大腿位于同一直线上,左前臂抱住头颅且与左大臂垂直,右前臂抱住躯干且与右大臂垂直,该动作出现时翻腾方向、转体方向以及倾转方向均有转动,因此须计算3个方向的转动惯量I_{x03},I_{y03}以及I_{z03}。

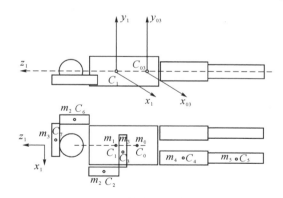

图8 展开转体动作转动惯量

由图8可知,形成的新的质心位置为C_{03},以C_1坐标系为原点计算新的质心位置C_{03},得到转动惯量I_{x03}为

$$I_{x03} = \sum_{i=1}^{9} I_{xi} - C_{02z}^2 \sum_{i=1}^{9} m_i + M_{\text{head}} R_{\text{head}2c03}^2 + M_{\text{body}} R_{\text{body}2c03}^2 + m_2 R_{22c03}^2 + \\ m_3 R_{32c03}^2 + 2m_4 R_{42c03}^2 + 2m_5 R_{52c03}^2 + m_2 R_{62c03}^2 + m_3 R_{72c03}^2 \tag{35}$$

转动惯量 I_{y03} 为

$$I_{y03} = \sum_{i=1}^{9} I_{yi} - C_{02z}^2 \sum_{i=1}^{9} m_i + M_{\text{head}} R_{\text{head2c03}}^2 + M_{\text{body}} R_{\text{body2c03}}^2 + m_2 R_{22c03}^2 + \qquad (36)$$
$$m_3 R_{32c03}^2 + 2m_4 R_{42c03}^2 + 2m_5 R_{52c03}^2 + m_2 R_{62c03}^2 + m_3 R_{72c03}^2$$

转动惯量 I_{z03} 为

$$I_{z03} = \sum_{i=1}^{9} I_{zi} + m_2 R_{22c03}^2 + m_3 R_{32c03}^2 + 2m_4 R_{42c03}^2 + 2m_5 R_{52c03}^2 + m_2 R_{62c03}^2 + m_3 R_{72c03}^2 \qquad (37)$$

转动惯量的推导过程与前文相同,这里不再赘述。

编程计算后得到

$$I_{x03} = 0.040\,5 mE^2 \qquad (38)$$

$$I_{y03} = 0.041\,7 mE^2 \qquad (39)$$

$$I_{z03} = 0.015\,7 mE^2 \qquad (40)$$

由上述转动惯量计算结果可知,mE^2 总存在于转动惯量中,因此可定义体型参数 B_P 为

$$B_P = mE^2 \qquad (41)$$

单位为 $\text{kg} \cdot \text{m}^2$。

各动作姿态下,身体相对局部坐标系下的转动惯量计算公式汇总见表 3。

表 3 各动作姿态转动惯量计算公式

转动惯量	计算公式
抱膝运动转动惯量 I_{x01}	$I_{x01} = (0.025\,3\alpha + 0.028\,3)B_P$
屈体运动转动惯量 I_{x02}	$I_{x02} = (0.042\,5\alpha + 0.034\,1)B_P$
转体运动转动惯量 I_{x03}	$I_{x03} = 0.040\,5 B_P$
转体运动转动惯量 I_{y03}	$I_{y03} = 0.041\,7 B_P$
转体运动转动惯量 I_{z03}	$I_{z03} = 0.015\,7 B_P$

3.4 考虑体型参数的运动时间分析

纯翻腾动作过程中,有两种姿态即抱膝翻腾和屈体翻腾。

(1)抱膝翻腾

在同一初始角动量 H 下,令 $\alpha = \dfrac{\pi}{15}$,$I_{x01} = 0.033\,4 mE^2$,$H = 120\,\text{kg} \cdot \text{m}^2/\text{s}$,计算不同体型的人完成 1 周抱膝翻腾动作所需时间,结果见表 4。

表 4   **完成 1 周抱膝翻腾动作所需时间(s)**

身高(m)	质量(kg)				
	55	60	65	70	75
1.60	0.249	0.271	0.294	0.316	0.339
1.65	0.264	0.288	0.312	0.336	0.360
1.70	0.281	0.306	0.332	0.357	0.383
1.75	0.297	0.324	0.351	0.378	0.405
1.80	0.315	0.343	0.372	0.400	0.429

由表 4 可知,体型参数越大,完成相应动作所需时间越多,根据前文角速度模型分析,可得抱膝翻腾 n 周的动作所需时间 t_{CS} 为

$$t_{CS} = \frac{2\pi n}{w} = \frac{2\pi n I_{x01}}{H} = \frac{(0.159\alpha + 0.178)nmE^2}{H} = \frac{(0.159\alpha + 0.178)nB_P}{H} \quad (42)$$

(2) 屈体翻腾

在同一初始角动量 H 下,令 $\alpha = \frac{\pi}{15}$, $I_{x02} = 0.0427mE^2$, $H = 120\,\text{kg} \cdot \text{m}^2/\text{s}$,计算不同体型的人完成 1 周屈体翻腾动作的时间,结果见表 5。

表 5   **完成 1 周屈体翻腾动作所需时间(s)**

身高(m)	质量(kg)				
	55	60	65	70	75
1.60	0.318	0.347	0.376	0.404	0.433
1.65	0.338	0.369	0.399	0.43	0.461
1.70	0.359	0.391	0.424	0.456	0.489
1.75	0.380	0.415	0.449	0.484	0.518
1.80	0.402	0.439	0.475	0.512	0.548

根据前文角速度模型分析,可得屈体翻腾 n 周的动作所需时间 t_{BS} 为

$$t_{BS} = \frac{2\pi n}{w} = \frac{2\pi n I_{x02}}{H} = \frac{(0.267\alpha + 0.214)nmE^2}{H} = \frac{(0.267\alpha + 0.214)nB_P}{H} \quad (43)$$

计算上述 25 种身高体重组合的体型系数参数 B_P,结果见表 6。

表 6	体型系数参数 B_P $(\text{kg} \cdot \text{m}^2)$				
身高(m)	质量(kg)				
	55	60	65	70	75
1.60	140.80	153.60	166.40	179.20	192.00
1.65	149.74	163.35	176.96	190.58	204.19
1.70	158.95	173.40	187.85	202.30	216.75
1.75	168.44	183.75	199.06	214.38	229.69
1.80	178.20	194.40	210.60	226.80	243.00

在实际运动过程中,转体运动的同时伴随着翻腾运动[6, 7],且转体先于翻腾完成,因此,组合动作的完成时间取决于翻腾完成时间。在计算过程中,需要判断转体完成时间是否小于翻腾完成时间,只有当该条件成立时计算出的组合动作时间才有实际意义。

在转体动作完成之后,假设身体姿态由展开状态突变为屈体状态,即这一过程中对 x 轴的转动惯量由 $I_{x03} = 0.0405B_P$ 突变为 $I_{x02} = (0.0425\alpha + 0.0341)B_P$,计算出当 $\alpha = 0.151$ 时(即大腿与躯干夹角为 8.6°),二者转动惯量相等,该角度在合理范围之内。为简化计算,假设这一突变过程对 x 轴的转动惯量不变,均为 $I_{x03} = 0.0405B_P$。

根据前述角速度之间关系:

$$\dot{\psi} = \frac{Hc_\theta c_\varphi}{I_{Lx}}, \quad \dot{\theta} = -\frac{s_\varphi I_{Lx}}{c_\varphi I_{Ly}}\dot{\psi}, \quad \dot{\varphi} = \frac{s_\theta I_{Lx}}{c_\theta c_\varphi I_{Lz}}\dot{\psi} \tag{44}$$

要想产生转体动作,$\dot{\varphi}$ 不能为 0,即 θ 不能为 0,要求运动员在起跳离地时刻姿态角必须要有一定的倾斜角度[8],因此计算组合动作完成时间时需设定 θ 的初值,这里设置初值 $\theta_0 = \frac{\pi}{6}$。

计算各体型运动员完成 5255B(背向水池向外翻腾 2 周半,转体 2 周半)动作所需时间,对其进行整理的结果见表 7。

表 7	组合动作完成时间 t_{BTS} (s)				
身高(m)	质量(kg)				
	55	60	65	70	75
1.60	0.778	0.859	0.946	1.011	1.093
1.65	0.819	0.932	0.998	1.086	1.151
1.70	0.910	0.979	1.072	1.142	1.201
1.75	0.956	1.050	1.127	1.192	1.247
1.80	1.005	1.105	1.178	1.237	1.293

进一步分析组合动作完成时间 t_{BTS} 与体型参数 B_P 的关系,进行整理后其结果见表 8。

表 8　　　　　　　　完成 5255B 动作的体型参数 B_P 与组合动作完成时间 t_{BIS} 关系表

B_P (kg·m^2)	t_{BTS} (s)	B_P (kg·m^2)	t_{BTS} (s)	B_P (kg·m^2)	t_{BTS} (s)
140.8	0.778	178.2	1.005	204.2	1.151
149.7	0.819	179.2	1.011	210.6	1.178
153.6	0.859	183.8	1.050	214.4	1.192
159.0	0.910	187.9	1.072	216.8	1.201
163.4	0.932	190.6	1.086	226.8	1.237
166.4	0.946	192.2	1.093	229.7	1.247
168.4	0.956	194.4	1.105	243.0	1.293
173.4	0.979	199.1	1.127		
177.0	0.998	202.3	1.142		

　　由表 8 进一步分析组合动作完成时间 t_{BTS} 与体型参数 B_P 的关系可以发现,在初始值一致的情况下,完成同一组组合动作,体型参数 B_P 越大,所需时间 t_{BTS} 越长。对上述结果进行线性拟合,得

$$t_{BTS} = 0.005\,2B_P + 0.084\,1 \tag{45}$$

拟合结果如图 9 所示,相关系数为 99.1%,说明线性拟合结果较为理想。

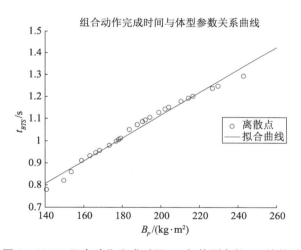

图 9　5255B 组合动作完成时间 t_{BTS} 与体型参数 B_P 的关系

各动作姿态下,动作完成时间计算公式见表 9。

表 9　　　　　　　　　　　　　各动作完成时间计算公式

动作姿态	完成动作时间计算公式
抱膝纯翻腾	$t_{CS} = \dfrac{(0.159\alpha + 0.178)nB_P}{H}$

(续表)

动作姿态	完成动作时间计算公式
屈体纯翻腾	$t_{BS} = \dfrac{(0.267\alpha + 0.214)nB_P}{H}$
5255B 组合动作 $\left(\theta_0 = \dfrac{\pi}{6},\ H = 240\ \text{kg}\cdot\text{m}^2/\text{s}\right)$	$t_{BTS} = 0.005\,2B_P + 0.084\,1$

4 组合动作运动学实例分析

为便于理解组合动作的运动学过程,采用 MATLAB 进行仿真实例分析。选取身高 $E = 1.70\ \text{m}$、体重 $m = 60\ \text{kg}$ 的运动员进行分析,在初始条件 $\theta_0 = \dfrac{\pi}{6}$,$H = 240\ \text{kg}\cdot\text{m}^2/\text{s}$ 下,对 5255B 组合动作进行计算,运动曲线如图 10 所示。

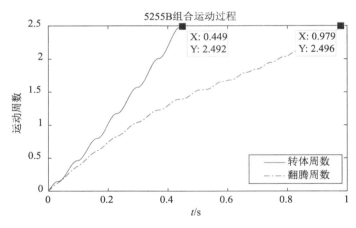

图 10 组合运动过程实例分析

由图 10 可知,运动员在转体过程中伴随着翻腾运动,转体角速度较大。当 $t = 0.449\ \text{s}$ 时,转体 2 周半完成,运动员靠身体姿态的突变改变身体惯性矩以停止转体运动,此时翻腾动作还在继续。当 $t = 0.977\ \text{s}$ 时,完成翻腾 2 周半的动作,组合运动结束,完成动作所需时间为 0.977 s,随后运动员打开身体落入水中。

5 结 论

经过跳水运动学分析,在跳台跳水运动中,跳水总体难度系数取决于翻腾、转体、空中姿势、起跳方式及非自然落水,其中翻腾周数与转体周数是主要影响因素。在运动学分析基础上根据整体角动量守恒建立了跳水运动学模型,采用欧拉角描述跳水运动员翻腾及转体动作过程,运动学模型推导过程完善,角速度微分方程模型易于求解。基于运动学模型分析了人体体型参数对抱膝翻腾、屈体翻腾及组合动作(转体和翻腾)的影响,推导了部分动作完成时间与体型参数的关系式,不足的是尚未得到完成组合动作运动时间与体型系数的解析表达式,仅得到了数值解。

参考文献

[1] Bharadwaj S, Duignan N, Dullin H R, et al. The diver with a rotor[J]. Indagationes Mathematicae, 2016, 27(5): 1147-1161.

[2] Mikl J, Rye D C. Twist within a somersault[J]. Human movement science, 2016, 45: 23-39.

[3] King M A, Yeadon M R. Maximising somersault rotation in tumbling[J]. Journal of Biomechanics, 2004, 37(4): 471-477.

[4] Yeadon M R, Hiley M J. The control of twisting somersaults[J]. Journal of biomechanics, 2014, 47(6): 1340-1347.

[5] Tong W, Dullin H R. A New Twisting Somersault: 513XD[J]. Journal of NonLinear Science, 2017, 27(6): 2037-2061.

[6] Dullin H R, Tong W. Twisting somersault[J]. SIAM Journal on Applied Dynamical Systems, 2016, 15(4): 1806-1822.

[7] Yeadon M R. The biomechanics of twisting somersaults Part I: Rigid body motions[J]. Journal of Sports Sciences, 1993, 11(3): 187-198.

[8] Frohlich C. Do springboard divers violate angular momentum conservation[J]. American Journal of Physics, 1979, 47(7): 583-592.

 点 评

陈雄达

　　这篇论文建立了跳台跳水体型系数设置的数学模型。本文从运动学的角度出发,研究了完成跳水动作的不同部分的难度系数,如翻腾、空中姿势、转体及起跳方式,把人体想象成不同身体部位如头部四肢等作为刚体的组合,讨论它们的运动学基本原理,分析了角速度模型和转动惯量模型,给出完成跳水动作所需要的时间。关于模型所需要的参数,作者以300多万个中国成年人人体尺寸数据作为基础,给出了中国人的平均参数,并对完成跳水时间和体型参数进行拟合,给出了经验公式,并做了一定的实例分析。

　　论文把人体想象成刚体或者刚体的组合使得对空中姿态进行难度分析成为可能,这是本论文的一个亮点;然而跳水的其余两个部分,起跳和入水,在本文分析中显得薄弱,文中的运动学模型似乎也不能直接运用到这两部分,这方面的工作值得深入完成。最后部分的实例分析使得本文的方法形成一个闭环,可以检验模型本身的适用程度,这是很多建模论文容易忽略之处。本文所提取的体型参数的方式还可以改进,例如只在中外跳水运动员中提取基本的数据,而不是限定在中国人的范围。

第 2 篇

跳台跳水体型系数设置的建模分析

王志强　马　睿　吕国生

同济大学铁道与城市轨道交通研究院

摘要　本文利用动力学分析方法,建立了关于运动员完成各个跳水动作的时间与运动员体型(身高、体重)之间关系的物理模型。通过随机抽样结合灵敏度分析,验证了设置体型校正系数的必要性,并对体型校正系数进行相关分析与设置。基于上述模型,对部分十米跳台跳水动作的难度系数进行重新设置。

　　首先,采用 Tableau 分析各个跳台跳水动作难度系数的组成成分,可以得到:翻腾的周数越多,难度系数越大;在相同翻腾周数中,转体周数越多,难度系数越大;同一类型的动作,直体难度系数最大,屈体次之,抱膝最小;同一类型的动作,旋转方向决定难度系数;难度系数计算公式由翻腾、空中姿势、转体、起跳方式和非自然入水五个部分相加组成。

　　其次,通过适当简化跳水动作,利用动力学方法,建立非刚体动力学的时间依赖欧拉方程模型。基于该模型,建立翻腾数 m 和转体数 n 与各个跳水动作时间的关系。同时,利用角动量的展开式建立描述运动员完成各个跳水动作的时间与运动员体型之间的关系。

　　再次,根据运动员完成每个动作的时间与运动员体型之间的关系式,可知跳水动作的数量与运动员的身高、体重密切相关,所以认为设置体型校正系数是必要的。因此,基于我国优秀男子跳水运动员的比赛及体型数据,采用 Monte-Carlo 随机抽样法对上述推论进行验证,研究身高、体重对完成一个跳水动作的影响。同时,基于 Spearman 秩相关系数,分析不同身高、体重运动员对空中时间的灵敏度。计算可得,身高、体重对运动员完成一个跳水动作所花费的空中时间的影响程度分别为 $0.629, 0.428$,即身高、体重对完成一个跳水动作都有影响,而且身高的影响比体重大,所以利用不同体型运动员空中时间的比值来定义体型校正系数。

　　最后,建立数值模型来评价运动员体质水平,将运动员体质水平共划分为 5 类。为了解翻腾周数和难度系数之间关系,使用统计学中的皮尔森相关系数概念,并结合 SPSS 软件和 MATLAB 软件,分析和求解出相同体型的人翻腾不同周数与难度系数的关系,以此为重新制定难度系数表的依据。参考中国优秀运动员的身高和体重的标准,确定第三类运动员为优秀运动员,以优秀运动员的难度系数表为基准,制定出难度系数表。对比分析可得,高难度动作对于五类运动员来说是困难的;一类、二类和三类运动员难度系数变化较小,说明体重越轻、身高越矮的人难度系数变化幅度越小,这是由于体型瘦小,转动速度达到限值且无法增加,不能提高翻腾或转体周数,所以难度系数不会增加。

关键词 欧拉方程,Monte-Carlo,Spearman,聚类分析,模糊数学法

1 引 言

国际泳联在跳水竞赛规则中规定了不同跳水动作的代码及其难度系数,它们与跳水运动员的起跳方式(起跳时运动员正面朝向、翻腾方向)及空中动作(翻腾及转体周数、身体姿势)有关。出于公平性考虑,一个跳水动作的难度系数应充分反映该动作的真实难度。但有人认为瘦小体型的运动员在做翻腾及转体动作时有体型优势,应当设置体型系数予以校正。

因此,为保证竞赛公平,针对不同运动员的体型,通过数学建模分析的方法,设置调整体型系数。

本文首先分析国际泳联十米跳台跳水难度系数的确定规则,采用 Tableau 分析各跳台跳水动作难度系数的组成成分,得到翻腾周数、转体周数、空中姿势、旋转方向与难度系数的关系。同时,基于翻腾、空中姿势、转体、起跳方式和非自然入水五个组成成分得到跳台跳水的难度系数。

其次,使用简化为非刚体动力学的时间依赖欧拉方程给出翻腾转体的动力分析系统。通过欧拉方程的有理旋转数 $W=m/n$ 获得翻腾数 m 和转体数 n。使用具有实际时间的形状变化的完整模型,得出主要的转体-翻腾公式。结合角动量的展开式,建立模型描述运动员完成各个跳水动作的时间与运动员体型(身高、体重)之间的关系。

根据运动员完成每个动作的时间与运动员体型之间的关系式可知,跳水动作的数量与运动员的身高、体重密切相关。因此,有理由认为设置体型校正系数是必要的。然后,采用 ANSYS 的概率设计 PDS 模块下的 Monte-Carlo 法验证上述推论,研究身高、体重对完成一个跳水动作的影响。并且计算分析不同身高、体重运动员对空中时间的灵敏度,从而定量地给出不同身高、体重对运动员完成一个跳水动作所需的空中时间的影响程度。由于身高、体重与运动员完成一个跳水动作所需的空中时间密切相关,所以利用空中时间的比值来确定体型校正系数。

对于不同体型的人,身高、体重会影响运动员在空中转体或翻腾时的角动量,即会影响翻腾或转体一周的时间。运动员在十米跳台上跳水的时间是一定的,不同体型的人转动周数会不同,而不同转动周数却有不同难度系数,因此认为确定难度系数时,需要考虑不同体型的运动员翻腾或转体周数变化的影响。基于上述模型,为避免对每一名运动员进行讨论,简化讨论范围,对运动员数据进行统计,用系统聚类分析方法,建立体质水平分类,运用模糊数学方法,建立体质的等级模型的隶属函数,评价运动员体质水平。将体型进行划分后,对翻腾周数和难度系数的关系进行讨论。依据国际泳联难度系数确定的规则,难度系数由翻腾、空中姿势、转体、起跳方式、非自然入水五个部分组成。最后重新考虑五个部分的难度系数的确定规则,制定出新的难度系数表格,依据新的难度系数表格,对问题中所给出的部分动作的难度系数依据不同体型的人进行重新设置,对比难度系数的变化,讨论结果的准确性。

2 模型的建立与求解

2.1 难度系数确定规则分析

通过研究分析国际泳联十米跳台跳水难度系数的确定规则,本文总结了从各项动作的难度系数到一套完整动作的难度系数的变化规律[1]。

(1)翻腾的周数越多,难度系数越大。其中以空中姿势为屈体动作(B)为例,如图 1 所示,背对水池向后跳水时,难度系数均会随着翻腾周数的增加而增大;以空中姿势为抱膝动作(C)为例,如图 2 所示,背向水池向内跳水时,也表现出相同规律。

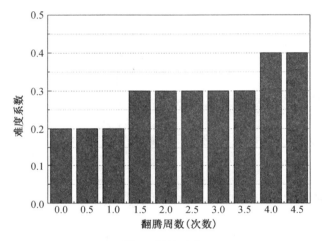

图 1 屈体动作

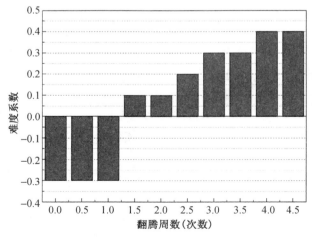

图 2 抱膝动作

（2）在相同翻腾周数中,转体周数越多,难度系数越大。如图 3 所示,以面向水池向前跳水为例,在一套跳水动作中翻腾周数相同,转体周数越多,难度系数越大,但转体周数相同,不同翻腾周数之间的难度系数变化不大。

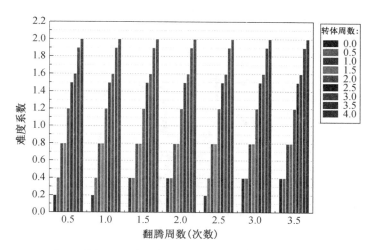

图 3 在相同翻腾周数中,转体周数与难度系数的关系

（3）同一类型的动作,直体（A）难度系数最大,屈体（B）难度系数次之,抱膝（C）难度最小。比如 105B 的难度就比 105C 大,因为屈体的翻腾半径较大。如图 4 所示,以面向水池向前翻腾为例,空中姿势 A、B、C 的难度系数依次递减,且随翻腾周数增加,难度系数有上升趋势;如图 5 所示,以面向水池向外翻腾为例,仍然可得相同规律。

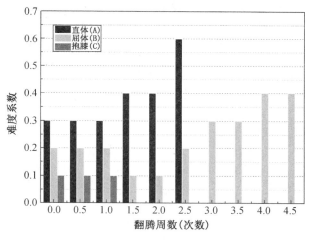

图 4 向前翻腾

（4）同一类型的动作,旋转方向决定难度系数。如图 6 所示,其中以空中姿势为直体动作（A）为例,一般来说背对水池向内跳水的难度系数最大,其次为向外、向后和向前,这个过程中也有例外。比如在背对水池向内跳水时,翻腾周数少于 1 周的时候,难度系数最小,但当翻腾周数大于 1 周的时候,难度系数会急剧增大,成为跳水动作中最有难度的旋转方向;

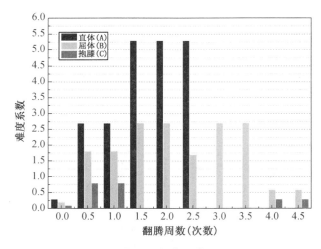

图 5　向外翻腾

以空中姿势为屈体动作（B）为例，如图 7 所示，仍然可以得到相同规律。

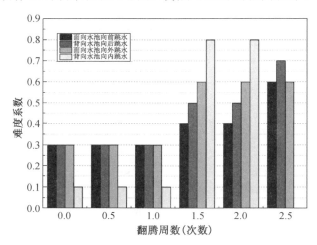

图 6　直体动作

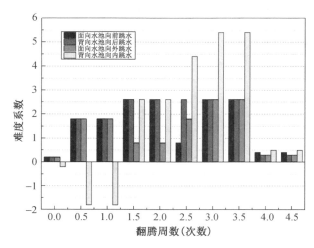

图 7　屈体动作

（5）本文归纳了难度系数的计算方法，分别考虑翻腾(a)、空中姿势(b)、转体(c)、起跳方式(d)和非自然入水(e)，将上述五个难度构成成分项计算出分值后，便可以求得该动作的实际难度系数，即五项之和。

翻腾(a)，是跳水动作的主要技术部分，也是重要的难度构成部分，其决定因素由翻腾周数和跳水高度组成，其中，周数越多难度越大，而高度将直接影响翻腾的完成情况，尤其在翻腾周数大于 1 周的时候，高度越低，难度系数越大。空中的翻腾动作主要分为三个阶段：急速阶段、保持高速翻转阶段和急减速阶段。从力学角度分析，人体在空中翻转的时候要遵循角动量守恒定律，一般只有在保持身体在最大团紧时，翻转速度才会保持在最大转速且不发生改变，直到身体打开准备入水。人体在翻转的过程中，团身时松时紧，将会影响翻腾速度，延长翻腾时间，导致入水无法完成。当运动员的身体在空中做翻腾动作的时候，其关键技术是腾空后的连接动作（空中翻腾动作与转体及转体与空中翻腾的连接），通过下落过程中人体的动量矩完成该动作[2]。

空中姿势(b)，采用直体、屈体、抱膝、任意等不同的姿势，则跳水动作的难度系数各不相同。其中，决定动作难易程度的因素是不同的空中姿势，而影响因素是动作方向和翻腾周数。

转体(c)，作为跳水动作的重要组成部分，和翻腾一样是难度系数的重要构成，其难度的决定因素是转体周数，周数越大，难度越大，反之亦然。

起跳方式(d)，不管采用走台还是静止起跳，采用向前还是反身、向后，都会影响到跳水动作的难度系数。由于起跳动作各不相同，起跳方式直接影响难度的逻辑构成。

非自然如水(e)，一般将向前、向内翻腾半周、一周半等含有半周入水的动作，在意义上认为其为自然入水，因此在难度构成中不占位置；反之，被称为非自然如水。其在逻辑上的难度构成包括起跳方向和翻腾周数两个方面，这也是为什么国际泳联规定所有带有转体的动作一律不考虑此项[3]。

将上述五个难度系数成分相加就是最终跳台跳水动作的难度系数，即

$$DD = a + b + c + d + e \tag{1}$$

例如，十米跳台 5154B 动作的难度系数确定为 $2.1 + 0.2 + 1 + 0 + 0 = 3.3$。

2.2　模型的建立

设 I 是空间固定帧中的恒定角动量矢量。刚体动力学通常使用固定帧，因为在固定帧中惯性张量是恒定的。从一个坐标系到另一个坐标系的变化由旋转矩阵 $\boldsymbol{R} = \boldsymbol{R}(t) \in SO(3)$ 给出，使得 $\boldsymbol{I} = \boldsymbol{RL}$。在固定帧中，矢量 $\boldsymbol{L}$ 被描述为移动矢量，并且由于 $\boldsymbol{R} \in SO(3)$，其长度仅保持恒定。固定帧中的角速度 $\boldsymbol{\Omega}$ 是这样的矢量，对于任何向量 v，有 $\boldsymbol{\Omega} \times v = \boldsymbol{R}^{t}\dot{\boldsymbol{R}}v$。即使对于耦合刚体系统，惯性张量通常也不是常数，固定帧仍然可以给出最简单的运动方程。

具有角动量 $\boldsymbol{L} \in \mathbf{R}^{3}$ 矢量的形状变化体的运动方程是

$$\dot{\boldsymbol{L}} = \boldsymbol{L} \times \boldsymbol{\Omega} \tag{2}$$

其中，$\boldsymbol{\Omega} \in \mathbf{R}^{3}$，通过下式给出：

$$\boldsymbol{\Omega} = \boldsymbol{\Gamma}^{-1}(\boldsymbol{L} - \boldsymbol{A}) \tag{3}$$

是惯性张量，是由形状变化产生的动量变化（或形状动量）。

一个简单的翻腾转体动作[4]是：运动开始时是围绕主轴的稳定旋转，导致纯翻腾（阶段1），并且通常这是关于具有不稳定平衡的中间主动惯性矩的轴。一段时间后发生形状变化，一只手臂下降（阶段2）。这使得身体不对称并在新的主轴和恒定的角动量矢量之间产生一些倾斜。结果，身体开始以恒定的形状扭曲（阶段3），直到另一个形状变化（阶段4）停止扭曲，然后身体恢复纯粹的翻腾运动（阶段5）直到头部第一次进入水中。在每个阶段花费的时间用 τ_i 表示，其中 $i = 1, \cdots, 5$。使用下标 i 表示阶段1至5，上标 t 表示扭曲阶段3。

对于耦合刚体系统，有

$$I = \sum_1^5 R_{a_i} I_i R_{a_i}^t + m_i(\mid C_i \mid^2 - C_i C_i^t) \tag{4}$$

和

$$A = \sum_1^5 (m_i C_i \times R_{a_i} I_i \Omega_{a_i}) \tag{5}$$

其中，m_i 是质量，C_i 是质心的位置，R_{a_i} 是相对方向，Ω_{a_i} 是相对角速度，对于所有 $v \in R^3$ 以及 I_i 的身体张量惯性满足 $R_{a_i}^t \dot{R}_{a_i} v = \Omega_{a_i} v$。

当执行 n 次转体时，关于模型的固定角动量轴 I 的旋转总量 $\Delta \varphi_{kick}$ 由下式给出：

$$\Delta \varphi_{kick} = (\tau_1 + \tau_5) \frac{2E_s}{l} + \tau_3 \frac{2E_t}{l} - nS \tag{6}$$

其中，E_s 是翻腾阶段的能量，E_t 是转体阶段的能量，S 是在转体和翻腾阶段由轨迹包围的立体角。对于相等的惯性矩 $J_x = J_y$，$(J = diag(J_x, J_y, J_z) = R_x(-P) I_t R_x(P))$ 立体角 S 为

$$S = 2\pi \sin(\chi + P) \tag{7}$$

其中，$E = E_t$，$\chi = \int_0^\pi I_{t,xx}^{-1}(\alpha) A_x(\alpha) d\alpha$ 与椭球 $L J^{-1} L = 2E$ 的交点所包围的球体 $L^2 = l^2$ 上的立体角由下式给出：

$$S(h, \rho) = 2\pi - \frac{4hg}{\pi}(\Pi(v, k^2) - K(k^2)) \tag{8}$$

其中，

$$k^2 = \rho(1 - h\rho)/(2h + \rho), \quad v = 1 - h\rho, \quad g = (1 + h/\rho) - \frac{1}{2},$$
$$h = (EJ_y/l^2 - 1/2)/\mu, \quad \rho^2 = (1 - J_y/J_z)/(J_y/J_z - 1),$$
$$\mu^2 = (J_y/J_x - 1)/(1 - J_y/J_z)$$

执行 n 次转体所需的时间是 $\tau_3 = nT_t$，其中对于相等的惯性矩 $J_x = J_y$，周期 T_t 为

$$T_t = \frac{2\pi (J_y^{-1} - J_z^{-1})^{-1}}{l\sin(\chi + P)} \tag{9}$$

其中 $T = T_t$，参考能量 E 的动作 $L = lS/2\pi$ 的导数，给出运动的频率 $2\pi/T$ 的倒数，使得周

期 T 是：

$$T = \frac{4\pi g}{\mu l} K(k^2) \tag{10}$$

并且动作 L 相对于 l 的导数给出旋转数为 $-2\pi W = S - 2ET/l$，分为几何相位和动态相位。

一个带有 m 个翻腾和 n 个转体的翻腾转体动作，当 $\tau_1 = \tau_2 = \tau_4 = \tau_5$ 时必须满足：

$$2\pi m = \left(2lT_t \frac{E_t}{l^2} - S\right)n \tag{11}$$

其中，S 和 lT_t 都只是 E_t/l^2 的方程。

以这种方式确定 E_t/l^2 意味着需要进行形状变化，这实现了 E_t/l^2，并且 E_t/l^2 的最大值可能很难或不可能实现。对于上面讨论的模型，达到的能量由下式给出：

$$\frac{E_t}{l^2} = \frac{1}{2} L_s R_x(\chi + P) J R_X(-\chi - P) L_s/l^2 \tag{12}$$

总的空中时间 T_{air} 对于平台跳水的变化很小。典型的跳水动作有 $1.5\,\mathrm{s} < T_{air} < 2\,\mathrm{s}$。在通过选择 m/n 确定 E_t/l^2 之后，可以通过改变 I（在物理可能性内）同时保持 E_t/l^2 固定来调节空中时间，使 $T_{air} = \tau_1 + \tau_5 + \tau_3$。

在模型带有 m 个翻腾和 n 个转体的翻腾转体动作时必须满足：

$$2\pi m + nS = T_{air} \frac{2E_s}{l} + 2nlT_t \frac{E_t - E_s}{l^2} \tag{13}$$

其中，$T_{air} - \tau_3 = \tau_1 + \tau_5 \geqslant 0$。

对于具有 n 个转体的翻腾转体的完整模型，总旋转量 $\Delta\varphi$ 关于固定角动量轴 l 由下式给出：

$$\Delta\varphi = \Delta\varphi_{kick} + \frac{2\,\overline{E}_2\tau_2}{l} + \frac{2\,\overline{E}_4\tau_4}{l} + S_- \tag{14}$$

其中，S_- 是由形状变化阶段 2 和阶段 4 的轨迹以及阶段 3 的轨迹的一部分包围的球上三角形区域的立体角，沿过渡段的平均能量由下式给出：

$$\overline{E}_i = \frac{1}{2\tau_i} \int_0^{\tau_i} L \cdot \Omega \mathrm{d}t, \ i = 2, 4 \tag{15}$$

综上所述，带有 m 个翻腾和 n 个转体的翻腾转体动作满足下式：

$$2\pi m + nS - S_- = T_{air} \frac{2E_s}{l} + 2\tau_2 \frac{\overline{E}_2 - E_s}{l} + 2\tau_4 \frac{\overline{E}_4 - E_s}{l} + 2\tau_3 \frac{\overline{E}_t - E_s}{l} \tag{16}$$

由于角动量 L 有 $|L|^2 = l^2$，$L = m^* h^2 \Omega$（其中 h 为回转半径，与人体身高有关，m^* 为人体质量），所以有 $l = m^* h^2 \Omega$，代入式(16)可得

$$2\pi m + nS - S_- = T_{air} \frac{2E_s}{m^* h^2 \Omega} + 2\tau_2 \frac{\overline{E}_2 - E_s}{m^* h^2 \Omega} + 2\tau_4 \frac{\overline{E}_4 - E_s}{m^* h^2 \Omega} + 2\tau_3 \frac{\overline{E}_t - E_s}{m^* h^2 \Omega}, \tag{17}$$

式(17)即为描述运动员完成各个跳水动作的时间与运动员体型（身高、体重）之间的关系式。

2.3 体型校正系数的分析与设置

基于上述模型,可以得到运动员完成每个动作的时间与运动员体型之间的关系式,由关系式可知,m,n 的数量与运动员的身高、体重密切相关,据此,有理由认为设置体型校正系数是必要的。为了验证上述推论,利用 ANSYS 的概率设计 PDS 模块下的 Monte-Carlo 法,研究身高、体重对完成一个跳水动作($m = 2$,$n = 1$)的影响。

2.3.1 Monte-Carlo 抽样法

采用 ANSYS-PDS 模块中 Monte-Carlo 法的拉丁超立方抽样法(简称 LHS 抽样法)进行抽样处理。LHS 抽样法具有抽样"记忆"功能,同时它强制抽样点必须离散分布于整个抽样空间,可以避免仿真循环重复问题。分析流程如图 8 所示。

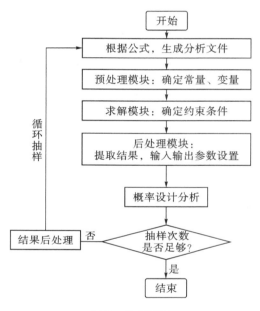

图 8 分析流程

首先,确定随机输入变量的统计特征。为了避免跳水运动员的性别对模拟结果的影响,在这里只对男子跳水运动员进行分析,女子跳水运动员类似。通过查阅文献[5],可以得到 10 名我国优秀男子跳水运动员的身高、体重数据,见表 1。

表 1	我国优秀男子跳水运动员的身高、体重数据	
运动员编号	体重(kg)	身高(cm)
1	58.1	162.8
2	57.0	165.7
3	59.0	166.9
4	56.0	170.0
5	59.0	168.0
6	56.3	165.1

(续表)

运动员编号	体重(kg)	身高(cm)
7	57.1	166.4
8	57.0	168.2
9	58.5	165.2
10	58.0	164.5
平均	57.6	166.3

将运动员身高、体重作为随机输入变量,不考虑各变量之间的相关性,其随机分布及其特征值见表 2,各变量统计特征主要根据文献[6]确定。

表 2　　　　　　　　　　　　　随机输入变量的统计特征

变量名称	分布类型	均值	标准差	最小极限值	最大极限值
身高(h)	截断正态分布	166.3	8.314	162.8	170
体重(m^*)	截断正态分布	57.6	2.88	56	59

2.3.2　灵敏度计算与分析

灵敏度分析[7, 8]是评价设计变量或参数的改变而引起响应特性变化率的方法,可以分析诸随机因素对响应量影响程度的大小[9, 10]。基于 Spearman 秩相关系数的灵敏度分析[11]是非参数统计中用来检验变量之间相关程度的重要方法。如果计算所得其系数接近 1 或 -1,就认为输入变量对输出变量影响显著;如果计算所得系数为正值,表明增加输入变量的值,输出变量的值也增加;如果其系数为负值,表明增加输入变量的值,输出变量的值反而减小。

设随机参数序列为 $x = \{h, m^*\}$,共计 2 个变量,均服从截断正态分布。

假设进行 z 次随机模拟运算后,得到 z 个响应值,$y_1, y_2, \cdots, y_z$。由于 T_{air} 可以衡量完成一个跳水动作的时间长短,所以取 T_{air} 作为考察的响应值。

由随机参数序列 x 中的某个参数 $x_j (j = 1, 2)$,经过 z 次随机模拟运算得到的样本值 $x_{j1}, x_{j2}, \cdots, x_{jz}$ 和其相应的响应值 $T_{air1}, T_{air2}, \cdots, T_{airz}$,可构成如下 2 个数据对:

$$\begin{Bmatrix} x_{j1} \\ T_{air1} \end{Bmatrix}, \begin{Bmatrix} x_{j2} \\ T_{air2} \end{Bmatrix}, \cdots, \begin{Bmatrix} x_{jz} \\ T_{airz} \end{Bmatrix}, j = 1, 2。$$

对于每一个数据对,可由下式计算 Spearman 秩相关系数 r_s,即

$$r_{sj} = 1 - \frac{6 \sum_{k=1}^{n} (P_{kj} - Q_{kj})^2}{z^3 - z}, j = 1, 2 \tag{18}$$

$$-1 \leqslant r_s \leqslant 1 \tag{19}$$

式中,P_{kj} 为随机参数序列 x 中的某个参数 $x_j (j = 1, 2)$ 的秩;Q_{kj} 为与之对应的响应量 T_{air} 在响应值样本空间内的秩;z 为样本总数。

2.3.3 灵敏度计算结果

利用 ANSYS-PDS 模块对它们进行灵敏度分析,选择 Monte-Carlo 法和拉丁超立方方法作为概率分析方法,抽样次数为 500 次,执行概率设计分析,得到 T_{air} 的均值趋势,如图 9 所示。随着抽样次数的增加,置信区间的宽度随之减小,抽样均值趋近水平,表明 500 次抽样次数足够。

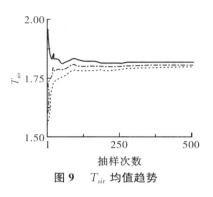

图 9 T_{air} 均值趋势

变量 h 和 m^* 基于 Spearman 秩相关系数的灵敏度分别为 0.629 和 0.428。分析可得,对空中时间 T_{air} 影响最显著的是 h,其次为 m^*。另外,在随机输入变量空间内,增大身高 h,空中时间 T_{air} 也增加;增大体重 m^*,空中时间 T_{air} 也增加,但增加幅度小于身高 h 增加引起的增加幅度。

根据灵敏度计算结果,可以发现,运动员的身高、体重对其完成一个跳水动作有着很大的影响,因此,在比赛中,有必要设置体型校正系数。

2.3.4 体型校正系数的设置

在跳水运动中,常将翻腾与转体相结合,组成复合动作。人体腾空过程中,只受重力作用于质心。因而通过质心的任一轴线,重力力矩为零。若不计空气阻力,人体所受合外力矩为零。这样通过质心的任一轴线的角动量 L 守恒,即

$$L = m^* h_0^2 \Omega_0 = m^* h^2 \Omega \tag{20}$$

由于运动员在一个跳水动作中($i = 1, \cdots, 5$)角动量始终守恒,而且角动量值与运动员的身高、体重值密切相关,所以可以认为一个运动员的身高、体重对跳水动作过程始终有影响。因此,为了确定校正系数,以优秀跳水运动员体型(身高、体重)为标准,其完成 m 个翻腾和 n 个转体的翻腾转体动作所用时间为 T_{air}^s,待校正跳水者完成 m 个翻腾和 n 个转体的翻腾转体动作所用时间为 T_{air}^t。在确定 T_{air}^t 和 T_{air}^s 后,可以在给定的时间内,计算出翻腾转体的数量,而翻腾转体的数量直接反映了跳水运动员的技术水平。

根据问题 2 最终所得公式,取 $m = 2$, $n = 1$,可得

$$T_{air}^s = \left\{ \left(4\pi + S - S_- - 2\tau_2 \frac{\overline{E_2} - E_s}{m^* h^2 \Omega} - 2\tau_4 \frac{\overline{E_4} - E_s}{m^* h^2 \Omega} - 2\tau_3 \frac{\overline{E_t} - E_s}{m^* h^2 \Omega} \right) \middle/ \frac{2E_s}{m^* h^2 \Omega} \right\}^s \tag{21}$$

$$T_{air}^t = \left\{ \left(4\pi + S - S_- - 2\tau_2 \frac{\overline{E_2} - E_s}{m^* h^2 \Omega} - 2\tau_4 \frac{\overline{E_4} - E_s}{m^* h^2 \Omega} - 2\tau_3 \frac{\overline{E_t} - E_s}{m^* h^2 \Omega} \right) \middle/ \frac{2E_s}{m^* h^2 \Omega} \right\}^t \tag{22}$$

令校正系数 $C = T_{air}^t / T_{air}^s$,由于 $T_{air}^t > T_{air}^s$,所以最终优秀运动员完成翻腾转体的个数一定多于待校正跳水者,优秀跳水运动员的成绩也会高于待校正跳水者。因此,通过求解校正系数 C,将待校正跳水者的跳水成绩乘以校正系数作为最终成绩,可以排除瘦小体型的运动员在做翻腾及转体动作时的体型优势[12]。

2.4　难度系数的确定

2.4.1　运动员体质划分

跳水运动员选拔具备跳水运动必需的身材,本文只考虑身高、体重的影响。同时为了减少研究对象,对各种体型的运动员进行划分。采用主组元分析方法,即选取身高和体重两项指标作为评判项目,对于不同指标量纲用下式进行标准化。

$$X'_{ij} = \frac{X_{ij} - \overline{X}_j}{\sqrt{\dfrac{1}{n-1} \sum_{k=1}^{f} (X_{kj} - \overline{X}_j)^2}} \tag{23}$$

按系统聚类方法的步骤进行聚类分析[13]。

第一步,计算各样本间距离,将距离最近的 2 个点合并成一类,采用欧式距离:

$$d_{ij} = \Big[\sum_{k=1}^{j} (X'_{ik} - X'_{jk})^2 \Big]^{\frac{1}{2}} \tag{24}$$

式中,$j = 2$(指标数),i,j $(i, j = 1, 2, 3, \cdots)$ 表示样本序号。

第二步,定义类与类之间的距离,将距离最近的两类合并成新的一类,即在 $\{d_{ij}\}$ 中寻找最小值。两类结合后,两类间距离采用最大距离,设 G_i 与 G_j 是两类样本,则其距离 D_{ij} 定义为

$$D_{ij} = \max\{d_{ki}\},\ X_k \in G_i,\ X_i \in G_j \tag{25}$$

重复进行第二步,使类与类之间不断合并,最后全部样本归为一类,聚类过程结束。

寻找阈值 α,将其分为 5 大类,将计算每类各项指标的均值标准差(综合评价体质水平)看作因素模糊识别问题,采用模糊识别直接方法中的个体模糊识别方法。在数据域 U 中有 n 个模糊子集,$\underset{\sim}{A}_1$,$\underset{\sim}{A}_2$,$\cdots$,$\underset{\sim}{A}_n$ 分别表示 n 个模式,对于 U 中任意元素 μ_0,判别 μ_0 相对属于哪一个模式,按如下最优从属原则计算 $Q = \max\{\mu_{\underset{\sim}{A}_1}(\mu_0), \mu_{\underset{\sim}{A}_2}(\mu_0), \cdots, \mu_{\underset{\sim}{A}_n}(\mu_0)\}$。若 $Q = \mu_{\underset{\sim}{A}_1}(\mu_0)$,则认为 μ_0 相对属于 $\underset{\sim}{A}_1$。

将上述过程编写程序,计算结果分类,取阈值 $\alpha = 3.95$,将调查对象分为 5 类。从一类到五类依次从体质最差到最好,其比例分别为 3.3%、20%、32.5%、30% 和 14.2%。

根据分类结果,计算每类人群身高和体重两项指标的均值和标准差(表 3)。以均值所代表的点作为该类中点位置,二倍标准差作为其偏差。

表 3　　　　　　　　　　均值和标准差

类别	身高(cm)	体重(kg)
一类	158.4±3	47.9±8.4
二类	163.4±4.8	50.0±8.6
三类	166.9±3.6	55.3±9.4
四类	172.6±4.6	57.7±8.2
五类	178.4±4.2	61.9±8.6

将 5 种体质标准作为 5 个体质水平的模糊子集,记作 $A_i(i=1,2,\cdots,5)$,设 $x_i(i=1,2)$ 分别表示身高和体重,论域 $U=\{u \mid u=(x_1,x_2)\}$,即 u 表示某个体测指标值,建立相对隶属于某模糊子集 A_i 的隶属函数:

$$\mu_{A_i}(x_j)=\begin{cases} 0, & \text{当} |x_j-\overline{X}_j|>2S_j \\ 1-\left(\dfrac{x_j-\overline{X}_j}{2S_j}\right)^\alpha, & \text{当} |x_j-\overline{X}_j|\leqslant 2S_j \end{cases},\quad \mu_{A_i}(\mu)=\frac{1}{4}\sum_{j=1}^4 \mu_{A_i}(x_j) \quad (26)$$

式中,$i(i=1,2,\cdots,5)$ 表示模糊子集编号;$j(j=1,2)$ 表示两项体测指标编号;x_j 表示个体第 j 项体侧指标实测值;$\overline{X}_j$ 和 S_j 表示某类别第 j 项体测指标均值和标准差。

2.4.2 难度系数指标分析

为了比较不同翻腾或转体周数对翻腾、空中姿势、转体、起跳方式和非自然入水的难度系数的影响,利用统计学中皮尔逊积矩相关系数的概念,借助 SPSS 软件对附件 1 中数据进行处理,求解出翻腾周数与难度系数之间变化关系[14,15],计算的皮尔逊结果值达到 0.982,二者高度相关。

对翻腾周数和难度系数使用 MATLAB 进行拟合,得出二者关系式:

$$a=0.624\,4m+0.765\,3 \quad (27)$$

由于优秀的运动员身高和体重是标准的,题中给出动作未包括臂力、飞身动作和直体、任意这两种空中姿势,因此本文难度系数计算不考虑涉及臂力、飞身、直体和任意的部分。本文以二类运动员为例,其 5 项难度系数见表 4 至表 8。

表 4 翻腾

	0 周	半周	1 周	1 周半	2 周	2 周半
10 m 跳台	1	1.3	1.3	1.5	1.8	2
	3 周	3 周半	4 周	4 周半	5 周半	
10 m 跳台	2.1	2.4	3	3.5	4.5	

表 5 空中姿势

	翻腾 0~1 周				翻腾 1.5~2 周				翻腾 2 周半			
	向前	向后	反身	向内	向前	向后	反身	向内	向前	向后	反身	向内
C-抱膝	0.1	0.1	0.1	−0.3	0	0	0	0.1	0	0.1	0	0.2
B-屈体	0.2	0.2	0.2	−0.2	0.1	0.3	0.3	0.3	0.2	0.2	0.2	0.4
	翻腾 3~3.5 周				翻腾 4~4.5 周				翻腾 5 周半			
	向前	向后	反身	向内	向前	向后	反身	向内	向前			
C-抱膝	0	0	0	0.3	0	0.1	0.2	0.3	0			
B-屈体	0.3	0.3	0.3	0.5	0.3	0.3	0.5	0.6	—			

表 6 转体

	转体半周翻腾 0.5～1 周	转体半周翻腾 1.5～1 周	转体半周翻腾 2 周半	转体半周翻腾 3～3.5 周	转体 1 周
向前	0.4	0.4	0.4	0.4	0.6
向后	0.2	0.4	0	0	0.4
反身	0.2	0.4	0	0	0.4
向内	0.2	0.4	0.2	0.2	0.4

	转体 1 周半翻腾 0.5～2 周	转体 1 周半翻腾 2.5～3.5 周	转体 2 周	转体 2 周半翻腾 0.5～2 周	转体 2 周半翻腾 2.5～3.5 周
向前	0.7	0.7	0.9	1.1	1.2
向后	0.7	0.5	0.7	1.1	1
反身	0.7	0.5	0.7	1.1	1
向内	0.7	0.7	0.7	1.1	1
向前	1.4	1.6	1.6	1.9	2
向后	1.3	1.7	1.5	1.8	2.1
反身	1.3	1.7	1.5	1.8	2.1
向内	1.4	1.6	1.6	1.9	2

表 7 跳水方式

圈数	向前翻腾 0.5～3.5 周	向前翻腾 4～5.5 周	向后翻腾 0.5～3 周	向后翻腾 3.5～4.5 周	反身翻腾 0.5～2 周
10 m	0	0.2	0.2	0.2	0.3
圈数	反身翻腾 2.5～3 周	反身翻腾 3.5～4.5	向内翻腾 0.5～1 周	向内翻腾 1.5～4.5 周	
10 m	0.3	0.2	0.2	0.1	

表 8 非自然入水

圈数	半周	1 周	1 周半	2	2 周半
向前/向内	—	0.1	—	0.2	—
向后/反身	0.1	—	0.2	—	0.3
	3 周	3 周半	4 周	4 周半	5 周半
向前/向内	0.2	—	0	—	—
向后/反身	—	0.3	—	0.4	0

依据新的难度系数确定标准,对国际泳联十米跳台跳水难度系数重新制定:

表 9　　　　　　　　　　　　　　　　　新、原标准对比

动作代码	PIKE		TUCK		动作代码	PIKE		TUCK	
	原	新	原	新		原	新	原	新
	B	B	C	C		B	B	C	C
105	2.3	2.2	2.1	2	5154	3.3	3.2	3.1	3
107	3.0	2.7	2.7	2.4	5156	3.8	3.7	3.6	3.5
109	4.1	4	3.7	3.7	5172	3.6	3.3	3.3	3
1011	—	—	4.7	4.7	5255	3.6	3.4	3.4	3.3
205	2.9	2.7	2.7	2.6	5257	4.1	3.9	3.9	3.8
207	3.6	3.2	3.3	2.9	5271	3.2	2.9	2.9	2.6
209	4.5	4.4	4.2	4.2	5273	3.8	3.5	3.5	3.2
305	3.0	2.8	2.8	2.6	5275	4.2	3.9	3.9	3.6
307	3.7	3.2	3.4	2.9	5353	3.3	3.1	3.1	2.9
309	4.8	4.6	4.5	4.2	5355	3.7	3.5	3.5	3.3
405	2.8	2.5	2.5	2.3	5371	3.3	2.9	3.0	2.6
407	3.5	3	3.2	2.8	5373	—	—	3.6	3.5
409	4.4	4.2	4.1	3.9	5375	—	—	4.0	3.9

从表 9 中可以看出,对于二类运动员的难度系数在多数动作中具有不同之处。二类运动员、三类运动员做出相同的动作时,二类运动员的难度系数相对较小。对数值差值进行比较,发现翻腾周数越少或翻腾周数越大时,新旧变化值变小,出现这种情况主要是因为翻腾部分的差异。由于二类运动员和三类运动员体型较为接近,因此,这两类运动员在翻腾一周时,体型对难度系数的影响较小,当翻腾周数增加时,对于体型相对瘦小的人来说也是具有一定难度,这时难度系数和优秀运动员相差也很小,因此,表中呈现出难度越大或难度越小,新旧难度系数变化相差较小的情况,这也符合实际情况。

对全部运动员的难度系数表的差距进行相关分析,其中五类运动员由于身高和体重的原因,这类运动员相对于其他四类运动员难度系数均有提高,对比一类运动员在一些动作的难度系数,增幅可达到 1 左右。这说明高难度动作对于五类运动员来说是十分困难的。一类、二类和三类运动员难度系数变化较小,说明体重越轻、身高越矮的人难度系数变化幅度越小,这是由于体型瘦小,转动速度达到限值且无法增加,使得无法提高翻腾或转体周数,所以难度系数不会增加。

3　结论

本文利用动力学分析方法,建立了关于运动员完成各个跳水动作的时间与运动员体型(身高、体重)之间关系的物理模型。通过随机抽样结合灵敏度分析,验证了设置体型校正系

数的必要性,并对体型校正系数进行相关分析与设置。基于上述模型,对部分十米跳台跳水动作的难度系数进行重新设置。综合得到如下结论:

(1)采用 Tableau 分析各个跳台跳水动作难度系数的组成成分可得:①翻腾的周数越多,难度系数越大;②在相同翻腾周数中,转体周数越多,难度系数越大;③同一类型的动作直体难度系数最大,屈体次之,抱膝最小;④同一类型的动作,旋转方向决定难度系数;⑤难度系数计算公式由翻腾、空中姿势、转体、起跳方式和非自然入水五个部分相加组成。

(2)通过适当简化跳水动作,利用动力学方法,建立非刚体动力学的时间依赖欧拉方程模型。基于该模型,建立翻腾数 m 和转体数 n 与各个跳水动作时间的关系,并利用角动量的展开式建立描述运动员完成各个跳水动作的时间与运动员体型(身高、体重)之间的关系。

(3)根据我国优秀男子跳水运动员的比赛及体型数据,采用 Monte-Carlo 随机抽样法对上述推论进行验证,研究身高、体重对完成一个跳水动作的影响。同时,基于 Spearman 秩相关系数,分析不同身高、体重运动员对空中时间的灵敏度。计算可得,身高、体重对运动员完成一个跳水动作所花费的空中时间的影响程度分别为 0.629,0.428,即身高、体重对完成一个跳水动作都有影响,而且身高的影响比体重大。由于身高、体重与运动员完成一个跳水动作所花费的空中时间密切相关,所以利用不同体型运动员空中时间的比值来定义体型校正系数。

(4)建立数值模型来评价运动员体质水平,将运动员体质水平共划分为 5 类。为了解翻腾周数和难度系数之间关系,使用统计学中的皮尔森相关系数概念,并结合 SPSS 软件和 MATLAB 软件,分析和求解出相同体型的人翻腾不同周数与难度系数的关系,以此作为重新制定难度系数表的依据。参考中国优秀运动员的身高和体重的标准,确定第三类运动员为优秀运动员,以优秀运动员的难度系数表为基准,制定出难度系数表。对比分析可得,高难度动作对于五类运动员来说是困难的;一类、二类和三类运动员难度系数变化较小,说明体重越轻、身高越矮的人难度系数变化幅度越小,这是由于体型瘦小,转动速度达到限值且无法增加,不能提高翻腾或转体周数,所以难度系数不会增加。

参考文献

[1]黄晨,赵焕彬,张忠秋.我国优秀男子跳台跳水选手 207B 动作的生物力学研究[C].全国竞技体育科学论文报告会,2013.

[2]黄晨.我国优秀男子跳台跳水运动员高难度动作的生物力学监控[D].石家庄:河北师范大学,2014.

[3]张涛.跳水动作难度系数是怎样确定的[J].游泳,1995(2):22-23.

[4]Dullin H R,Tong W. Twisting Somersault[J]. SIAM Journal on Applied Dynamical Systems. 2016, 15(4):1806-1822.

[5]编辑委员会.游泳大辞典[M].北京:人民体育出版社,1999.

[6]熊学玉,王燕华.基于 Monte-Carlo 随机有限元的火灾可靠性研究:以混凝土简支梁为例[J].自然灾害学报,2005,14(1):150-156.

[7]George D. Stochastic FEM sensitivity analysis of nonlinear dynamic problems[J]. Probabilistic Engineering Mechanics,1989,4(3):135-141.

[8]屠义强,江克斌,胡业平,等.基于随机有限元方法的结构响应灵敏度分析[J].解放军理工大学学报(自然科学版),2001,2(2):78-81.

[9]赵金钢,赵人达,占玉林,等.基于支持向量机和蒙特卡洛法的结构随机灵敏度分析方法[J].工程力

学,2014,31(2):195-202.

[10] Das P,Shrubsole C,Jones B, et al. Using probabilistic sampling-based sensitivity analyses for indoor air quality modelling[J]. Building and Environment,2014,78(8):171-182.

[11] 杨大彬,张毅刚,吴金志. 基于 ANSYS 的灵敏度分析及其在单层网壳中的应用[J]. 世界地震工程,2009,25(4):87-91.

[12] Tong W,Dullin H R. A New Twisting Somersault[J]. Journal of Nonlinear Science,2017,27(6):2037-2061.

[13] 陈蓓菲,朱鹏立,陈潮. 大学生体质水平的等级划分与模糊识别[J]. 福建农学院学报,1992(2):237-240.

[14] 张璐,权婷,刘清. 使用 SPSS 进行相关分析[J]. 现代商贸工业,2018,39(3):190-191.

[15] 万梦华,柳俊,范玲玲,等. 基于 MATLAB 工程实验数据拟合与分析[J]. 安徽建筑,2018,24(1):182-184.

陈雄达

这篇论文建立了跳台跳水体型系数设置的数学模型。首先给出跳水动作的五个组成部分的难度系数分析,采用 Tableau 分析方法,得到了一些基本结论。论文通过适当简化跳水动作,建立了非刚体动力学的欧拉方程模型并得到完成跳水动作的时间与运动员体型之间的关系。该论文的亮点是,通过 Spearman 秩相关系数,提出了身高和体重对于运动员完成空中动作的影响程度,并进行了计算,由此得到运动员的体型校正系数。论文的最后建立了数值模型来评价运动员体质水平并划分为五个等级,说明体重越轻、身高越矮的人难度系数变化幅度越小。

本论文在给出定性结论的同时也给出了定量计算的方法,在给出这些方法的时候给出了一定的理论分析作为基础,但部分参数的选取稍显主观;文章中对某些结论也进行了灵敏度分析,也有某些结论没有相关的模型检验,或者在检验中数据支撑不足。此外,许多定量结论的表述都是以数据表的方式呈现的,不是非常直观,可以考虑做成各种图形来展示。

第3篇

十米跳台运动员体型系数建模分析

孟家瑶[1]　蒋一瑶[2]　赵志鹏[1]

1.同济大学土木工程学院　2.复旦大学计算机科学技术学院

摘要　本文以十米跳台跳水运动的运动员体型系数制定为研究背景,针对运动员体型差异对动作完成难度的影响进行模型化分析,为现有国际泳联动作难度系数评价体系的进一步完善提供了参考。

首先,以某一具体跳水动作为范例,从力学机制上进行全过程动作分解分析,建立以动作完成时间为度量的难度系数评价标准,发现运动员采取何种姿态调整行为来实现整套技术动作是建模分析要点,并提取出本文模型所需涵盖的影响动作难度的基本要素:翻腾周数、转体周数、翻腾姿势、翻腾方向、起跳朝向等。

其次,借用 Bharadwaj 简化思路,将运动员抽象为"刚体-转子"力学模型,以运动员起跳角动量和绕空间三坐标轴转动惯量为中间变量,基于刚体动力学理论建立"动作完成时间—运动员身高、体重"数学模型,并通过几组算例对该模型进行分析,得出结论:对于相同跳水动作,瘦小体型运动员相对壮硕体型运动员有着更短的转体预备时间与转体时间,因而更具优势,模型中须引入体型校正系数以保证竞技公平。

鉴于此,本文对身高 150~180 cm,体重 40~75 kg 范围内的一系列样本以不同空中姿势完成指定跳水动作的时间进行统计分析,以动作完成时间的平均值来衡量跳水动作基本难度,以动作完成时间的标准差来衡量运动员体型差异的影响。假设动作完成时间满足正态分布,根据 3σ 准则,给出已知跳水动作代码和运动员身高、体重时该运动员体型校正系数计算公式。

最后,提出一种基于跳水动作完成时间平均值和标准差的难度系数评价体系,用于合理考虑运动员体型(身高、体重)、目标跳水动作(翻腾、转体周数)以及跳水姿态(直体、屈体和抱膝)对跳水动作难度系数的影响。对比不同跳水动作对应的国际泳联制定的动作难度系数与由本文模型计算得到的难度系数,发现二者虽有数值差异,但具有较为一致的变化趋势。此外,为了实现跳水运动难度系数评级这一实际应用,本文进一步提供了一种具有较高预测精度的人工神经网络方案,用于在给定跳水动作代码、运动员体型参数的前提下快速计算跳水动作难度系数。

关键词　跳台跳水,"刚体-转子"模型,体型校正系数,难度系数,人工神经网络

1　引言

　　运动员经过站姿—行进—起跳—空中动作—入水完成整个跳水流程。空中动作包括翻腾和转体两种基本形式,翻腾姿态包括直体、屈体与抱膝等,其完成质量是技术评分与美学欣赏的关键,亦为取得优异成绩的保证。不同动作组合难度各异,国际泳联为此制定难度系数,旨在实现动作难度量化评价[1]。然而,瘦小体型的运动员相对壮硕体型运动员在完成翻腾转体动作时似更具优势。为进一步促进竞技公平,运动员的体型差异是否应被考虑进难度系数制定中,应予以确定,以保证其真实反映动作难度。

2　基本假设与变量定义

2.1　基本假设

　　(1)人体坐标系假设,如图1所示。
　　(2)运动员由十米跳台端立定起跳,无助跑段。
　　(3)运动员起跳至入水过程中不考虑空气阻力与重力梯度力,即动量矩守恒:系统相对质心的刚化动量矩和相对动量矩之和在运动中保持不变。
　　(4)运动员起跳至入水过程中角动量守恒,初始角动量仅取决于运动员个人身体素质与爆发力,腾空状态下合成角动量保持不变。
　　(5)假设运动员相对1轴与2轴具有相同的转动惯量(重要假设)。
　　(6)不考虑高水平运动员与新手运动员之间的竞技经验差异。

图1　三坐标轴三转角示意图[2]

2.2　变量定义

　　变量定义见表1。

表1　　　　　　　　　　　　　　　　变量定义

变量	定义	变量	定义
l	固定参考系角动量	W	研究样本体重
L	跟随参考系角动量	A	转子开启所能提供角动量矢量
l	初始角动量	h	转子提供角动量

（续表）

变量	定义	变量	定义
l_{eff}	有效角动量	Ω	整体角速度
R	旋转变换矩阵	Ω_0	起跳初始角速度
m	翻腾周数	ω_d	转子角速度
n	转体周数	I_d	手臂相对质心身体转动惯量
φ	翻腾角度	T_i	每一分解动作所使用时间
θ	转体角度	T_{tot}	动作完成总时间
ψ	倾斜角度	η_l	角动量有效系数
I_1	绕翻腾轴转动惯量	t_{ave}	跳水动作完成时间代表值
I_2	绕倾斜轴转动惯量	σ	跳水动作完成时间标准差
I_3	绕转体轴转动惯量	η	跳水动作体型校正系数
H	研究样本身高	γ	跳水动作难度系数
无量纲量 计算关系	$\delta = \dfrac{I_1}{I_2} - 1,\ \gamma = \dfrac{I_1}{I_3} - 1,\ \rho = \dfrac{h}{l},\ \hat{\rho} = \rho(1+\delta),\ \hat{T}_i = \dfrac{T_i l}{I_1}$		

3　模型背景

如图 2 所示,5132B 面向水池向内翻腾一周半转体一周,屈体姿势共 14 个分解动作,1~8 步:同时完成转体一周动作与翻腾一周动作,约占整个时长的 1/3 左右;9~14 步:完成翻腾后半周动作,并采用屈体姿势。其中,运动员采取了何种姿势调整行为来实现翻腾及转体技术动作,是本节分析的重点。

（1）翻腾动作:运动员由第 1 步通过蹬腿辅以上肢前倾获得绕 1 轴(即翻腾轴)的初始角动量矢量,此为翻腾动作的开始,也决定了运动员能完成多少周数的翻腾动作;1~8 步动作基本保持直体,9~10 步屈体翻腾,值得注意的是,屈体后,运动员整体绕 1 轴转动惯量减小,在角动量恒定情况下,将获得更大的翻腾速度,可使运动员有足够时间完成既定翻腾动作;11~13 步屈体变直体,绕 1 轴转动惯量增大,结束翻腾,展体入水。

（2）转体动作:运动员起跳时保持双臂上举,腾空后,向左转体,期间保持直体,直至完成转体动作;准备转体动作时,运动员将绕 2 轴(即倾斜轴)做不平衡摆臂动作,由角动量守恒定理,该动作将导致其身体绕 2 轴做反向转动,效果

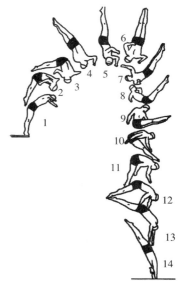

图 2　5132B 动作示意图[3]

是身体在倾斜同时绕 3 轴（转体轴）和 1 轴（翻腾轴）转动，此为多数运动员所采用的产生转体运动的主要方法，称为"倾斜轴技术"。

（3）翻腾＋转体：同时进行翻腾动作与转体动作的 1～8 步是分析难点之一，涉及同时绕三个轴的旋转动作。由经验易知，在做转体的同时，绕翻腾轴的旋转将变慢，原因有二：其一，转体时身体只能保持直体，必然导致绕翻腾轴转动惯量始终处于较大状态；其二，由上条分析结论知，当运动员挥臂时，身体将发生倾斜，翻腾轴随之倾斜，原始的角动量矢量将在绕翻腾轴旋转与绕转体轴旋转之间重新分配，由此减少了绕翻腾轴的角动量[4]。

本文目标为建立某动作难度系数与运动员体型间的数学关系。对于难度系数，有以下两种解读：其一，某动作难度系数高，意味着在运动员起跳产生相同爆发力情况下，完成该动作所占用总时间比重最大（动作完成时间/腾空总时间），指定动作越早完成，越有充分的时间展体入水；其二，在充分利用空中时间情况下，所完成的翻腾转体等动作数目越多，所采用的姿势越不利于动作完成，动作难度系数应越高。以上两种解读本质相同，本文采取前者时间角度作为模型中难度系数的度量方式。根据上文分析，跳水运动的建模研究应具体包含以下要素：

（1）翻腾周数与转体周数作为主要变量，是对动作难度贡献最为明显的因素，必须涵盖进模型之中。

（2）不同空中姿势对于难度系数的影响同样较大：直体、屈体、抱膝等姿势主要区别在于转动惯量不同，导致运动员转速不同，直接影响动作完成时间，因此模型必须考虑该因素的影响。

（3）运动员翻腾方向对于难度系数也有一定的影响，究其原因，向内翻腾时，运动员起跳阶段身体前倾即可获得所需角动量，而反身翻腾不仅依赖运动员后仰提供初始角动量，还需要更大的竖直方向初速度，为向后翻腾动作的完成提供足够的空中时间，因此模型应尽量考虑该因素影响。

4 模型建立

4.1 力学模型

该问题属于"失重状态下人体姿态控制"，隶属于生物力学与人体运动学等学科范畴。人体姿态控制模型的研究由来已久。刘延柱（1984）[5]建立 Eular-Poinsot 古典刚体系动力学模型，各刚体间有相对运动，对体操及跳水运动员的翻腾、转体及倾斜等方位角之间的关系进行分析。钟奉俄（1986）[6]引入"刚化动量矩"的概念，推导得到转体运动的动力学方程，分析某特定肢体运动的转体运动过程。马超等（2013）[7]采用 Hanavan[8]人体模型，以邻接刚体间相对位移作为广义坐标，推导适用任意多刚体系统的动力学方程，用以求解人体失重状态下通过四肢相对运动实现的姿态控制。Tong（2016）[9]针对某一具体翻腾转体动作，忽略次要节段，基于"角动量守恒"原则，使用"三刚体"（躯干及左右臂）模型对该动作进行分析推导，根据姿态调整段时间求取姿态保持段所使用的时间，以及总体角动量矢量变化情况。

本文力学模型需兼顾模型合理性与简便性。尽管 Yeadon[10]模型给出各节段的参考参数,但其为某一特定人体的研究计算结果,本研究需要将运动员体型参数引入,必然涉及不同体型样本转动惯量、质心位置和关节位置的重新计算,时间成本过高。由此,考虑借用 Bharadwaj(2016)[11]理论,直接将运动员假定为一"刚体—转子"系统(图 3),假设运动员完成全套动作过程中不同分解动作的主转动惯量为一常量,且仅取决于运动员身体参数;转子"开机",模拟运动员通过伸展手臂等姿态调整,所获得的用于实现转体动作的角动量增量,取决于运动员身体情况及其技术能力。该模型足够简便,可以快速研究分析体型参数对动作难度的影响。

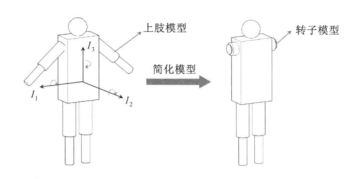

图 3 "刚体—转子"模型抽象化示意图

4.2 数学模型

在力学模型基础上,建立运动员完成跳水动作的时间与其体型(身高、体重)间的数学模型。将跳水动作共分解为五个子阶段,每阶段历经时间为 T_i,可将其无量纲化为 $\hat{T}_i$,绕三轴旋转角度分别为 φ_i,θ_i,$\psi_i(i = 1, 2, 3, 4, 5)$。

(1)纯翻腾段:运动员保持绕翻腾轴的初始角动量 $\boldsymbol{L}(t) = (1, 0, 0)^{\mathrm{T}}$,转子处于关闭状态,各旋转角 $\varphi_1 = \hat{T}_1$,$\theta_1 = \psi_1 = 0$。

(2)转体预备段:转子开启,使运动员身体绕倾斜轴旋转,最大的倾斜角度 $\theta_{\max}$ 将赋予运动员最大的转体角速度,为运动员提供转体所需的角动量,初始时刻 $L(0) = (1, 0, 0)^{\mathrm{T}}$,完成时刻 $\boldsymbol{L}(T_2) = l(0, \cos \theta_{\max}, -\sin \theta_{\max})^{\mathrm{T}}$,$\theta_2 = \theta_{\max}$,$\psi_2 = \pm \pi/2$。

(3)转体+翻腾段:转子关闭,运动员以阶段 2 结束时刻角动量为角动量初始值,同时进行翻腾与转体运动,$\varphi_3 = \hat{T}_3$,$\theta_3 = \theta_{\max}$,$\psi_3 = \hat{T}_3 \gamma \sin \theta_{\max}$。

(4)转体结束段:转子开启,提供恢复到原始纯翻腾姿态所需角动量,与阶段 2 方向相反,$\varphi_4 = \varphi_2$,$\psi_4 = \pm \pi/2$。

(5)结束翻腾段:回到仅绕翻腾轴进行的翻腾运动,期间可选屈体或抱膝以减小绕翻腾轴的转动惯量,加速翻腾,$\varphi_5 = \hat{T}_5$,$\theta_5 = \psi_5 = 0$。

由于五个子阶段具有对称性,$T_1 = T_5$,$T_2 = T_4$,则总时间 $T_{\mathrm{tot}} = 2T_1 + 2T_2 + T_3$。

4.2.1 理论推导

刚体系统角动量方程如下[9]:

$$\boldsymbol{L} = I\Omega + A \tag{1}$$

运动员完成动作过程中的角度变化与角动量在三个坐标轴间的相互转化情况为建立模型转体方程的关键。固定参考系与跟随参考系的角动量关系：$I = RL$，其中，R 为运动员身体绕过质心各参考轴旋转一定角度后所引起的旋转转换矩阵 $R = R(\varphi, \theta, \psi)$。由此，直接建立该刚体系运动方程：

$$l \begin{bmatrix} \cos\theta\cos\psi \\ -\cos\theta\sin\psi \\ \sin\theta \end{bmatrix} = \begin{bmatrix} I_1 & 0 & 0 \\ 0 & I_2 & 0 \\ 0 & 0 & I_3 \end{bmatrix} \begin{bmatrix} \cos\theta\cos\psi & \sin\psi & 0 \\ -\cos\theta\sin\psi & \cos\psi & 0 \\ \sin\theta & 0 & 1 \end{bmatrix} \begin{bmatrix} \dot{\varphi} \\ \dot{\theta} \\ \dot{\psi} \end{bmatrix} + \begin{bmatrix} 0 \\ h \\ 0 \end{bmatrix} \tag{2}$$

其中，运动员体型差异直接体现在转动惯量 I_1，I_2，I_3 上；此外，h 为转子开启时所能提供的角动量增量，用以模拟运动员挥舞手臂使身体倾斜，与运动员身体素质密切相关，也反映运动员体型差异。以给定技术动作，不同体型运动员完成该技术动作所需时间长短作为衡量体型对动作难度的影响。

将参量无量纲化（表 1），改写运动方程（2）为

$$\begin{cases} \varphi' = 1 + \delta\sin^2\psi + \hat{\rho}\sec\theta\sin\psi \\ \theta' = -\delta\cos\theta\cos\psi\sin\psi - \hat{\rho}\cos\psi \\ \psi' = \gamma\sin\theta - \delta\sin\theta\sin^2\psi - \hat{\rho}\tan\theta\sin\psi \end{cases} \tag{3}$$

其中，上标"'"表示对无量纲时间 $\tau = lt/I_1$ 求导。由能量守恒推导得到无量纲能量为

$$E = \frac{1}{2}(1 + \gamma\sin^2\theta + \delta\cos^2\theta\sin^2\psi) + \frac{1}{2}\hat{\rho}(\rho + 2\cos\theta\sin\psi) \tag{4}$$

假设 $I_1 = I_2$，此时，$\delta = 0$，$\hat{\rho} = \rho$，方程（3）和（4）进一步简化为

$$\begin{cases} \varphi' = 1 + \rho\sec\theta\sin\psi \\ \theta' = -\rho\cos\psi \\ \psi' = \gamma\sin\theta - \rho\tan\theta\sin\psi \end{cases} \tag{5}$$

$$E = \frac{1}{2}(1 + \rho^2 + \gamma\sin^2\theta) + \rho\cos\theta\sin\psi \tag{6}$$

当 $\psi_2 = \pm\pi/2$ 时，$\theta_2 = \theta_{\max}$，此时 $\sin^2\theta \pm 2\beta\cos\theta = 0$，由此，

$$\cos\theta_{\max} = \sqrt{\beta^2 + 1} - \beta, \quad \beta = \rho/\gamma \tag{7}$$

得到最大倾斜角度 $\theta_{\max}$。绕倾斜轴旋转过程积分：

$$T_2 = \frac{I_1}{l}\hat{T}_2 = T_4 = \frac{I_1}{l}\hat{T}_4 = \frac{I_1}{l}\int_0^{\theta_{\max}} \frac{2\mathrm{d}\theta}{\gamma\sqrt{4\beta^2 - \sin^2\theta\tan^2\theta}} \tag{8}$$

得到第 2 阶段转子开启调整阶段的时间。运动员同时在翻腾，此翻腾角度为

$$\varphi_2 = \int_0^{\theta_{\max}} \frac{2 - \gamma\tan^2\theta}{\gamma\sqrt{4\beta^2 - \sin^2\theta\,\tan^2\theta}}\mathrm{d}\theta \tag{9}$$

由于在阶段2与4转子开启与关闭段,同时进行了共计$\frac{1}{2}$周的转体动作,剩余的$n-\frac{1}{2}$的动作将由第三阶段转体段负责,所占用时间为

$$T_3 = \frac{I_1}{l}\hat{T}_3 = \frac{I_1}{l}\frac{2\pi\left(n-\frac{1}{2}\right)}{\gamma\sin\theta_{max}} \tag{10}$$

当全直体翻腾时,第一与第五阶段纯翻腾运动时间为

$$T_1 = \frac{I_1}{l}\hat{T}_1 = T_5 = \frac{I_1}{l}\hat{T}_5 = \frac{I_1}{l}\frac{2\pi m - 2\varphi_2 - \hat{T}_3}{2} \tag{11}$$

当第一阶段直体翻腾,第五阶段呈屈体或抱膝状时,第一与第五阶段运动时间为

$$T_1 = \frac{I_1}{l}\hat{T}_1 = \frac{I_1}{l}\frac{2\pi m - 2\varphi_2 - \hat{T}_3}{2}$$

$$T_5 = \frac{I_{1s}}{l}\hat{T}_5 = \frac{I_{1s}}{l}\frac{2\pi m - 2\varphi_2 - \hat{T}_3}{2} \tag{12}$$

其中,I_{1s}为对应非直体状态下的屈体、抱膝等姿态的绕翻腾轴转动惯量。最终既定动作(m周翻腾,n周转体)的总时间表达式为

$$T_{tot} = 2T_1 + 2T_2 + T_3$$

4.2.2 参数设置

由上节推导过程可知,为求某动作的完成时间,输入端参数应包括运动员转动惯量、未一一对应初始起跳角动量、空中翻腾姿势(对应不同转动惯量)、转子提供角动量(仅取决于运动员手臂转动惯量、手臂挥舞角速度)。

4.2.2.1 转动惯量与身高、体重关系

由文献中查阅得到成年男子转动惯量与体重、身高关系的统计关系,其回归结果见表2,来自对大量样本的实测分析,可信度较高,具有参考意义。值得注意,文献中转动惯量的计算取颈椎中点为参考点,而在本问题中,将表中数据向质心进行移轴运算。

表2 中国成年男子转动惯量(I_1,I_2,I_3)对体重(W)与身高(H)的二元回归方程系数[12]

转动惯量	回归方程常数项 B_0	体重回归系数 B_1	身高回归系数 B_2	相关系数
I_1	−25 397 472.8	130 503.9	16 396.1	0.971
I_2	−27 319 232.8	116 892.8	17 786.9	0.935
I_3	−290 702.3	17 514.8	−71.82	0.988

注:回归方程为$I_i = B_0 + B_1 W + B_2 H$($i = 1, 2, 3$),$W$单位为kg,$H$单位为mm

4.2.2.2 空中翻腾姿势

郝卫亚等[13]通过三维运动学分析和计算机仿真,给出四种代表性动作下运动员转动惯量的变化特征,对于本模型的参数设置具有参考意义。

(1)直体过程中,运动员绕翻腾轴与倾斜轴的转动惯量(I_1与I_2)处于相当水平,并几乎

为转体轴转动惯量(I_3)的 6~7 倍,印证了本模型所作假设的合理性。

(2)屈体及抱膝过程中,绕三轴转动的转动惯量差别不大,尤其是抱膝姿势,三个主转动惯量水平相当一致。为模型讨论方便,直接统计文献[13]中运动员样本屈体姿势(B)与抱膝姿势(C)相对直体姿势的比值:

$$I_{1B} = I_{2B} = 0.5I_1 = 0.5I_2 \tag{13}$$
$$I_{1C} = I_{2C} = 0.3I_1 = 0.3I_2$$

4.2.2.3 初始起跳角动量

初始起跳角动量相当大程度上取决于运动员起跳瞬间爆发力,量化该参数的思路在于:起跳后第一阶段为纯翻腾运动,角动量大小与方向均保持不变,初始角动量决定于意图以多大的角速度完成单位翻腾动作(一周)。Bharadwaj[11]提出经验参数:$l \approx 20 \cdot 2\pi$(假定绕翻腾轴转动惯量为 20,2π 为角速度,即指完成一周翻腾动作需要 1 s 时间),本模型在此基础上,建立初始角动量与运动员体型关系:

$$l = I_1\Omega_0 \in I_1 \times 2\pi \times (0.90 \sim 1.35) \tag{14}$$

其中,$0.90 \sim 1.35$ 的设置给定一个角速度区间,表示完成一周翻腾动作需要 $1/1.35 \sim 1/0.90$ s 的时间。考虑将其假设为体重(W)的函数,使得其能表征体型对于运动员初始角速度的影响。

$$\Omega_0 = 2\pi \times 1.35 - \frac{W - W_1}{W_2 - W_1}(1.35 - 0.90) \tag{15}$$

其中,W 为待计算运动员体重,W_1 与 W_2 分别为数据库所涵盖样本体重范围下限与上限值($40 \sim 75$ kg)。

4.2.2.4 考虑翻腾朝向的初始起跳角动量

为进一步考虑运动员翻腾朝向(面向/背向水面,向内/外翻腾)对跳水动作完成时间的影响,对不同翻腾动作的技术难点进行研究。随着跳水翻腾朝向由面向水池向外翻腾,改为背向水池向内翻腾,再改为背向水池向外翻腾,再改为面向水池向内翻腾,跳水运动员需要更加高的起跳高度和初始速度,意味着完成该跳水动作的初始角动量应该根据不同跳水动作的翻腾朝向进行调整。基于假设:某一跳水运动员对任意跳水动作所提供的初始角动量是定值,对不同的翻腾朝向的跳水动作,其有效初始角动量应该为所提供初始角动量乘以角动量有效系数 η_l:

$$l_{\text{eff}} = \eta_l l \tag{16}$$

本文建议面向水池向外翻腾、背向水池向内翻腾、背向水池向外翻腾、面向水池向内翻腾的翻腾动作,角动量有效系数 η_l 分别为 1.0,0.85,0.8,0.75。

4.2.2.5 转子提供角动量

转子开启所提供的角动量 h 由下式决定:

$$h = \omega_d I_d \tag{17}$$

其中,I_d 为运动员手臂转动惯量;ω_d 为模拟手臂挥舞角速度。前者由运动员的身体状况决定,后者则很大程度上取决于运动员自身技巧性与竞技经验。量化该参数的思路在于考虑运动员以最大幅度摆臂,由下垂贴近腿侧位上举起至头顶,共计 π 弧度,至少需要 0.25 s,因此,该角速度应至多为 $\pi/0.25 = 4\pi(\text{rad/s})$,由于模型已假设不考虑运动员竞技技巧优劣,故将该参数取为定值。

4.3 案例讨论

本节选取具有代表性的几组动作,分别以不同体型参数(身高、体重)为变量,研究其对转子开启时间 $T_2(T_4)$、转体时间 T_3 以及整套动作完成时间 T_{tot} 的影响。为研究方便,在整套动作完成时间上同时标注十米跳台跳水大致完成时间,以作为该模型完成难度系数的参考:某动作的完成时间越接近(或低于)1.5 s,说明该动作越简单,成功完成的概率越大;越接近(或高于)2.0 s,说明该动作越困难,需要运动员的技巧性与爆发力越强,成功完成的概率越小。

参照图 4 动作(面向水池向内翻腾 2.5 周转体 1.5 周屈体姿势),结论如下:

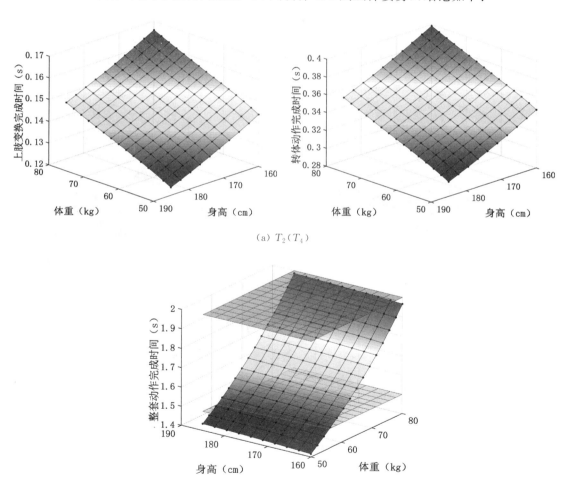

(a) $T_2(T_4)$

(b) $T_3 T_{tot}$

注:$T_2(T_4)$ 为转子开启时间;T_3 为转体时间;T_{tot} 为整套动作完成时间

图 4 面向水池向内翻腾 2.5 周转体 1.5 周(屈体)整套动作完成时间

(1) 样本计算所得转子启动时间 $T_2(T_4)$ 在 $0.12 \sim 0.17 \mathrm{s}$ 内变化,瘦小体型运动员相对壮硕体型运动员拥有更短的转子调节时间。即使瘦小体型运动员拥有较小手臂转动惯量,以及较小的角动量增量,其在转体调节时间上相对壮硕运动员仍存在一定优势。

(2) 转体时间 T_3 在 $0.28 \sim 0.40 \mathrm{s}$ 内变化,与实际跳水观测中运动员转体时间占动作总时间 $1/3$ 的结论匹配[13]。瘦小体型运动员相对壮硕体型运动员拥有更短的转体时间,瘦小运动员在转体预备阶段,可产生更大的倾斜角,促使总角动量向转体轴分配,获得更大的转体速度,减少转体时间,获得优势。

(3) 所有样本完成该套动作总时间 T_{tot} 均小于 $2.0 \mathrm{s}$,大部分为 $1.5 \sim 2.0 \mathrm{s}$,少数在 $1.5 \mathrm{s}$ 以下,说明该动作难度适宜;此外,体重对于完成时间的影响远大于身高,体重越小,完成动作的时间越短,而身高越小,完成动作的时间仅略微减小,究其原因,本模型对于初始角动量的选取仅对体重样本进行了插值,未考虑身高影响。总之,瘦小体型运动员完成该动作具有较大优势。

图 5 比较了不同翻腾周数对于动作完成时间的影响,可见,当翻腾周数小于 1.5 周时,所有样本均可在 $1.5 \mathrm{s}$ 内完成动作,充分预留展体入水时间,保证动作完成质量;而当翻腾 2.5 周时,不同体型运动员差距拉大,此高难度动作为大多数运动员设置了较大障碍,而对

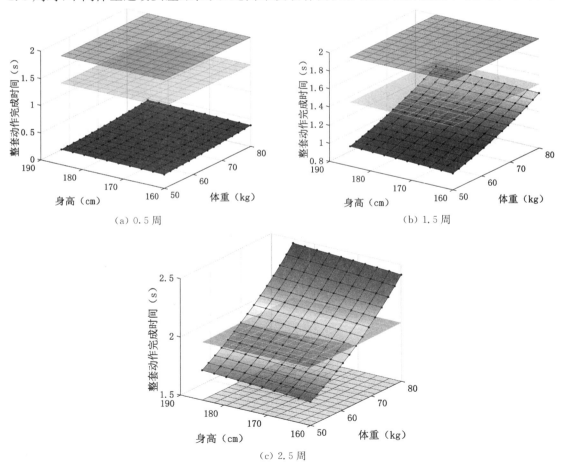

(a) 0.5 周

(b) 1.5 周

(c) 2.5 周

图 5　面向水池向内翻腾 0.5 周,1.5 周,2.5 周(直体)整套动作完成时间

于瘦小体型的运动员,其理论完成时间更接近1.5 s,动作实现难度有所降低。

　　对比图6至图8转体周数与翻腾姿态对整组动作完成时间的影响,可知:相同身体姿态下,转体周数越多,理论完成动作时间越长。同样翻腾3.5周,转体0.5周的具有较大完成可能性,90%以上的样本能够使用屈体姿势在2 s内完成,所有样本能够以抱膝姿势在2 s内完成;而当转体周数增大至1.5周时,对于屈体姿势而言,基本所有样本都无法完成,采用抱膝姿势则使得瘦小体型运动员有机会奋力一搏;再增大转体至2.5周,同样地,所有样本采用屈体姿势理论上无法完成动作,而瘦小运动员借助"倾斜轴技术"增大转体速度,同时借助抱膝姿势减小绕翻腾轴转动惯量,有一定机会完成既定动作。

　　综上所述,对于相同的跳水动作,瘦小体型运动员相对壮硕体型运动员拥有更短的转子开启时间(转体预备时间)$T_2(T_4)$、转体时间T_3与整套动作完成时间T_{tot},在复杂动作完成方面更具优势,因此,为保证竞技公平性,须建立体型系数对动作难度系数进行修正。

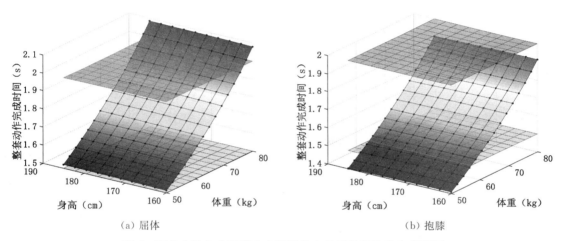

　　　　(a) 屈体　　　　　　　　　　　　　　　(b) 抱膝

图6　面向水池向内翻腾3.5周转体0.5周整套动作完成时间

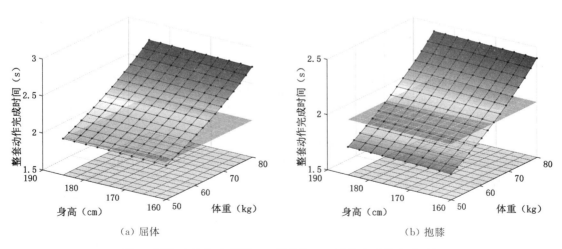

　　　　(a) 屈体　　　　　　　　　　　　　　　(b) 抱膝

图7　面向水池向内翻腾3.5周转体1.5周整套动作完成时间

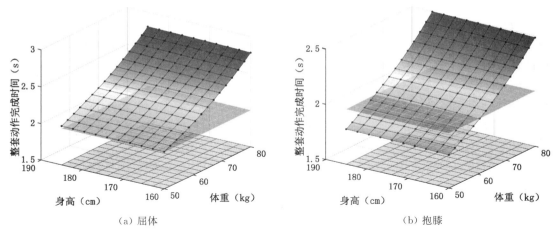

图 8　面向水池向内翻腾 3.5 周转体 2.5 周整套动作完成时间

5　体型系数计算

前文借由"刚体—转子"系统力学模型研究,建立了跳水运动员完成指定跳水动作所需时间的数学模型,并通过算例对比分析,完成了运动员体型系数对于动作完成时间影响的定性讨论,结论为:跳水运动中考虑体型校正系数是有必要的。本节针对不同身高、体重的运动员完成既定跳水动作的算例,尝试将该体型系数量化表示,给出可供参考的体型系数建议值。

5.1　特定跳水动作完成时间代表值

本节从概率统计角度,选取一定范围内不同体型运动员完成相同跳水动作所需时间的平均值,作为该动作的完成时间代表值。通过查阅中国体质健康调查数据[12],本节选取运动员身高(H)范围:150~180 cm;体重(W)范围:40~75 kg;设定跳水动作:翻腾周数 m 和转体周数 n。将跳水运动员身高 H,体重 W 所有样本信息输入上节"运动员体型—跳水动作完成时间"计算模型,可快速求得具有体型(H,W)的运动员完成指定跳水动作(m,n)所需要的跳水时间,进而统计得到动作完成时间平均值 $t_{\mathrm{ave}}(m, n)$。由于运动员翻腾时存在空中姿态差异,本节将空中翻腾姿态分为直体、屈体和抱膝三大类,针对每类翻腾姿态分别计算指定跳水动作(m,n)的完成时间代表值。计算流程如图9所示,不同跳水动作完成时间代表值的计算结果见表3至表5。为方便后续难度系数对比,表中仅给出与现有国际泳联规定中相一致的跳水动作。

分析不同跳水动作组在直体、屈体和抱膝三类姿势下对应完成时间代表值的计算结果,发现:不同翻腾姿势将显著影响该动作完成的代表时间,由直体到屈体、抱膝,同一动作完成时间呈递减的趋势,该趋势与本章第 3 节分析匹配。此外,对比相同翻腾周数下,不同转体周数的跳水动作完成时间代表值,发现转体周数 n 对跳水动作完成时间的影响显著低于翻腾周数 m,这为后续搭建跳水动作难度系数评价模型提供了依据。

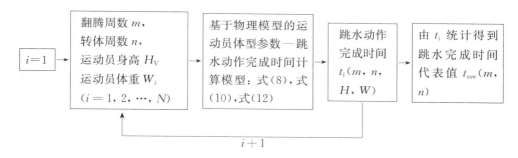

图 9 跳水动作完成代表时间计算流程

表 3 直体跳水动作完成平均时间(s)

n	m				
	0.5	1	1.5	2	2.5
0	0.303 4	0.712 7	1.122 0	1.531 2	1.940 5

表 4 屈体跳水动作完成平均时间(s)

n	m								
	0.5	1	1.5	2	2.5	3	3.5	4	4.5
0	0.214 5	0.520 9	0.827 2	1.133 6	1.440 0	1.746 4	2.052 8	2.359 2	2.665 6
0.5	0.315 1	—	—	—	1.540 7	—	2.153 5	—	—
1	—	—	—	—	1.565 5	—	2.178 3	—	—
1.5	—	—	—	—	1.590 4	—	2.203 1	—	—
2	—	—	—	—	1.615 2	—	—	—	—
2.5	—	—	—	—	1.640 0	—	2.252 8	—	—
3	—	—	—	—	1.664 8	—	—	—	—
3.5	—	—	—	—	1.689 7	—	—	—	—

表 5 抱膝跳水动作完成平均时间(s)

n	m									
	0.5	1	1.5	2	2.5	3	3.5	4	4.5	5
0	0.181 8	0.447 4	0.712 9	0.978 4	1.244	1.509 5	1.775 0	2.040 6	2.306 1	2.837 2
0.5	0.273 5	—	—	—	1.335 7	—	1.866 8	—	—	—
1	—	—	—	—	1.373 7	—	1.904 8	—	—	—
1.5	—	—	—	—	1.411 7	—	1.942 8	—	—	—
2	—	—	—	—	1.449 7	—	—	—	—	—
2.5	—	—	—	—	1.487 8	—	2.018 8	—	—	—
3	—	—	—	—	1.525 8	—	—	—	—	—
3.5	—	—	—	—	1.563 8	—	—	—	—	—

5.2　特定跳水动作完成时间标准差

为了进一步衡量不同体型运动员体型指标（H，W）对某一跳水动作完成时间的影响程度，从而评价该动作完成时间受运动员体型参数影响的离散性，本节针对直体、屈体和抱膝三大类翻腾姿态分别计算跳水动作(m,n)的完成时间标准差σ。计算流程如图10所示，计算结果见表6至表8，为方便后续难度系数对比，表中仅给出与现有国际泳联规定中相一致的跳水动作。

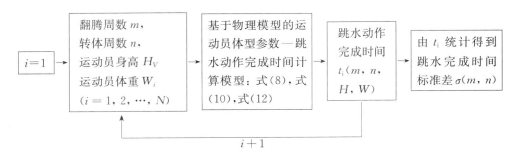

图10　计算跳水动作完成时间标准差流程

表6　　　　　　　　　　　　　　直体跳水动作完成时间标准差（s）

n	m				
	0.5	1	1.5	2	2.5
0	0.049 6	0.102 7	0.156 0	0.209 3	0.262 6

表7　　　　　　　　　　　　　　屈体跳水动作完成时间标准差（s）

n	m								
	0.5	1	1.5	2	2.5	3	3.5	4	4.5
0	0.036 7	0.076 5	0.116 4	0.156 4	0.196 4	0.236 4	0.276 3	0.316 3	0.356 3
0.5	0.042 5	—	—	—	0.202 5	—	0.282 5	—	—
1	—	—	—	—	0.204 0	—	0.284 0	—	—
1.5	—	—	—	—	0.205 5	—	0.285 5	—	—
2	—	—	—	—	0.207 0	—	—	—	—
2.5	—	—	—	—	0.208 5	—	0.288 4	—	—
3	—	—	—	—	0.210 0	—	—	—	—
3.5	—	—	—	—	0.211 5	—	—	—	—

表 8　　　　　　　　　　　抱膝跳水动作完成时间标准差(s)

n	m									
	0.5	1	1.5	2	2.5	3	3.5	4	4.5	5
0	0.031 7	0.066 2	0.100 8	0.135 4	0.170 0	0.204 7	0.239 3	0.274 0	0.308 7	0.378 0
0.5	0.037 0	—	—	—	0.175 7	—	0.245 0	—	—	—
1	—	—	—	—	0.177 9	—	0.247 2	—	—	—
1.5	—	—	—	—	0.180 1	—	0.249 4	—	—	—
2	—	—	—	—	0.182 4	—	—	—	—	—
2.5	—	—	—	—	0.184 6	—	0.253 9	—	—	—
3	—	—	—	—	0.187 0	—	—	—	—	—
3.5	—	—	—	—	0.189 3	—	—	—	—	—

对比不同跳水动作完成时间标准差的计算结果发现,翻腾姿态对该跳水动作完成时间标准差的影响较小,说明跳水动作完成时间的离散程度主要由运动员体型参数(身高、体重)决定。随着跳水动作翻腾周数(m)和转体周数(n)增加,跳水动作完成时间标准差呈现上升趋势。在某一跳水动作完成时间标准差较大以至不能忽略的情况下,简单地采用该跳水运动员完成时间代表值来衡量完成该跳水动作的难易程度不甚合理。较大的跳水动作完成时间标准差,意味着样本体型参数的差异会较大程度地影响其完成指定跳水动作的时间。因此,对指定动作的难度系数评级需要考虑运动员体型系数的差异。

5.3　十米跳台跳水体型校正系数定义

据上文分析,运动员体型差异可通过某一指定跳水动作完成时间标准差来衡量。鉴于此,为搭建更加合理的跳水动作难度系数计算模型,本节提出跳水体型校正系数,旨在相对精细地评价不同体型运动员完成相同跳水动作的难易程度。

假定某一体型参数(H,W)的运动员,完成指定跳水动作(m,n)所需时间 $t(H,W,m,n)$ 与完成该跳水动作代表时间 $t_{ave}(m,n)$ 的差值为 Δ_t,差值 Δ_t 越大意味着体型参数(H,W)对 $t(H,W,m,n)$ 的影响越大,对应的跳水体型校正系数也应该越大。根据中国体质健康调查的研究结果,我国成年男性身高、体重基本满足正态分布[12]。$t(H,W,m,n)$ 随运动员体形变化趋势非线性不强,可近似地认为体型参数(H,W)的运动员完成跳水动作(m,n)所需时间大致上呈现正态分布的规律。根据概率统计[14],对满足正态或近似正态分布的样本数据 x,σ 代表标准差,μ 代表均值,$x=\mu$ 即为其分布图像的对称轴,数值变量 x 分布在 $(\mu-3\sigma,\mu+3\sigma)$ 中的概率为 0.997 3,超出这个范围的可能性仅占不到 0.3%。因此,可简单采用 $\mu+3\sigma$ 作为满足近似正态分布的变量 x 变化范围的上限指标。

基于以上讨论,运动员跳水体型校正系数 η 可以定义为

$$\eta=1+\beta\frac{t(H,W,m,n)-t_{ave}(m,n)}{3\sigma} \tag{18}$$

其中,β 为幅值系数,本文建议取 0.15。表 9 作为算例给出了跳水动作($m=0.5$,$n=0$),不

同身高、体重运动员跳水体型校正系数的具体数值。

表 9   不同身高、体重运动员跳水体型校正系数

身高 (cm)	体重(kg)									
	40.00	42.86	45.71	48.57	51.43	54.29	57.14	60.00	62.86	65.71
150.00	0.95	0.95	0.96	0.96	0.97	0.97	0.98	0.98	0.99	1.00
153.89	0.95	0.96	0.96	0.96	0.97	0.97	0.98	0.99	0.99	1.00
157.78	0.96	0.96	0.96	0.97	0.97	0.98	0.98	0.99	1.00	1.00
161.67	0.96	0.96	0.97	0.97	0.97	0.98	0.99	0.99	1.00	1.01
165.56	0.96	0.96	0.97	0.97	0.98	0.98	0.99	0.99	1.00	1.01
169.44	0.96	0.97	0.97	0.97	0.98	0.98	0.99	1.00	1.00	1.01
173.33	0.97	0.97	0.97	0.98	0.98	0.99	0.99	1.00	1.01	1.01
177.22	0.97	0.97	0.97	0.98	0.98	0.99	0.99	1.00	1.01	1.01
181.11	0.97	0.97	0.98	0.98	0.99	0.99	1.00	1.00	1.01	1.02
185.00	0.97	0.97	0.98	0.98	0.99	1.00	1.00	1.00	1.01	1.02

6 难度系数计算

国际泳联现有跳水动作难度系数的规定主要基于各个分解动作难度系数的简单求和,其数值大小依赖于规则制定者的主观评价,很难与该跳水动作客观物理模型相联系。鉴于此,本文提出一种基于跳水动作完成时间代表值和标准差的难度系数评价体系,可以合理地考虑运动员体型(H, W)、目标跳水动作(m, n)以及跳水姿态(直体、屈体和抱膝)对跳水动作难度系数的影响。

6.1 基于跳水动作完成代表时间的难度系数评价

某动作完成时间越短,运动员将拥有更多时间调整姿态入水;动作完成时间的标准差则体现了不同体型运动员完成该动作的离散程度,标准差越大,说明该动作对运动员体型有更高的要求,即该动作的难度系数应更大。翻腾周数作为对于跳水动作难度系数影响最大的因素,已被考虑进跳水动作完成代表时间中,此外,转体周数的影响不可忽视,本文所提出的基于跳水动作完成时间的难度系数计算模型将跳水动作完成时间统计值和转体周数通过权重分配的形式考虑。

基于以上讨论,本文所提出的跳水动作难度系数指标 γ 定义为

$$\gamma = \gamma_0 \left[\alpha \frac{t(H, W, m, n)}{t_{\max}} + \lambda \frac{\sigma(m, n)}{\sigma_{\max}} + \varepsilon n \right] + \theta \tag{19}$$

其中,γ_0 为跳水动作基准难度系数;α 为跳水动作完成时间代表值权重;λ 为跳水动作完成时间标准差权重;ε 为转体周数权重,且 $\alpha + \lambda + \varepsilon = 1$;$\theta$ 为跳水动作完成时间基线;$t_{\max}$,$\theta_{\max}$ 分

别为跳水动作完成时间、标准差的最大值。本文所定义的跳水动作难度系数 γ 变化范围为 $[\theta, \theta+\gamma_0(1+\varepsilon n)]$，$\theta$ 和 γ_0 的取值仅影响跳水动作难度系数的变化范围。本文建议 $\gamma_0 = 3.5$，$\alpha = 5/7$，$\lambda = 1/7$，$\theta = 1$。至此，跳水动作难度系数指标已经被定义为特定跳水动作完成时间代表值、标准差以及该动作转体周数的函数。该难度系数计算流程如图 11 所示。

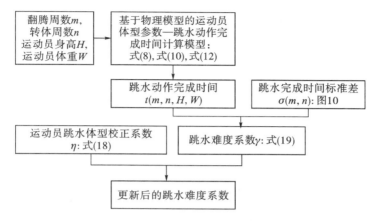

图 11　运动员体型难度系数计算流程

6.2　基于人工神经网络的跳水动作难度系数评价工具

本节采用人工神经网络[15]技术，对跳水动作完成时间的计算过程进行学习模拟，提供一种简单快捷的难度系数计算工具。采用 BP 人工神经网络中的弹性梯度下降法，最大迭代数为 30 000，均方误差为 1e-19。将跳水运动员身高、体重、翻腾周数和转体周数作为网络训练的输入参数，将其对应的跳水动作完成时间作为网络训练的输出参数，进行人工神经网络的学习训练。人工神经网络训练过程误差变化如图 12 所示，可见所训练的人工神经网络具有较高的预测精度，可用于跳水动作完成时间的预测。将预测得到的跳水动作完成时间代入本文定义的跳水动作难度系数计算公式，可以得到跳水动作难度系数 γ。

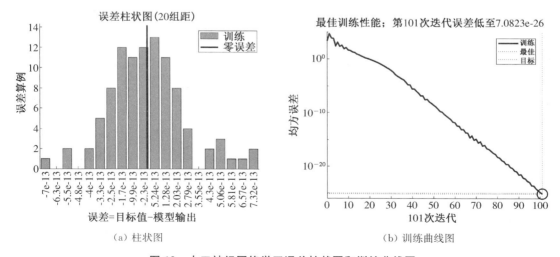

图 12　人工神经网络学习误差柱状图和训练曲线图

为进一步对比本文所提出的跳水动作难度系数计算方法与国际泳联现有难度系数评价之间的异同,本文对 5.2 节所述的全部跳水动作 (m, n) 进行了对比,对比结果如图 13 所示,其中,坐标横轴为 50 个不同跳水动作的编号,纵轴为对应的难度系数。可见,本文所提出的跳水运动难度系数计算结果与现有跳水运动难度系数评价标准的变化趋势基本一致,差值很小,说明本文提出的难度系数计算方法不仅有效地利用了前文提出的跳水动作完成时间计算模型,还可以对现行难度系数体系的合理性进行评价。

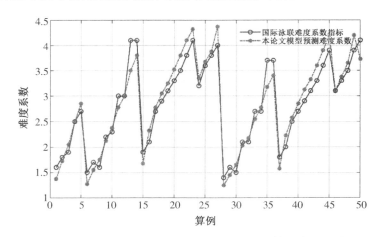

图 13　现行跳水动作难度系数与本论文模型计算难度系数对比

基于跳水运动员初始角动量的讨论,当翻腾朝向分别为面向水池向外翻腾、背向水池向内翻腾、背向水池向外翻腾、面向水池向内翻腾时,本文采用角动量有效系数 η_l 来考虑其对跳水动作完成时间的影响,η_l 分别取 1.0,0.85,0.80,0.75。将其代入"运动员体型参数—跳水动作完成时间"计算模型求得特定跳水动作的完成时间,再代入跳水动作难度系数计算模型。表 10 对比了基于上述模型计算所得难度系数与国际泳联规定难度系数,可见其变化趋势基本一致,说明两种方法所考虑的影响因素基本一致。本文提出的计算方法可以视为现行专家主观评价方法的定量化改进。数值上的差异一方面来自所建立的简化力学模型,譬如将上肢简化为"转子"形式,考虑翻腾方向所假定的角动量有效系数,初始角动量与运动员身高、体重参数之间的函数关系等假设;另一方面是因为计算模型中跳水动作基准难度系数、跳水动作完成时间代表值权重、跳水动作完成时间标准差权重、转动圈数权重等参数的幅值的设定。

表 10　　　　　　　　　　　　十米跳台难度系数(部分动作)

动作代码	PIKE		TUCK		动作代码	PIKE		TUCK	
	原	新	原	新		原	新	原	新
	B	B	C	C		B	B	C	C
1011	—	—	4.7	4.2	5255	3.6	3.5	3.4	3.2
205	2.9	2.7	2.7	2.5	5257	4.1	4.4	3.9	4.2
207	3.6	3.3	3.3	3.2	5271	3.2	3.1	2.9	2.7

(续表)

动作代码	PIKE 原 B	PIKE 新 B	TUCK 原 C	TUCK 新 C	动作代码	PIKE 原 B	PIKE 新 B	TUCK 原 C	TUCK 新 C
209	4.5	4.1	4.2	3.8	5273	3.8	3.6	3.5	3.3
305	3.0	2.8	2.8	2.6	5275	4.2	4.3	3.9	4.1
307	3.7	3.4	3.4	3.3	5353	3.3	3.1	3.1	3.0
309	4.8	4.1	4.5	4.1	5355	3.7	3.6	3.5	3.6
405	2.8	2.6	2.5	2.5	5371	3.3	3.4	3.0	3.1
407	3.5	3.2	3.2	3.0	5373	—	—	3.6	3.5
409	4.4	4.0	4.1	3.9	5375	—	—	4.0	4.2

7 展望

受限于运动员体型参数资料不全等因素,本文所提出的跳水动作体型系数计算模型还有待进一步完善,以下提出一些展望:

(1) 运动员体重和身高参数与其转动惯量、质心位置之间的拟合公式是基于对普通成年人的实测数据。考虑到跳水运动员身体素质高于普通人,该拟合公式的具体参数应根据运动员体型参数统计数据修正。

(2) 运动员初始翻腾角速度的基准值采用了文献建议值,并通过参数线性差值的方式考虑了不同体型运动员初始翻腾角速度的变化。后续可通过跳水运动员参赛视频起跳动作分析来完善这一函数关系,譬如,采用某运动员过去一年跳水参赛中起跳动作、翻腾速度的统计值。

(3) 本文提出的跳水完成时间计算模型通过有效角动量系数来考虑跳水动作翻腾方向的影响。考虑跳水动作翻腾方向的物理计算模型还有待进一步的研究。

参考文献

[1] FINA DIVING RULES 2017-2021[EB/OL]. (2017-09-13) [2018-10-01]. https://www.fina.org/sites/default/files/2017-2021_diving_12092017_ok.pdf.

[2] FINA/CNSG Diving World Series 2019[EB/OL]. (2019-03-03) [2019-05-04]. http://www.fina.org/content/rio-2016-olympic-games-diving.

[3] Mc Cormick G P. A Kinesiological Study of Four Divers Executing the Pull Twisting Forward One And One-Half Somersault[D]. University of Southern California,1954.

[4] 桑德斯 R H,威尔森 B D,刘志成. 跳水向前翻腾一周半转体和不转体空翻所需的动量矩[J]. 中国体育科技,1988(12):20-26.

[5] 刘延柱. 人体空翻转体运动的动力学分析[J]. 上海交通大学学报,1984(1):78-88.

［6］钟奉俄. 失重状态下人体的姿态控制［J］. 力学学报，1986(2)：48-57.

［7］马超，刘玉庆，朱秀庆. 失重状态下人体自旋运动控制分析［J］. 航天医学与医学工程，2013，26(6)：475-480.

［8］Hanavan E P. A mathematical model of the human body［R］. Air Force Aerospace Medical Research Lab Wright-Patterson AFB OH，1964.

［9］Tong W. Coupled Rigid Body Dynamics with Application to Diving［D］. University of Sydney，2015.

［10］Miller D I，George G S，Zecevic A，et al. Biomechanics of Competitive Diving：A US Diving Reference Manual［M］. US Diving Publications，2000.

［11］Bharadwaj S，Duignan N，Dullin H R，et al. The diver with a rotor［J］. Indagationes Mathematicae，2016，27(5)：1147-1161.

［12］刘静民. 中国成年人人体惯性参数国家标准的制定［D］. 北京体育大学，2004.

［13］郝卫亚，王智，艾康伟. 运动员空中翻腾和转体姿态控制过程中转动惯量的变化［J］. 中国运动医学杂志，2013，32(11)：966-973.

［14］李九龙，周凌柯. 基于"3σ 法则"的显著误差检测［J］. 计算机与现代化，2012，1(1)：10-13.

［15］闵惜琳，刘国华. 人工神经网络结合遗传算法在建模和优化中的应用［J］. 计算机应用研究，2002，19(1)：79-80.

陈雄达

这篇论文在力学机制上对跳台跳水进行了全过程动作分解，并建立了以动作完成时间为主要考查点的难度计算标准，其中影响跳水动作难度的基本要素有翻腾周数、转体周数、翻腾姿态、翻腾方向、起跳朝向等。作者根据运动员体型的胖瘦高矮，按照统计学上的正态分布，对身高体重在一定范围内的样本提出了运动员体型校正系数计算公式。文章最后还进一步提供了一种具有较高预测精度的人工神经网络方案，尝试用于在给定跳水动作代码、运动员身高、体重参数的前提下快速计算跳水动作难度系数。

该论文把运动员身体简化为刚体，采用力学方式分析各个跳水动作所需要的时间，并认为时间是构成难度的主要因素。该想法有一定的创新性，是一个很好的尝试。但一般来讲，难度关于时间应该是一个非线性较严重的函数，如何拟合值得更深入思考。最后给出的体型校正系数，即公式(18)，也是个对问题很正面的回答，既方便又直观，但其中形式的选取应该写出其详细的说明，并加以验证。

第二部分
2018 年 C 题

赛题：对恐怖袭击事件记录数据的量化分析

  恐怖袭击是指极端分子或组织人为制造的、针对但不仅限于平民及民用设施的、不符合国际道义的攻击行为，它不仅具有极大的杀伤性与破坏力，能直接造成巨大的人员伤亡和财产损失，而且还给人们带来巨大的心理压力，造成社会一定程度的动荡不安，妨碍正常的工作与生活秩序，进而极大地阻碍经济的发展。

  恐怖主义是人类的共同威胁，打击恐怖主义是每个国家应该承担的责任。对恐怖袭击事件相关数据的深入分析有助于加深人们对恐怖主义的认识，为反恐防恐提供有价值的信息支持。

附件 1

  本赛题中的附件 1 选取了某组织搜集整理的全球恐怖主义数据库（GTD）中1998—2017 年世界上发生的恐怖袭击事件的记录，附件 2 是有关变量的说明，节译自数据库说明文档，附件 3 提供了一个内容摘要。附件不再在文中体现，请扫描右边二维码下载，摘录需要完成的任务如下：

附件 2

任务 1　依据危害性对恐怖袭击事件分级

  对灾难性事件，比如地震、交通事故、气象灾害等进行分级是社会管理中的重要工作。通常的分级一般采用主观方法，由权威组织或部门选择若干个主要指标，强制规定分级标准，如我国《道路交通事故处理办法》第六条规定的交通事故等级划分标准，主要按照人员伤亡和经济损失程度划分。

附件 3

  但恐怖袭击事件的危害性不仅取决于人员伤亡和经济损失这两个方面，还与发生的时机、地域、针对的对象等诸多因素有关，因而采用上述分级方法难以形成统一标准。请依据附件 1 以及其他有关信息，结合现代信息处理技术，借助数学建模方法建立基于数据分析的量化分级模型，将附件 1 给出的事件按危害程度从高到低分为一至五级，列出近二十年来危害程度最高的十大恐怖袭击事件，并给出表 1 中事件的分级。

表 1　　　　　　　　　　　　　　　典型事件危害级别

事件编号	危害级别	事件编号	危害级别
200108110012		201411070002	
200511180002		201412160041	
200901170021		201508010015	
201402110015		201705080012	
201405010071			

任务 2　依据事件特征发现恐怖袭击事件制造者

附件 1 中有多起恐怖袭击事件尚未确定作案者。如果将可能是同一个恐怖组织或个人在不同时间、不同地点多次作案的若干案件串联起来统一组织侦查,有助于提高破案效率,有利于尽早发现新生或者隐藏的恐怖分子。请针对在 2015、2016 年度发生的、尚未有组织或个人宣称负责的恐怖袭击事件,运用数学建模方法寻找上述可能性,即将可能是同一个恐怖组织或个人在不同时间、不同地点多次作案的若干案件归为一类,对应的未知作案组织或个人标记不同的代号,并按该组织或个人的危害性从大到小选出其中的前 5 个,记为 1 号—5 号。再对表 2 列出的恐怖袭击事件,按嫌疑程度对 5 个嫌疑人排序,并将结果填入表 2(表中样例的含义:对事件编号为 XX 的事件,3 号的嫌疑最大,其次是 4 号,最后是 5 号),如果认为某嫌疑人关系不大,也可以保留空格。

表 2　恐怖分子关于典型事件的嫌疑度

	1 号嫌疑人	2 号嫌疑人	3 号嫌疑人	4 号嫌疑人	5 号嫌疑人
样例 XX	4	3	1	2	5
201701090031					
201702210037					
201703120023					
201705050009					
201705050010					
201707010028					
201707020006					
201708110018					
201711010006					
201712010003					

任务 3　对未来反恐态势的分析

对未来反恐态势的分析评估有助于提高反恐斗争的针对性和效率。请依据附件 1 并结合互联网上的有关信息,建立适当的数学模型,研究近三年来恐怖袭击事件发生的主要原因、时空特性、蔓延特性、级别分布等规律,进而分析研判下一年全球或某些重点地区的反恐态势,用图/表给出研究结果,提出对反恐斗争的见解和建议。

任务 4　数据的进一步利用

通过数学建模还可以发挥附件 1 数据的哪些作用?给出模型和方法。

特别提醒:本题作为数学建模竞赛题,特别强调数学的应用和建模过程的严谨性、创新性,结论应有充分、可靠的数据支撑。请参赛者务必正确理解题目需求,不要写成议论文。

第4篇

恐怖袭击事件量化分析和数据挖掘

陈李沐[1]　　戴　蕾[2]　　王　鹏[1]

1. 同济大学土木工程学院　　2. 同济大学人文学院

摘要　恐怖主义是人类的共同威胁,打击恐怖主义是每个国家应该承担的责任。对恐怖袭击事件相关数据的深入分析有助于加深人们对恐怖主义的认识,为反恐防恐提供有价值的信息支持。本文基于全球恐怖主义数据库(GTD),对恐怖袭击事件展开了量化分析和数据挖掘。

(1) 提出恐怖袭击事件的危害分级。通过特征选择和数据规整,建立表征各事件危害程度的特征矩阵。构造正理想解及负理想解,通过到理想解的距离量化事件危害程度。计算所有事件的危害值,并采用 K-Means 算法进行聚类,得到分级标准。

(2) 依据事件特征认定作案者。建立 2015—2016 年未破案事件矩阵,再考查作案数排名前 50 的恐怖组织,导出已破案事件矩阵。设定 50 个作案者类,以已破案事件为输入,以作案者类对应的特征响应为输出,训练前馈神经网络。通过该模型对未破案事件进行预测,输出潜在的作案者类别及其犯案概率。对潜在作案者作为第一嫌疑人的事件危害值求和,评估各潜在作案者类的危害程度,并选取危害程度最高的 5 个。输出这 5 个嫌疑人在典型事件中的作案概率,并进行排序。

(3) 分析未来反恐态势。建立全球过去二十年的月度频数矩阵,以及重点关注地区过去一年的月度频数矩阵。设定滑动时窗,以窗口内序列为输入,窗口前单个数据为输出,基于前者训练长短时记忆网络,并通过该模型对后者进行预测,循环迭代得到相应地区未来 12 个月的事件频数变化。此外,建立 2010—2014 年五年经纬坐标的参考矩阵,以及 2015—2017 年每年的坐标矩阵。使用 K-Means 对前者进行分析,将全球划分为 10 个特征区域,并将后者填入上述特征区域,计算各区域每年新增点的中心点。基于每一年中心点较上一年的偏移方向和偏移量判断各区域的蔓延趋势。

关键词　恐怖袭击事件,数据挖掘,K-Means,前馈神经网络,长短时记忆网络

1　引言

根据全球恐怖主义数据库的定义,恐怖主义袭击是指"非国家行为者通过恐惧、胁迫或

恐吓等手段,实现政治、经济、宗教或社会目的,威胁或实际使用了非法武力和暴力的行为"[1]。恐怖主义不仅具有极大的杀伤性和破坏力,还会给人们施加巨大的心理压力,扰乱正常的工作、生活秩序,造成恶劣的社会影响,甚至导致经济发展停滞。如今,恐怖主义问题已经成为国际上的热点问题,收集恐怖袭击数据并开展深入分析,有助于把握恐怖组织行为活动的特点和规律,为反恐防恐提供有价值的信息支持,以及在宏观层面进行趋势分析和决策制定。

本文根据 GTD 中 1998—2017 年的恐怖袭击事件记录,建立数学模型,进行结构化数据的信息挖掘,实现了恐袭事件的危害分级,未破案事件的潜在嫌疑人认定,以及未来反恐态势的分析和评估。为便于分析,本文对实际情况进行简化并做出如下假设:

(1)恐袭事件的危害由人员伤亡、经济损失、事件性质、地域、攻击类型、武器类型、目标类型、事件规模等因素共同确定;

(2)同一个组织或个人在犯案行为上存在共性,体现为时间连续、地区接近、攻击方式相似、武器类型相似、目标类型相似;

(3)潜在作案组织或个人不存在被消灭、合并、转化等不可预测的行为,即在本文分析的时间区间内,其是稳定存在的;

(4)任一恐怖组织或个人的危害性可由其所犯案件的危害级别累计判定;

(5)任一地区、国家的恐怖袭击事件发生规律是稳定的,体现为其原因构成、级别分布、时空特征及蔓延特性不会发生突变。

2 恐怖袭击事件的危害分级

2.1 问题提出与分析

现有的灾难分级标准,多由权威部门指定,具有主观性和强制性。为准确描述恐袭事件的危害性,有必要建立更全面、科学的数学模型。研究表明,恐袭事件所造成的危害应综合受伤人数、死亡人数、财产损失数额、事件性质、事件规模、地域、攻击类型、武器类型、目标类型等因素的影响[2]。从 GTD 中检索上述数据,经过初步处理后作为表征危害程度的分项指标,组成历年事件的量化分析矩阵。考虑不同指标应具有不同的重要性(即权重),为尽量减少主观认定,使用熵权法确定其权值。对任一事件,通过对各指标进行加权,由理想解法得到多指标评价下的危害值。导出 1998—2017 年所有恐怖袭击事件的危害值,通过K-Means聚类得到每个事件隶属的危害等级以及各等级的分类标准(阈值)。

2.2 数据来源及处理

GTD 中的原始数据种类繁多、质量较差,为保证后续分析的顺利开展,有必要预先进行数据处理工作,大致分为特征选择、数据清洗、数据转换三个步骤。

2.2.1 特征选择

根据 GTD 的变量定义,考虑以下变量组成的危害特征矩阵:

(1)入选标准(crit1,crit2,crit3)。该变量记录了恐怖主义事件的性质和目的,在一定程度上表征了该事件带来的社会影响。

（2）国家（country）。该变量记录了事件发生的地域信息，根据文献[3]的定义，对全球各国受恐怖主义影响程度的差异采用国家恐袭系数进行量化。

（3）攻击类型（attacktype1）。该变量记录了事件采取的主要攻击方式。显然，不同的攻击方式具有不同的危害程度。

（4）武器类型（weapontype1）。该变量记录了事件使用的一般武器类型。不同的武器具有不同的危害程度，例如，生化武器的危害将大于假武器的危害。

（5）目标类型（targtype1）。该变量记录了事件受害者的一般类型。不同的目标类型具有不同的危害程度，攻击政府的危害将大于攻击商业的危害。

（6）凶手数量（nperps）。该变量记录了参与事件的恐怖分子总数，在一定程度上表征了恐怖事件的规模。

（7）受害者死亡数。该变量与事件的危害程度呈现明显的正相关，根据记录死亡总数（nkill）和凶手死亡人数（nkillter）相减导出。

（8）财产损失的价值（propextent）。该变量亦与事件危害呈现正相关。

2.2.2　数据清洗

现实世界的所有数据库不可避免地受到噪声、缺失值、不一致数据的干扰。由于数据清洗本身是一份具有专业难度的工作，本文在此仅考虑缺失值的处理。对于2.2.1节中抽取得到的危害特征矩阵，当某一样本（案件）的特征值存在缺失时，对该样本进行剔除。鉴于样本数量足够大，认为这一处理对最后分级的结果的影响可以忽略不计。

2.2.3　数据转换

首先，在危害特征矩阵中，各特征值间仍具有不可公度性。并非所有的特征的数值与危害程度表现为正相关关系，有一部分特征甚至为非数值变量。其次，对于同一特征，不同的量纲会改变数值的大小。最后，不同特征间的数值尺度差异巨大，不便于进行综合评价。因此，需通过规范化的方法，将矩阵中的所有数据转换至可量测的[0，1]区间上。

对非数值特征进行转换，见表1至表5。

表1　　　　　　　　　　　　　　入选标准

入选标准	等级
符合三项	3
符合两项	2
符合一项	1

表2　　　　　　　　　国家恐袭系数（仅列出前5）[3]

国家	评价
伊拉克	10.000
阿富汗	9.441
尼日利亚	9.009
叙利亚	8.621
巴基斯坦	8.400

表3	攻击类型	
攻击类型		等级
1(暗杀),2(武装袭击),3(轰炸/爆炸),4(劫持)		2
5(路障),6(绑架),7(基础设施),8(徒手),9(未知)		1

表4	武器类型	
武器类型		等级
1(生物),2(化学),3(放射),4(核武)		3
5(轻武),6(炸弹),8(燃烧),10(交通工具)		2
7(假武器),9(致乱),11(破坏设备),12(其他),13(未知)		1

表5	目标类型	
目标类型		等级
2(政府),3(警察),4(军事),7(政府外交),17(恐怖分子),22(暴力政党)		3
1(商业),6(机场和飞机),8(教育机构),12(NGO),15(宗教),18(游客),19(运输)		2
5(流产有关),9(食物或水),10(新闻记者),11(海事),13(其他),14(公民),16(电信),20(未知),21(公用)		1

对所有离散、连续的数值特征进行规范化处理。对原危害特征矩阵 $\boldsymbol{H'} = (h'_{ij})_{m\times n}$ 和规范危害特征矩阵 $\boldsymbol{H} = (h_{ij})_{m\times n}$,按

$$h_{ij} = \frac{h'_{ij}}{\sqrt{\sum_{i=1}^{m} h'^2_{ij}}}, \, i = 1, 2, \cdots, m; j = 1, 2, \cdots, n \tag{1}$$

进行规范化处理。

2.3 模型建立

2.3.1 熵权法[4]

熵权法的基本思路是根据指标变异性的大小来确定客观权重。一般来说,某个指标的信息熵 E_j 越小,表明指标的变异程度越大,提供的信息量越多,在综合评价中所能起到的作用也越大,其权重也就越大。具体赋权步骤如下:

(1)将各指标数据进行标准化处理。假定给定了 k 个指标 $Q_1, Q_2, \cdots, Q_k$,其中 $Q_i = \{Q_1, Q_2, \cdots, Q_n\}$,假设对各指标数据标准化后的值为 $R_1, R_2, \cdots, R_k$,那么

$$R_{ij} = \frac{Q_{ij} - \min(Q_i)}{\max(Q_i) - \min(Q_i)} \tag{2}$$

(2)求各指标的信息熵。根据信息熵的定义,一组数据的信息熵为

$$E_j = -\ln(n)^{-1} \sum_{i=1}^{n} p_{ij} \ln p_{ij} \tag{3}$$

其中，$p_{ij} = R_{ij} / \sum_{i=1}^{n} R_{ij}$，如果 $p_{ij} = 0$，则定义 $\lim_{p_{ij} \to 0} p_{ij} \ln p_{ij} = 0$。

（3）确定各指标权重。根据信息熵的计算公式，计算出各个指标的信息熵为 E_1，E_2，$\cdots$，E_k。通过信息熵计算各指标的权重：

$$W_i = \frac{1 - E_i}{k - \sum E_i} \ (i = 1, 2, \cdots, k) \tag{4}$$

2.3.2 理想解(TOPSIS)法[5]

理想解法是一种典型的多指标评价方法。设多属性决策方案集为 $D = \{d_1, d_2, \cdots, d_m\}$，衡量方案优劣的属性变量为 A_1，A_2，$\cdots$，A_n，此时方案集 D 中每个方案 $d_i (i = 1, 2, \cdots, m)$ 的 n 个属性值构成的向量是 $[a_{i1}, \cdots, a_{in}]$，它作为 n 维空间中的一个点，能唯一地表征方案 d_i。在 n 维空间中，将方案集 D 中的各备选方案 d_i 与正理想解 C^* 和负理想解 C^0 的距离进行比较，实现备选方案的量化评价和排序。具体步骤如下：

（1）用向量规范化的方法求得规范决策矩阵，参见 2.2.3 节。

（2）构成加权规范阵 $C = (c_{ij})_{m \times n}$。设由决策人给定各属性的权重向量为 $W = (W_1, W_2, \cdots, W_n)^T$，则

$$c_{ij} = W_j \cdot b_{ij}, \ i = 1, 2, \cdots, m; \ j = 1, 2, \cdots, n \tag{5}$$

（3）确定正理想解 C^* 和负理想解 C^0。设正理想解 C^* 的第 j 个属性值为 c_j^*，负理想解 C^0 的第 j 个属性值为 c_j^0，则

$$\text{正理想解} \ c_j^* = \begin{cases} \max_i c_{ij}, \ j \ \text{为正相关属性} \\ \min_i c_{ij}, \ j \ \text{为负相关属性} \end{cases} \tag{6}$$

$$\text{负理想解} \ c_j^0 = \begin{cases} \min_i c_{ij}, \ j \ \text{为正相关属性} \\ \max_i c_{ij}, \ j \ \text{为负相关属性} \end{cases} \tag{7}$$

（4）计算各方案到正理想解与负理想解的距离。备选方案 d_i 到正理想解的距离为

$$s_i^* = \sqrt{\sum_{j=1}^{n} (c_{ij} - c_j^*)^2}, \ i = 1, 2, \cdots, m \tag{8}$$

备选方案 d_i 到负理想解的距离为

$$s_i^0 = \sqrt{\sum_{j=1}^{n} (c_{ij} - c_j^0)^2}, \ i = 1, 2, \cdots, m \tag{9}$$

（5）计算各方案的综合评价指数，即

$$f_i^* = \frac{s_i^0}{s_i^0 + s_i^*}, \ i = 1, 2, \cdots, m \tag{10}$$

2.3.3 K-Means 聚类算法[6]

对于给定的一个包含 n 个 d 维数据点的数据集 $X = \{x_1, x_2, \cdots, x_i, \cdots, x_n\}$，其中 x_i

$\in \mathbf{R}^d$，以及要生成数据子集的数目 K，K-Means 聚类算法将数据对象组织为 K 个划分 $C = \{c_k, i = 1, 2, \cdots, k\}$。每个划分代表一个类 c_k，每个类 c_k 有一个类别中心 μ_i。计算该类内各点到聚类中心的距离平方和

$$J(c_k) = \sum_{x_i \in c_k} \| x_i - \mu_k \|^2 \tag{11}$$

聚类目标是使各类总的距离平方和 $J(C) = \sum_{k=1}^{K} J(c_k)$ 最小。

$$J(C) = \sum_{k=1}^{K} J(c_k) = \sum_{k=1}^{K} \sum_{x_i \in c_k} \| x_i - \mu_k \|^2 = \sum_{k=1}^{K} \sum_{i=1}^{n} d_{ki} \| x_i - \mu_k \|^2 \tag{12}$$

其中，$d_{ki} = \begin{cases} 1, & x \in c_i \\ 0, & x \notin c_i \end{cases}$，聚类中心 μ_k 为类别 c_k 各数据点的平均值。

2.3.4 建模过程

具体的建模过程见表 6。

表 6　　　　　　　　　　　　恐袭事件的危害分级

步骤 1	进行数据处理，计算规范危害特征矩阵 $\boldsymbol{H}$
步骤 2	根据 $\boldsymbol{H}$，按熵权法计算各特征权重系数，得到加权危害特征矩阵 $\boldsymbol{H}_w$
步骤 3	定义 $\boldsymbol{H}_w$ 对应的正理想解和负理想解
步骤 4	计算各事件距离理想解的距离，进而得到各事件综合评价指数
步骤 5	采用 K-Means 算法将事件评价指数分为 5 类，得到事件分级标准

2.4 结果与讨论

计算规范危害特征矩阵 $\boldsymbol{H}$，根据 $\boldsymbol{H}$，采用熵权法计算各特征变量权重系数，得到加权危害特征矩阵 $\boldsymbol{H}_w$，见表 7。标题栏的含义参见 2.2.1 节。

表 7　　　　　　　　　　　　危害特征矩阵 $\boldsymbol{H}$（部分）

事件编号	死	伤	经济损失	攻击类型	是否成功	武器类型	入选标准	目标类型	凶手数量	国家恐袭系数
199801010001	4	6	0	2	1	2	3	3	100	5.637
199801010002	0	3	0	2	1	2	3	2	0	5.329
199801010003	1	0	0	2	1	2	3	1	0	5.102
199801020001	0	0	0	2	1	2	3	3	0	10.000
199801020002	0	1	0	2	0	2	3	1	0	5.551
199801040001	0	0	0	2	1	2	3	3	0	1.186
199801040002	0	0	0	2	1	2	3	3	0	1.186

（续表）

事件编号	死	伤	经济损失	攻击类型	是否成功	武器类型	入选标准	目标类型	凶手数量	发生国家
199801050001	0	0	0	2	0	2	3	3	0	1.522
199801050002	0	1	1	2	1	2	3	1	0	0.154
199801050003	14	2	0	2	1	2	3	1	0	1.929

定义 H_w 对应的正理想解（事件危害最大），并计算各事件相对正理想解的距离，见表 8 第 2 列；同样地，定义负理想解（事件危害最小），距离计算结果见表 8 第 3 列。综合各事件距离理想解的距离得到表征事件危害值的排队指标，见表 8 第 4 列。

表 8　　　　　　　　　　事件危害值（部分）

事件编号	正理想解	负理想解	排队指标
199801010001	0.836 354	0.009 486	5.637
199801010002	0.840 678	0.004 640	5.329
199801010003	0.840 721	0.004 422	5.102
199801020001	0.840 763	0.007 949	10.000
199801020002	0.840 799	0.003 181	5.551
199801040001	0.840 849	0.004 777	1.186
199801040002	0.840 849	0.004 777	1.186
199801050001	0.840 855	0.003 595	1.522
199801050002	0.840 769	0.004 353	0.154
199801050003	0.838 961	0.005 464	1.929

采用 K-Means 聚类算法将事件评价指数分为 5 类，得到事件分级标准，各级的边界值如图 1 所示。应用该标准，可成功实现各事件的危害程度分级，见表 9。

表 9　　　事件危害分级（部分）

事件编号	分级
199801010001	3
199801010002	1
199801010003	1
199801020001	3
199801020002	1
199801040001	1
199801040002	1
199801050001	1
199801050002	1
199801050003	2

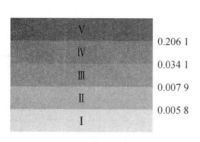

图 1　K-Means 聚类结果

3 潜在作案者的嫌疑认定

3.1 问题提出与分析

GTD 数据库中可见多起未定作案者的恐袭事件。对此类事件进行特征提取和嫌疑认定,有助于提高破案效率并尽早发现潜在的恐怖组织。考虑同一个作案者在不同时间、地点犯下的案件间存在某种共性,而这种隐式的、复杂的、非线性的知识可借助神经网络对其进行刻画。以已破案事件的特征为输入,以已知作案者类别对应的特征响应(作案概率)为输出,通过迭代训练完成对上述"案件知识"的学习。进一步地,使用该模型对可能隶属于同一组织或个人的未破案事件进行分类,输出潜在作案者的分类结果。针对任一潜在作案者,累加其作为第一嫌疑人的案件危害值,得到该组织或个人的危害性量化评估,据此可以判断其中危害最高的个体。

3.2 数据来源及处理

检索 GTD 中所有已知作案者的事件数据,以年(iyear)、经度(longitude)、纬度(latitude)、地区编码(region)、国家恐袭系数、入选标准、攻击类型、武器类型、目标类型作为事件特征,进行建模。基于神经网络训练的要求,在此分别抽取已知作案者的事件特征子矩阵 I_k 和未知作案者的子矩阵 I_u。

对于 I_k,共有 54 681 起事件作案者已知,其中共有 1 582 个恐怖组织。对各组织的作案数目进行统计,取作案数量前 50 的组织作为训练数据。再对剩余数据中特征缺失的进行剔除,经过筛选,最终得到 42 054 组训练数据。类似地,取 2015—2016 年所有未知作案者事件数据,通过上述的剔除和筛选处理,组成 I_u,见表 10。

表 10 训练数据示意

恐怖组织	作案数目
Taliban	7 474
Islamic State of Iraq and the Levant (ISIL)	5 612
Al-Shabaab	3 288
Boko Haram	2 418
Communist Party of India - Maoist (CPI-Maoist)	1 878
New People's Army (NPA)	1 800
Maoists	1 619
Tehrik-i-Taliban Pakistan (TTP)	1 351
Revolutionary Armed Forces of Colombia (FARC)	1 331

对于所选取的事件特征变量,参照 2.2.3 节进行数据转换,在此不再赘述。特别地,对于经度、纬度,考虑其组成二维经纬向量表征案件的空间分布特征;对于年份,取 2018 与"iyear"字段的差值作为特征数据;对于地区编码,采用独热编码(one-hot encoding)[8]方式,

建立十二维地区向量,对应 12 个地区类别(1—北美,2—中美和加勒比海,等等)。以独热编码表示的类别特征已满足数据规范化的要求。对于数值特征,按式(13)进行处理。对 $I'_{ij} = (i'_{ij})_{m×n}$,$I_{ij} = (i_{ij})_{m×n}$,当 i_{ij} 为数值特征时,

$$i_{ij} = \frac{i'_{ij}}{(i'_j)_{\max}} \tag{13}$$

3.3 模型建立

3.3.1 多层前馈神经网络[9]

神经网络以 M-P 神经元为基本单元。神经元接受其他 n 个神经元传递过来的输入信号,这些信号通过带权重的连接进行传递。神经元接收的总输入值与其阈值进行比较,通过激活函数处理产生输出。许多个这样的神经元按一定层次结构连接起来,便形成了神经网络。多层前馈神经网络是最经典的模型之一,如图 2 所示,每层神经元与下一层神经全部互相连接,神经元之间不存在同层或跨层连接。通常,多层前馈神经网络包括一个输入层,一至多个隐含层,以及一个输出层。其中输入层接收外界输入,隐层与输出层对信号进行加工,最终结果由输出层神经元输出。

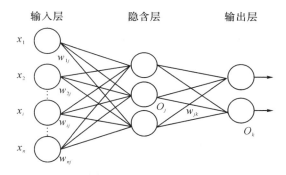

图 2 多层前馈神经网络(层数=3)

3.3.2 误差逆传播算法[10]

多层网络的学习过程,就是根据训练数据来调整神经元之间的连接权值以及每个功能神经元的阈值。最典型的网络学习算法为误差逆传播(Back Propagation,BP)算法。给定训练集 $D = \{(x_1, y_1), (x_2, y_2), \cdots, (x_m, y_m)\}$,$x_i \in \mathbf{R}_d$,$y_i \in \mathbf{R}_l$,即输入样本由 d 个属性描述,输出 l 维实值向量。建立具有 d 个输入神经元,l 个输出神经元,q 个隐层神经元的多层前馈网络结构,其中输出层第 j 个神经元的阈值用 θ_j 表示,隐层第 h 个神经元的阈值用 γ_h 表示。输入层第 i 个神经元与隐层第 h 个神经元的连接权为 v_{ih},隐层第 h 个神经元与输入层第 j 个神经元之间的连接权为 w_{hj}。记隐层第 h 个神经元接收到的输入为 $\alpha_h = \sum_{i=1}^{d} v_{ih} x_i$,输出层第 j 个神经元接收到的输入为 $\beta_h = \sum_{h=1}^{q} w_{hj} b_h$,其中 b_h 为隐层第 h 个神经元的输出。

对训练例 (x_k, y_k),假定神经网络的输出为 $\hat{y}_k = (\hat{y}_1^k, \hat{y}_2^k, \cdots, \hat{y}_l^k)$,即

$$\hat{y}_j^k = f(\beta_j - \theta_j) \tag{14}$$

则网络在 (x_k, y_k) 的均方误差为

$$E_k = \frac{1}{2} \sum_{j=1}^{l} (\hat{y}_j^k - y_j^k)^2 \tag{15}$$

BP 算法基于梯度下降策略,以目标的负梯度方向对参数进行调整。对于式(15)的误差 E_k,给定学习率 η,有

$$g_j = -\frac{\partial E_k}{\partial \hat{y}_j^k} \cdot \frac{\partial \hat{y}_j^k}{\partial \beta_j} = \hat{y}_j^k (1 - \hat{y}_j^k)(y_j^k - \hat{y}_j^k) \tag{16}$$

$$\Delta w_{hj} = \eta g_j b_h \tag{17}$$

$$\Delta \theta_j = -\eta g_j \tag{18}$$

$$e_h = -\frac{\partial E_k}{\partial b_h} \cdot \frac{\partial b_h}{\partial \alpha_h} = b_h (1 - b_h) \sum_{j=1}^{l} w_{hj} g_j \tag{19}$$

$$\Delta v_{ih} = \eta e_h x_i \tag{20}$$

$$\Delta \gamma_h = -\eta e_h \tag{21}$$

学习率 $\eta \in (0, 1)$ 控制算法每一轮迭代的更新步长,太大则容易振荡,太小则收敛速度过慢,需合理取值。

3.3.3 建模过程

具体的建模过程见表 11。

表 11 潜在作案者的嫌疑认定

步骤	建模过程
步骤 1	进行数据处理,导出事件特征矩阵 I,计算 I_k,I_u
步骤 2	建立多隐层前馈神经网络,初始化所有连接权和阈值
步骤 3	以 I_k 各事件特征变量作为输入,以作案者类对应的特征响应(作案概率)为输出,采用 BP 算法对网络进行迭代训练
步骤 4	通过该网络对 I_u 进行预测,输出潜在的作案者类别及其犯案概率
步骤 5	对潜在作案者作为第一嫌疑人的事件危害值求和,评估各潜在作案者类的危害程度

3.4 结果与讨论

抽取事件特征矩阵,见表 12。计算规范化特征矩阵(63 列),并作为样本输入神经网络进行训练,得到损失-迭代曲线,如图 3 所示,可见随着迭代次数增加,模型的误差迅速减小并达到可以接受的范围。

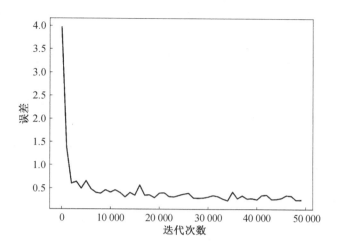

图3　神经网络损失-迭代曲线

表12　　　　　　　　　　　　　事件特征矩阵(部分)

事件编号	经度	纬度	年份	…
199801090001	0.480 893	−0.012 060	1	…
199801140002	0.407 351	0.017 186	1	…
199801170004	0.408 440	0.016 115	1	…
199801220001	0.106 552	0.443 467	1	…
199801250002	0.081 043	0.448 004	1	…
199801260001	0.081 043	0.448 004	1	…
199801280001	0.086 053	0.452 377	1	…
199801280005	0.088 015	0.452 915	1	…
199801290001	0.415 363	−0.033 310	1	…
199802010001	0.104 225	0.446 539	1	…
199802040001	0.293 829	0.508 006	1	…
199802040003	0.408 486	0.016 975	1	…
199802060002	0.077 132	0.443 676	1	…
199802080001	0.408 748	0.016 952	1	…
199802110001	0.353 018	0.195 574	1	…

　　输出模型测试结果,见表13所示。统计类别预测的正确率结果,见表14。其中TOP1正确率即模型预测概率最高的类别与实际类别相同的比率,TOP5正确率是模型预测概率最高的5个类别中存在正确类别的比率。

表 13   模型测试结果(部分)

事件编号	组织编号	预测编号
199801090001	35	35
199801140002	24	24
199801170004	24	24
199801220001	13	13
199801250002	13	13
199801260001	13	13
199801280001	13	13
199801280005	13	13
199801290001	35	35
199802010001	13	13
199802040001	30	30
199802040003	24	24
199802060002	13	13
199802080001	24	24
199802110001	21	21

表 14   类别预测正确率

	TOP1 正确率	TOP5 正确率
Category50	93.604%	99.995%

根据表 14 的结果,认为该模型足够准确,进而使用其对未知作案者事件的作案者类别进行预测,结果见表 15。对设定的 50 个潜在作案者,以其预测所犯案件(当且仅当其为第一嫌疑人)的危害值(由问题一得到)为权重进行累加,得到每个潜在作案者的危险程度得分,筛选出其中危险性最大的 5 个,见表 16。

表 15   潜在作案者预测结果(部分)

事件编号	预测编号	排队指标
201501010001	2	0.008 998
201501010002	10	0.003 138
201501010004	2	0.009 074
201501010005	2	0.006 457
201501010006	2	0.009 016
201501010007	2	0.009 063
201501010011	7	0.004 634
201501010013	8	0.008 469
201501010018	44	0.008 900
201501010020	2	0.009 044

表 16　　　　　　　　　　　　危险程度最高的 5 个潜在作案者

组织编号	事件总数	危险得分	危险排名
2	1 922	13.501 160	1
1	605	4.305 678	2
8	527	3.594 560	3
20	383	2.366 527	4
7	359	2.283 898	5

以 GTD 中的典型未破案事件为例,用上述神经网络模型输出上述 5 个作案者的作案概率,并根据其嫌疑程度进行排序,认定结果见表 17。

表 17　　　　　　　　　　　　典型事件的嫌疑人认定

事件编号	1 号嫌疑人	2 号嫌疑人	3 号嫌疑人	4 号嫌疑人	5 号嫌疑人
201701090031	1	2	5	3	4
201702210037	2	3	1	5	4
201703120023	1	4	5	2	3
201705050009	4	1	5	2	3
201705050010	4	1	5	2	3
201707010028	4	1	2	3	5
201707020006	1	2	4	3	5
201708110018	2	1	3	5	4
201711010006	2	3	1	5	4
201712010003	1	2	5	4	3

4　反恐态势预测与评估

4.1　问题提出与分析

恐袭事件的发生在宏观上有其内在规律,GTD 中积累的历年数据蕴含了关于时空特性、蔓延特性的宝贵信息,若能将其有效提炼并总结,将有助于对未来反恐态势的分析判断,从而提高反恐斗争的针对性和效率。一方面,考查最有代表性的国家或地区,统计其月度恐怖袭击事件频数,基于近二十年的历史数据,使用长短时记忆网络对未来发展趋势进行预测;另一方面,将全球按事件经纬坐标的聚类结果划分为 10 个特征区域,计算2015—2017 年各特征区域中心点的偏移方向和偏移量,评估未来恐怖袭击事件的蔓延趋势。

4.2 数据来源及处理

针对时间序列分析,从 GTD 中抽取过去二十年各地区月度频数的时程序列数据,形成频数训练矩阵 $\boldsymbol{F}_s$;抽取过去十二个月各地区月度频数的时程序列数据,形成频数预测矩阵 $\boldsymbol{F}_p$。针对空间分布聚类,从 GTD 中抽取 2010—2014 年五年形成坐标参考矩阵 $\boldsymbol{G}_r$;抽取 2015 年,2016 年,2017 年恐袭事件发生的经纬度坐标信息,分别形成坐标分析矩阵 $\boldsymbol{G}_1$,$\boldsymbol{G}_2$,$\boldsymbol{G}_3$。

4.3 模型建立

4.3.1 长短时记忆网络(LSTM)[11]

LSTM 是一种特殊的循环网络[12],特别适用于时间序列的分析和预测。其单元结构如图 4 所示。

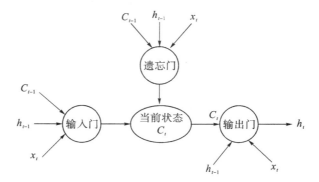

图 4 LSTM 单元结构图

LSTM 使用三个"门"结构来控制不同时刻的状态和输出。所谓的"门"结构就是使用了 sigmoid 激活函数的全连接神经网络和一个按位做乘法的操作,sigmoid 激活函数会输出一个 0~1 之间的数值,这个数值描述的是当前有多少信息能通过"门"。遗忘门,用于让循环神经网络"忘记"之前没有用的信息。输入门,用于让 RNN 决定当前输入数据中哪些信息将被留下来。输出门,决定当前时刻节点的输出。具体定义如下:

$$z = \tanh(W_z[h_{t-1}, x_t]) \text{(输入值)} \tag{22}$$

$$t = \text{sigmoid}(W_i[h_{t-1}, x_t]) \text{(输入门)} \tag{23}$$

$$f = \text{sigmoid}(W_f[h_{t-1}, x_t]) \text{(遗忘门)} \tag{24}$$

$$c_t = f \cdot c_{t-1} + i \cdot z \text{(新状态)} \tag{25}$$

$$h_t = o \cdot \tanh c_t \text{(输出)} \tag{26}$$

4.3.2 基于时间的反向传播算法(BPTT)[13]

LSTM 使用 BPTT 算法进行训练。BPTT 作为 BP 算法的应用,基本原理与后者一致。BPTT 算法按以下三步进行:

（1）求 W 的梯度

$$\frac{\partial C}{\partial W_{kj}} = \frac{\partial C}{\partial y_{pk}} \cdot \frac{\partial y_{pk}}{\partial net_{pk}} \cdot \frac{\partial net_{pk}}{\partial W_{kj}} = -\delta_{pk} \cdot \sum_j y_j(t) \tag{27}$$

其中，$\delta_{pk} = (z_{pk} - y_{pk}) \cdot g'(y_{pk})$ 为输出残差。

（2）求 V 的梯度

$$\frac{\partial C}{\partial V_{kj}} = -\delta_{pj} \cdot \sum_i x_i(t) \tag{28}$$

其中，$\delta_{pk} = \left[\sum_k^m (\delta_{pk} \cdot w_{kj}) \right] \cdot f'(y_{pj})$ 为隐层残差。

（3）求 U 的梯度

$$\frac{\partial C}{\partial U_{jh}} = -\delta_{pj} \cdot \left(\sum_h y_h(t-1) \right) \tag{29}$$

更新公式为

$$\begin{cases} \delta_{pk} = (z_{pk} - y_{pk}) \cdot g'(y_{pk}) \\ \delta_{pk} = \sum_k^m (\delta_{pk} \cdot w_{kj}) \end{cases} \tag{30}$$

4.3.3 建模过程

具体建模过程见表 18。

表 18 反恐态势预测与评估

步骤	时间序列分析
步骤 1	抽取各地区月度频数的时程序列数据,形成频数训练矩阵 $\boldsymbol{F}_s$ 和频数预测矩阵 $\boldsymbol{F}_p$
步骤 2	建立 LSTM 网络,初始化所有连接权和阈值
步骤 3	在时序数据上设滑动窗口,以窗口内序列向量作为输入,以窗口前方单个数据为输出,对网络进行迭代训练
步骤 4	以过去 12 个月的时序数据作为输入,预测下个月事件发生数,并以该数据与前 11 月数据重新输入,循环迭代得到未来 12 个月的预测
步骤	空间分布聚类
步骤 1	抽取 2010—2014 年、2015—2017 年恐袭事件的经纬度信息,形成坐标参考矩阵 $\boldsymbol{G}_r$ 和坐标分析矩阵 $\boldsymbol{G}_1$, $\boldsymbol{G}_2$, $\boldsymbol{G}_3$
步骤 2	对 2010—2014 年的经纬度坐标数据用 K-Means 算法进行聚类,划分为 10 个区域
步骤 3	分别将 2015 年、2016 年、2017 年的经纬度坐标数据分入上述 10 个区域,并计算各区域该年新增点的中心点
步骤 4	计算每一年中心点较上一年的偏移方向和偏移量作为该地区恐怖主义活动的空间蔓延趋势

4.4 结果与讨论

4.4.1 恐怖袭击事件的时程序列分析

对各地区过去三年的恐袭事件进行初步分析,见表19,认为中东及北非地区(region＝10)、南亚地区(region＝6)是恐怖主义的重灾区,应作为关注的重点;而东欧地区(region＝9)过去3年的恐怖袭击事件有较剧烈的变化,也应引起关注。

表 19 恐怖袭击事件时程数据(12地区) 单位:个

地区	时间		
	2015 年	2016 年	2017 年
北美	62	75	97
中美加	1	3	4
南美	176	159	172
东亚	28	8	7
东南亚	1 073	1 077	1 020
南亚	4 586	3 641	3 429
中亚	10	17	7
西欧	333	273	291
东欧	683	134	110
中东及北非	6 034	6 116	3 780
非洲	1 964	2 079	1 968
澳洲	14	10	12

提取各地区过去二十年月度事件频数的时程序列 $\boldsymbol{F}_s$,作为训练数据。中东及北非地区的训练数据如图 5 所示。将 12 组时间序列总共 $12 \times 20 \times 12 = 2\,880$ 个数据输入 LSTM 网络,进行训练。考查网络的损失—迭代曲线,认为其精度已满足要求。然后,将中东及北非

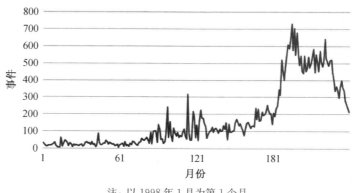

注:以 1998 年 1 月为第 1 个月

图 5 训练数据示意(中东及北非地区)

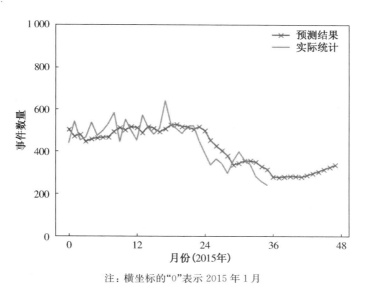

注：横坐标的"0"表示2015年1月

图6 时间序列分析与预测（中东及北非地区）

过去12个月的时序数据 F_p 作为输入，对未来一年该地区的恐怖袭击发展趋势进行预测，如图6所示。在图6中，"——"为过去3年的实际统计曲线，"—*—"为预测结果。可见，过去两年该地区的恐怖袭击呈下降趋势，未来一年恐怖袭击数总体上将较前一年有所下降，但也存在平稳并略有上升的趋势。

类似地，得到南亚地区、东欧地区的历史趋势和预测结果，分别如图7和图8所示。根据图7，过去3年南亚地区的恐怖袭击数呈平稳略有下降趋势，而未来一年南亚地区的恐怖袭击数总体上将继续保持平稳，且略有上升的趋势。根据图8，过去3年东欧地区的恐怖袭击数大幅下滑，未来一年东欧地区的恐怖袭击数总体上将保持在较低的水平上。

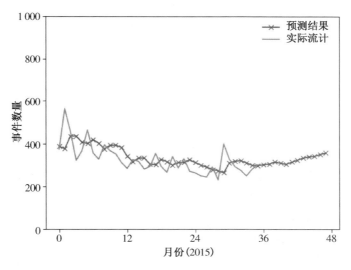

图7 时间序列分析与预测（南亚地区）

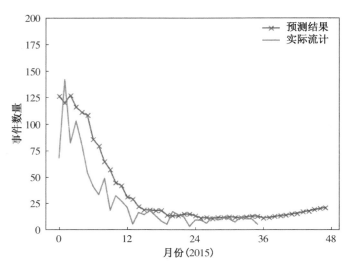

图 8　时间序列分析与预测(东欧地区)

4.4.2　恐怖袭击事件的空间分布聚类

抽取 2010—2014 年恐怖袭击事件发生的经纬度坐标信息 G_r,用 K-Means 聚类算法进行聚类,如图 9 所示。

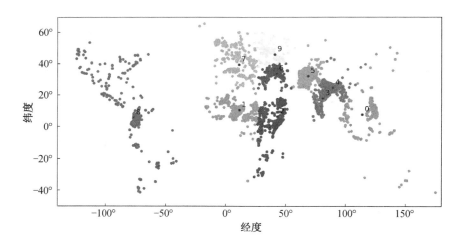

图 9　K-Means 区域划分

在图 9 中,K-Means 算法将全球划分为 10 个区域,与 GTD 中按政治与地理概念划分的 12 个地区基本一致,只是将事件较少的大洋洲与东亚、东南亚合并,将地理上相对独立的美洲划为整体,而将恐怖袭击事件较为频繁的中东、南亚、北非及其周边地区进行了更细致的分解。将 2015 年经纬度坐标数据 G_1 分入上述 10 个区域,观察中心点较上一年的偏移方向和偏移量,得到 2015 年各地区恐怖主义活动的空间蔓延趋势,如图 10 所示。其中,东欧地区呈现了往西北方向发展的较大趋势,这主要源于东欧地区恐怖袭击数量的下降。此外,美洲地区呈向北美发展的趋势、东南亚地区呈向东发展的趋势、非洲地区呈向西北方向的发展趋势。

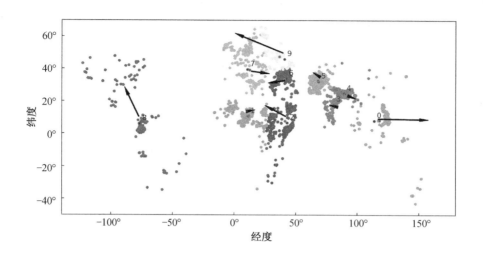

图 10 各地区恐怖主义空间蔓延趋势(2015 年)

将 2016 年经纬度坐标数据 G_2 分入上述 10 个区域,观察中心点较上一年的偏移方向和偏移量,得到 2016 年该地区恐怖主义活动的空间蔓延趋势,如图 11 所示。其中,东欧地区呈现了往南方向发展的较大趋势,整体相较 2010—2014 年向西偏移;美洲地区仍呈向北美发展的趋势;东南亚地区呈向西发展的趋势,这主要源于东南亚西部地区恐怖袭击数量的增加;非洲地区呈向南方向的发展趋势,这主要源自非洲南部东岸地区恐袭数量的激增。

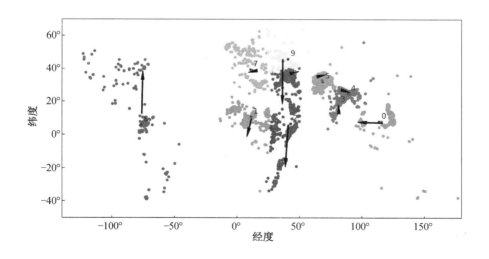

图 11 各地区恐怖主义空间蔓延趋势(2016 年)

将 2017 年经纬度坐标数据 G_3 分入上述 10 个区域,观察中心点较上一年的偏移方向和偏移量,得到 2017 年该地区恐怖主义活动的空间蔓延趋势,如图 12 所示。其中,西欧和东欧地区呈现了往北方向发展的较大趋势,且东欧地区的恐怖袭击数明显下降;美洲地区仍呈向北美发展的趋势，趋势有所放缓；东南亚地区呈向东发展的趋势，这主要源于东南亚西部地区恐怖袭击数的减少；南亚地区恐怖袭击数有所减少；中东、南亚北部地区（图中4,5,6）均呈现往巴基斯坦和阿富汗地区方向发展的趋势。

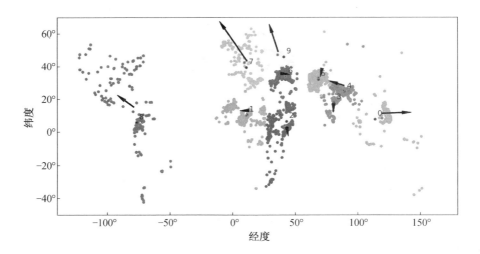

图 12　各地区恐怖主义空间蔓延趋势（2017 年）

因此，对于未来恐怖袭击事件的空间发展趋势，有以下四点预测：①北美地区有恐怖袭击增加的趋势；②北欧地区有恐怖袭击增加的趋势，相对的东欧地区恐怖袭击数量将稳定在较过往低的水平；③北非、中东地区将仍然是恐怖主义的重灾区，反恐形势严峻；④巴基斯坦—阿富汗及其周边地区恐怖主义活动有向中心靠拢趋势，应当引起关注。

5　结论

本文综合熵权法、理想解法、K-Means 聚类算法、多隐层前馈神经网络、长短时记忆网络等多种数学模型，对 GTD 进行了量化分析和数据挖掘，实现了恐怖袭击事件的危害分级，未破案事件的潜在嫌疑人认定，以及未来反恐态势的分析和评估。总结如下：

（1）现有的灾害评定标准并不全面和准确。对于恐怖袭击事件，其危害是受伤人数、死亡人数、财产损失数额、事件性质、事件规模、地域、攻击类型、武器类型、目标类型等多种因素作用的结果。以上述各因素作为分项指标，并考虑指标重要性的影响，基于多指标评价实现危害的量化和分级，该方法能有效综合事件的危害特征，相比现行标准更为科学和客观，适用性更强。

（2）GTD 中未破案事件的潜在作案者可通过其行为特征进行识别和认定。由同一作案者犯下的案件间存在着某种共性，基于此，通过数学模型对其进行学习，成功输出了作案者的犯案概率，即嫌疑度。汇总各潜在作案者对于未破案事件的嫌疑度，能有效提高破案效率，尽早发现并捕获危害性大的作案者。

（3）恐怖袭击事件在时空特性、蔓延特性等方面存在着宏观规律。结合 2015—2017 年恐怖袭击的月度频数及空间分布变化,可以发现:北美地区、北欧地区有恐怖袭击增加的趋势;东欧地区恐怖袭击数量将稳定在较过往低的水平;北非及中东地区将仍然是恐怖主义的重灾区,反恐形势严峻;巴基斯坦—阿富汗及其周边地区恐怖主义活动有向中心靠拢趋势,应当引起关注。

参考文献

[1] Global terrorism database codebook:Inclusion criteria and variables[EB/OL]. [2018-09-17]. http://www. start. umd. edu/gtd/downloads/Codebook. pdf.

[2] 马愿.《2017年全球恐怖主义指数报告》解读[J].国际研究参考,2018(2):19-24.

[3] Institute for Economics and Peace. Global Terrorism Index 2017[EB/OL]. [2018-09-17]. https://reliefweb. int/sites/reliefweb. int/files/resources/Global% 20Terrorism% 20Index% 202017% 20% 284%29. pdf.

[4] 刘国城,王会金.基于AHP和熵权的信息系统审计风险评估研究与实证分析[J].审计研究,2016(01):53-59.

[5] Hwang C L,Yoon K. Multiple Attribute Decision Making:Methods and Applications[M]. New York:Springer-Verlag,1981.

[6] Ding C,He X F. k-means Clustering via Principal Component Analysis[C]. Proc. of Int'l Conf. Machine Learning (ICML 2004),2004(7):225-232.

[7] Burnham K P,Anderson D R. Model Selection and Multimodel Inference:A Practical Information-Theoretic Approach[M]. Second Edition. New York,Springer Science,2002.

[8] Harris D. Harris S. Digital design and computer architecture (2nd ed.)[M]. San Francisco,Calif. :Morgan Kaufmann,2012.

[9] 周志华. 机器学习[M].北京:清华大学出版社,2016.

[10] Goodfellow I,Bengio Y,Courville A. Deep Learning[M]. Cambridge:MIT Press,2016.

[11] Gers F A,Schmidhuber J,Cummins F. Learning to Forget:Continual Prediction with LSTM[M]. Cambridge:MIT Press,2000.

[12] Graves A,Liwicki M,Fernandez S,et al. A Novel Connectionist System for Unconstrained Handwriting Recognition[J]. IEEE Transactions on Pattern Analysis and Machine Intelligence,2009,31(5):855-868.

[13] Boden M. A guide to recurrent neural networks and backpropagation[R]. Dallas Project Sics Technical Report T Sics,2001.

陈雄达

　　这篇论文对恐怖袭击的大数据进行了定量分析,把恐怖袭击的各事件按照国家、攻击类型等进行数据处理,并对数据进行了标准化、清洗等工作。按照K-Means聚类方法,论文对近年来恐怖袭击事件进行了分类,给出了系列恐怖袭击的危害等级以及这些事件中的重要嫌疑人等信息。文章提出了用记忆网络等方法来进行机器学习,分析和预测了恐怖袭击的态势,并得到了一定的结果。

　　论文给出了分析的各方法所需要的参数处理方式,以及所需要基础数据的整理分析过程,这些过程应该有其合理性的说明。此外,论文在结果的整理表述中,可以有更直观的方式来展示。在本文中,多数结果是以原始数据的方式描述的,如果不去查看赛题的话,不能直观地发现恐怖事件编号与事件本身的对应关系,当然也无法直觉地意识到危害程度的分类结果或者其他类似的结果是否合乎常识。这些方法如何进行检验也是一个值得深入思考的问题。

第5篇

恐怖袭击事件记录数据的量化分析运用

陈晓灿[1]　汪　铎[2]　黄鸿彬[1]

1. 同济大学交通运输工程学院　　2. 同济大学电子与信息工程学院

摘要　当前恐怖主义愈发全球化,并进入新一轮的活跃期,为了降低恐怖主义的危害,本文通过 GTD 对 1998—2017 年国际恐怖主义活动进行统计分析,本着"化整为零""合理转化""发挥经典算法优势"与"具体问题具体分析"相结合的原则,采用层次分析法、K-Means 聚类算法、基尼系数、洛伦兹曲线、空间自相关理论及因子分析法,综合利用 MATLAB、Excel、SPSS 等工具,针对不同问题,建立数学模型。

为了实现对数据库中记录的各恐袭事件进行危险程度分级,本文提出了基于综合模糊评判方法的恐怖袭击事件分级定量化模型。从主要因素出发,采用数理统计、数值计算、专家打分等方法,确定事件分级的指标集,并对指标采用隶属函数的方法进行模糊化处理。根据层次分析法确定每一级别影响因素中各个指标的权重,最后将 GTD 中事件划分为 5 个等级,得到危险程度最高的十件恐袭事件,与实际新闻报道对照,验证模型合理性。

首先,在上述事件分级的基础上,对特定年限涉及恐怖组织作案分类的指标进行分类和数据量的压缩、筛选、划分、处理,通过数据类型的转化,得出各恐袭事件的相异度矩阵。采用 K-Means 聚类算法对处理后的数据进行聚类分析,可得到至少 5 类的恐袭嫌犯团体。根据对恐袭事件分级的处理结果,对嫌犯团体危害性加以排序。依据其作案特征,估计出某些指定案件中,各组织的涉案嫌疑。

其次,基于基尼系数、洛伦兹曲线和 ABC 分类管理法提出了恐怖袭击事件的空间聚集性评判模型,利用空间自相关理论研究得到了恐怖袭击的空间聚集模式、演变趋势与发生热点,对未来反恐态势进行数学、统计层面上的分析和建议。

最后,对于评价恐怖袭击的各项指标加以优化,结合世界经济与和平研究所已经发布的全球恐怖主义风险指数报告,根据死亡人数等 7 个指标,利用多元统计分析中的因子分析风险评估模型,得到 2017 年绝大多数国家的综合恐怖袭击风险和脆弱性风险。

本文以 1998—2017 年国际恐怖袭击事件 GTD 为基础,建立合理数学模型,实现对恐袭事件的危险程度分级;进而对嫌犯团体特征分析,并进行聚类,有助于未来恐袭事件嫌犯集团确定;综合考虑事件时空分布、风险评估,对未来反恐态势进行合理预期,为各国各地区的反恐工作方向提供参考。

关键字 恐怖袭击,层次分析法,K-means 算法,空间自相关,因子分析法

1 目标阐述与分析

恐怖袭击是非政府组织为了实现政治、经济、宗教或社会目标通过威胁、强迫或恐吓手段制造的具有违法或刑事犯罪性质的暴力、威胁或破坏活动。恐怖袭击常常针对平民,不仅危害人们的生命财产,还影响整个社会秩序和稳定。恐怖袭击作为非常规突发事件,以血腥暴力和恐吓威胁为特征,往往造成大量人员伤亡和财产损失,而且还给人们带来巨大的心理压力,造成社会一定程度的动荡不安,妨碍正常的工作与生活秩序,进而极大地阻碍经济的发展。

不同于自然灾害,恐怖袭击具有预谋性和智能化等特点,随时间和空间不断变化。因此,面对恐怖袭击,除了加强情报工作收集外,还必须以扎实可靠的历史数据为依据,才能得出科学的结论,进而做出明智的决策。

本文旨在通过对恐怖袭击事件相关数据的深入分析,加强人们对恐怖主义的认识,为反恐防恐提供有价值的信息支持。主要任务目标包括四个方面:①依据危害性对恐怖袭击事件分级;②依据事件特征发现恐怖袭击事件制造者;③对未来反恐态势的分析;④对 GTD 数据的进一步利用。

2 模型假设

2.1 全局假设

假设 1:由于数据库中部分指标数据没有记录在案,在处理时为保证数据完整性,同时考虑处理效率,文中将 1998—2017 年 GTD 中死亡人数、受伤人数等未知指标的数值取为零。

假设 2:全球发生的恐怖袭击事件均在数据库中正确完整记录。

2.2 针对任务 1(事件分级)的假设

假设 3:根据数据库中所记录的信息条目,文中选取其中的七大因素进行危险程度分析,这里假设恐袭事件的危险程度可由事件性质、发生地点、攻击信息、武器信息、目标/受害者信息、伤亡和后果、附加信息七个大类因素完全决定。

假设 4:由于附加信息数据为 0～1 取值,这里为保证数据完整性,将其中未知或无记录的数据取值为 0.5。

2.3 针对任务 2(嫌犯分类)的假设

假设 5:通常情况下,嫌犯作案主要区别体现在地区、攻击类型、目标/受害者类型、武器类型四个方面,因而文中假设嫌犯作案仅与这四个指标相关。

假设6：将记录有犯罪组织名，但未有声明的案件视为罪犯已被捕，在解决问题时不考虑。

假设7：为简化模型，方便处理，文中不考虑事件的相关性指标，将具有相关性的事件视为不相关进行聚类处理。

3　符号说明

具体符号说明见表1。

表1　符号说明

符号	说明
T	评判因素集合
T_1，T_2，T_3，T_4，T_5，T_6，T_7	一级评判指标
T_{11}，T_{12}，T_{21}，T_{31}，T_{32}，T_{41}，T_{51}，T_{61}，T_{62}，T_{63}，T_{64}，T_{71}，T_{72}	二级评判指标
R，O，Y，B，G	事件分级：红、橙、黄、蓝、绿
μ_R，μ_O，μ_Y，μ_B，μ_G	隶属度函数
A	判断矩阵
n	判断矩阵的阶数
λ_{max}	判断矩阵的最大特征值
W	最大特征值 λ_m 所对应的经归一化处理后的特征向量，亦即事件分级影响因素权重因子
CI	一致性指标
RI	平均一致性指标
CR	随机一致性比率
R	模糊评判矩阵
。	模糊关系的合成算子
$Center_k$	第 k 个类的类簇中心
K	类簇个数
cluster_mean	轮廓值(Silhouette Value)的平均值
Contribut	第一因子方差贡献率
CumCont	公共因子累计贡献率
F_1	恐怖袭击第一因子得分
F_2	恐怖袭击第二因子得分
F	恐怖袭击因子综合得分

4 模型建立与求解：任务1(事件分级)

任务1(依据危害性对恐怖袭击事件分级)的目标是依据GTD数据库以及其他有关信息,结合现代信息处理技术,借助数学建模方法建立基于数据分析的量化分级模型,将数据库中给出的事件按危害程度从高到低分为一至五级。

为了解决任务1,本文提出了基于综合模糊评判方法的恐怖袭击事件分级定量化模型。模糊综合评判是利用模糊线性变换原理和最大隶属度原则,考虑与被评价事物相关的各因素,将各项指标统一量化,并根据不同指标对评判对象的影响程度来分配权重,从而给出合理的综合评价。

要实现对恐怖袭击事件分级的计算,首先在对部分事件进行分析的基础上确定影响恐怖袭击事件危害性的主要因素。其次,从主要因素出发,提取事件分级的指标集,指标的确定可以采用数理统计、数值计算、专家打分等方法。选取指标以后,需要对指标采用隶属函数的方法进行模糊化处理,并且用层次分析法确定每一级别影响因素中各个指标的权重。最后用综合模糊评判的方法来确定分级结果。若分级的结果存在较大的偏差,则需要重新选取分级的主要因素,重新进行计算。

4.1 确定恐怖袭击事件分级模型的评判集

结合恐怖袭击事件的危害程度,本文将其由高到低分为一至五级：一级(极其重大)、二级(特别重大)、三级(重大)、四级(较大)和五级(一般),依次用红色(R)、橙色(O)、黄色(Y)、蓝色(B)和绿色(G)表示。

4.2 确定恐怖袭击事件分级模型的评判指标体系

恐怖袭击事件的危害性不仅取决于人员伤亡和经济损失这两个方面,还与发生的时机、地域、针对的对象等诸多因素有关。因为需要考虑的指标因素比较多而且指标因素之间存在着不同的层次。在这种情况下,根据数据库中用来记录恐怖袭击事件的变量分类,在对部分恐怖袭击事件进行分析的基础上,选取出影响恐怖袭击危害性的主要评判因素。之后将评判因素集合按照某种属性分成几类,先对每一类进行综合评判,然后再对各类评判结果进行类之间的高层次综合评判。对评判因素集合 T,按某个属性 C,将它划分成 m 个子集,使它们满足

$$\begin{cases} \sum_{i=1}^{m} T_i = T \\ T_i \bigcap T_j = \varnothing \ (i \neq j) \end{cases} \tag{1}$$

这样,就得到了第二级评判因素集合：

$$T \mid c = \{T_1, T_2, \cdots, T_m\} \tag{2}$$

如果第二级评判因素仍然存在着不同的层次,那么按照上面的方法继续划分：

$$T_i \mid c_1 = \{T_{i1}, T_{i2}, \cdots, T_{im}\} \tag{3}$$

以此类推。

本文根据数据库中恐怖袭击事件的记录,将影响恐怖袭击事件分级的所有因素集 T 划分为事件性质、发生地点、攻击信息、武器信息、目标/受害者信息、伤亡和后果、附加信息七个大类,再对每个大类进行细分,划分出多个子类,列出了如图 1 所示的二级评判指标体系。

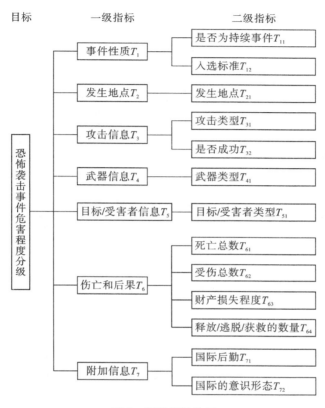

图 1　评判指标体系

4.3　确定影响因素指标值

影响因素指标值的确定采用两种方式:对于容易量化的影响因素(如死亡人数、受伤人数、财产损害程度等),指标值通过数理统计、数值计算等方法直接给出量化值;对于不容易量化的影响因素(如发生地点、攻击类型、武器类型等),指标值通过模糊语言、专家打分等方法来确定。

4.4　指标模糊化处理

确定所有影响因素的指标值以后,按照多层次模糊综合评判的方法计算低层级影响因素集的每个因素以获得高一层级中因素的指标值,并给出隶属度函数。建立一个从低层级影响因素集合 U 到 $\varphi(V)$ 的 Fuzzy 映射:

$$\gamma : U \to \varphi(V)$$

$$u_i \to \gamma(u_i) = \frac{r_{i1}}{v_1} + \frac{r_{i2}}{v_2} + \cdots + \frac{r_{im}}{v_m} \qquad (4)$$

$$0 \leqslant r_{ij} \leqslant 1, \, 0 \leqslant i \leqslant n, \, 0 \leqslant j \leqslant m$$

由 γ 可以诱导出 Fuzzy 关系,得到 Fuzzy 矩阵

$$\boldsymbol{R} = \begin{bmatrix} r_{11} & r_{12} & \cdots & r_{1m} \\ r_{21} & r_{22} & \cdots & r_{2m} \\ \vdots & \vdots & & \vdots \\ r_{n1} & r_{n2} & \cdots & r_{nn} \end{bmatrix} \tag{5}$$

其中,r_{ij} 的确定在模糊数学中采用隶属度函数的方法。本模型中事件等级划分为 5 级,针对容易量化的影响因素,记事件分级[红(R)、橙(O)、黄(Y)、蓝(B)、绿(G)]隶属度函数分别为 μ_R,μ_O,μ_Y,μ_B,μ_G。针对各事件中每一项指标的量化取值,根据分级临界值,结合实际情况,得到指标值所对应的隶属度函数值。

根据所查阅的资料,各个影响因素临界值见表 2。

表 2　　　　　　　　　　　　模糊处理临界值

影响因素	事件性质		发生地点	攻击信息		武器类型	目标/受害者类型	伤亡和后果				国际后勤	意识形态
	是否为持续事件	入选标准		攻击类型	是否成功			死亡总数	受伤总数	财产损失程度	释放逃脱数量		
a	0	0.5	1.5	1.5	0	1.5	1.5	1	1	0.5	10	0	0
b	0	1.5	2.5	2.5	0	2.5	2.5	5	10	1.5	50	0	0
c	1	2.5	3.5	3.5	1	3.5	3.5	15	50	2.5	100	1	1
d	1	3.5	4.5	4.5	1	4.5	4.5	200	400	3.5	200	1	1

4.5　确定影响要素权重子集——层次分析法

权重反映的是各指标因素在评估过程中的地位和作用,建立指标体系后,需根据层次间、指标间的相对重要性赋予相应的权重。在本模型事件分级的综合评价指标体系中,下层指标对上层某一指标的相对重要程度并非相同,例如在"以人为本"的思想下,死亡人数的权重要大于受伤人数的权重,人员伤亡的权重要大于财产损失的权重等。

因此,为了衡量下层各指标对上层指标的相对重要性,需要确定评价指标的权重系数。本模型各层次评判指标权重的求取采用层次分析法。同一层级的 n 个指标根据影响因素构成一个两两比较判断矩阵 $\boldsymbol{A} = (a_{ij})_{n \times n}$,用 a_{ij} 表示第 i 个因素相对于第 j 个因素的比较结果,比较时取 1~9 尺度。根据以人为本的原则,将各个指标的重要程度进行比较,大致排列结果如下:

$$T_{61} > T_{63} > T_{62} > T_{32} > T_{72} > T_{51} > T_{31} = T_{41} > T_{21} > T_{64} > T_{12} > T_{11} > T_{71}$$

基于此获得判断矩阵 $\boldsymbol{A}$,见表 3:

表 3　　　　　　　　　　　　　　　　　　判断矩阵 A

评判因素	T_{11}	T_{12}	T_{21}	T_{31}	T_{32}	T_{41}	T_{51}	T_{61}	T_{62}	T_{63}	T_{64}	T_{71}	T_{72}
T_{11}	1	1/3	1/3	1/3	1/5	1/3	1/4	1/9	1/7	1/8	1/3	2	1/5
T_{12}	3	1	1/2	1/3	1/5	1/2	1/3	1/7	1/5	1/6	1/3	5	1
T_{21}	3	2	1	1/2	3	1/2	1/3	1/6	1/4	1/5	2	3	3
T_{31}	3	3	2	1	2	1	2	1/6	1/5	1/5	3	4	4
T_{32}	5	5	1/3	1/2	1	1/2	1/4	1/7	1/6	1/6	2	3	3
T_{41}	3	2	2	1	2	1	2	1/7	1/5	1/5	3	3	3
T_{51}	4	3	3	1/2	4	1/2	1	1/7	1/6	1/7	3	2	2
T_{61}	9	7	6	6	7	7	7	1	2	2	8	9	9
T_{62}	7	5	4	5	6	5	6	1/2	1	1/2	7	8	8
T_{63}	8	6	5	5	6	5	7	1/2	2	1	8	9	9
T_{64}	3	3	1/2	1/3	1/2	1/3	1/3	1/8	1/7	1/8	1	2	2
T_{71}	1/2	1/5	1/3	1/4	1/3	1/3	1/2	1/9	1/8	1/9	1/2	1	1/2
T_{72}	5	1	1/3	1/4	1/3	1/3	1/2	1/9	1/8	1/9	1/2	2	1

再计算出判断矩阵 A 的最大特征值 $\lambda_{\max}$，然后求解特征方程，求得最大特征值所对应的特征向量，再对特征向量进行归一化处理，即为该层次各评判因素相对于上一级指标的重要性排序——权重。

为进行一致性和随机性检验，定义一致性指标为

$$CI = \frac{\lambda_{\max} - n}{n - 1} \tag{6}$$

其中，$\lambda_{\max}$ 和 n 分别为判断矩阵的最大特征根和阶数。若令 RI 为平均一致性指标，则计算随机一致性比率为

$$CR = \frac{CI}{RI} \tag{7}$$

当 $CR < 0.1$ 时，认为判断矩阵具有满意的一致性，说明权重分配是合理的；否则，就需要调整判断矩阵，直到取得满意的一致性为止。

利用 MATLAB 计算得最大特征值 $\lambda_m = 14.4731$，所对应的经归一化处理后的特征向量为：

$$W = (0.015\,4,\ 0.026\,5,\ 0.044\,7,\ 0.061\,2,\ 0.042\,2,\ 0.056\,3,\ 0.056\,4,\ 0.250\,6,$$
$$0.173\,1,\ 0.206\,7,\ 0.028\,6,\ 0.015\,0,\ 0.023\,1)$$

取 $RI = 1.554\,2$，则随机一致性比率 $CR = 0.079\,0 < 0.1$，说明本模型的权重分配是合理的。

4.6　综合模糊评判

由上面获得的矩阵 R 诱导一个模糊变换：

$$\widetilde{T}_R : F(U) \to F(V)$$
$$W \to \widetilde{T}_R(W) \triangleq W \circ R \qquad (8)$$

其中,W 是事件分级影响因素权重因子,R 是模糊评判矩阵,"。"为模糊关系的合成算子。该模型输出一个预警分级综合决策 $B = W \circ R$,即

$$(b_R, b_O, b_Y, b_B, b_G) = (w_1, w_2, \cdots, w_m) \circ \begin{bmatrix} r_{11} & r_{12} & \cdots & r_{1m} \\ r_{21} & r_{22} & \cdots & r_{2m} \\ \vdots & \vdots & & \vdots \\ r_{n1} & r_{n2} & \cdots & r_{nn} \end{bmatrix} \qquad (9)$$

4.7 数据量化处理与计算

将 GTD 中各指标数据依据所选影响因素指标进行筛选并量化,包括发生地点、攻击类型、武器类型、受害者类型等指标原编号进行合理量化分级,具体分级标准见表4。

表4   指标量化处理原则

量化处理后数据	发生地点	攻击类型	武器类型	受害者类型
1	2, 3, 11	5	7	17, 22
2	6, 7, 10	4, 6, 9	9, 10, 11, 12, 13	1, 3, 5, 20
3	5, 12	8	5, 8	4, 10~13, 15, 16, 19
4	4	1, 7	1, 2, 3, 6	2, 6, 8, 14, 18, 21
5	1, 8, 9	2, 3	4	7, 9

而对"入选标准"这一指标,我们综合考虑原有 3 个标准与"疑似恐怖主义"指标,量化取值为四者之和。

将数据库中总计 114 183 条恐怖事件记录进行量化处理后计算可得其综合模糊评判的结果矩阵 B,根据最大隶属度原则将 114 183 条记录分别进行危害程度划分,具体结果部分表格可见附录 Q1。

根据隶属度函数,以隶属于危害程度最高的隶属函数值大小排序,可知近二十年来危害程度最高的十大恐怖袭击事件 GTD 编号依次为:199808070002,200708150005,200708160008,200109110004,200109110005,201404150089,200409010002,200611230001,201607020002,201704210001,其中包括 1998 年美国大使馆爆炸案、2001 年"9·11"事件、2007 年"8·14"爆炸案等造成严重国际影响的恐怖袭击事件,这也证明了本文所建立的危险分级模型是较为合理的。

5 模型建立与求解:任务2(嫌犯分类)

任务 2 的目标是针对在 2015 年、2016 年发生的、尚未有组织或个人宣称负责的恐怖袭击事件,运用数学建模方法,将可能是同一个恐怖组织或个人在不同时间、不同地点多次作案的若干案件归为一类,对应的未知作案组织或个人标记不同的代号,并按该组织或个人的

危害性从大到小选出其中的前 5 个,分析其与个别案件的关联性。

为解决任务 2,本文首先对特定年限涉及恐怖组织作案分类的指标进行分类和数据量的压缩处理,通过数据类型的转化,得出各恐怖事件的相异度矩阵。在此基础上,由于本文目标为无监督情况下的聚类实现,本文采用 K-Means 聚类算法对处理后的数据进行聚类分析。最后,基于 K-Means 算法的原理,计算题设恐怖袭击事件与恐怖分子类中心点的相对距离,估计各组织的涉案嫌疑。

5.1　数据类型转化

数据库中的数据反映的是实际应用的数据。一般而言,其类型并非由单一的数据类型构成,而是由多种数据类型构成,比如区间标度类型、布尔类型、标称类型、序数类型、比例标度类型等,这样就给聚类工作带来了一定的困难。因此,为了便于聚类算法的工作,应将数据类型统一,并转化为适合于聚类算法的数据结构,本文对特定数据采用相异度算法。

5.2　K-Means 算法具体步骤

(1)步骤 1:对象数据筛选

基于本文目标,从数据库中筛选出在 2015、2016 年度发生的(year＝2015 或 year＝2016)、尚未有组织或个人宣称负责(claimed＝0)的恐怖袭击事件,总共为 22 746 件。

(2)步骤 2:对象数据处理

为了分析案件间的关联性,对未知作案组织或个人的恐袭事件进行归类。本文依据查阅的资料,从诸多事件因素中选取了地区(region)、攻击类型(attacktype)、目标/受害者类型(targtype)、武器类型(weaptype)这四种因素作为对恐袭事件分类的指标。同时,为了较好地量化这四种因素,使之适用于 K-Means 算法,本文根据某一因素与恐怖袭击事件危害程度之间的联系,按照从低到高的顺序对其进行排序,见表 5。

表 5	分类指标危害程度排序
分类指标	危害程度(从低到高)
地区(region)	2＜11＜3＜6＜7＜10＜12＜5＜4＜8＜9＜1
攻击类型(attacktype)	5＜4＜6＜9＜8＜1＜7＜2＜3
目标/受害者类型(targtype)	17＜22＜1＜3＜5＜20＜4＜10＜11＜12＜13＜15＜16＜19＜2＜6＜8＜14＜18＜21＜7＜9
武器类型(weaptype)	7＜9＜10＜11＜12＜13＜5＜8＜1＜2＜3＜6＜4

依据上表,当恐怖袭击事件使用的武器类型"weaptype"＝7(假武器)时,令新变量 weaptype_new＝1,当"weaptype"＝9(致乱武器)时,令新变量"weaptype_new"＝2,以此类推。通过这种方式,得到一个可量化的新变量"weaptype_new",其取值范围为

$$\{\text{weaptype\_new} \mid 1 \leqslant \text{weaptype\_new} \leqslant 12, \text{weaptype\_new} \in \mathbf{N}\}$$

如果"weaptype_new"的取值较大,我们可以推断,该恐怖袭击事件的嫌疑犯在发动恐怖袭击时更倾向于使用危害程度较大的武器类型。

其余三个指标亦按照上述方法进行量化,得到新的量化指标"region_new""attacktype_new""targtype_new"。最终可得到一个 22 746 行 4 列的对象矩阵 A:

$$A = [\text{region\_new}, \text{attacktype\_new}, \text{targtype\_new}, \text{weaptype\_new}]$$

（3）步骤 3：K-Means 聚类分析

选择不同的类簇中心点个数（5～10 个）,利用 MATLAB 软件的 K-Means 函数对对象矩阵 A 进行聚类分析。为尽量减少因初始类簇中心的选择对结果造成的影响,函数参数 Replicates 取 100,即重复进行聚类运算 100 次。

5.3 结果分析

对于不同的类簇中心点个数,其聚类结果的轮廓（Silhouette）图,如图 2 所示。

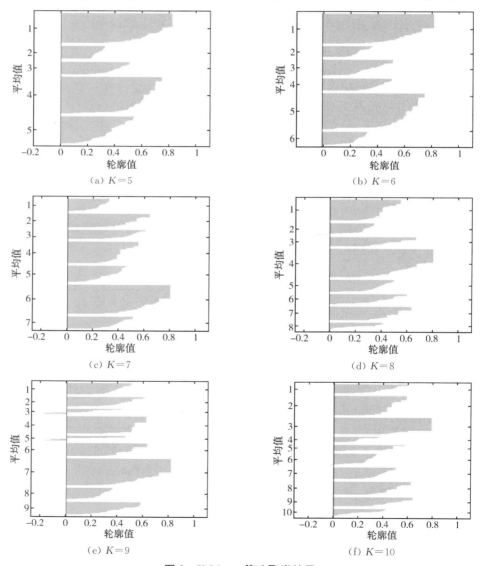

(a) $K=5$ (b) $K=6$

(c) $K=7$ (d) $K=8$

(e) $K=9$ (f) $K=10$

图 2 K-Means 算法聚类结果

　　Silhouette 图显示每一类簇中每个点与相邻类簇中的点的接近程度。此度量范围从＋1（表示距离相邻类簇非常远的点）到 0（表示在一个类簇或另一个类簇中不明显的点）到一1（表示可能分配给错误群集的点）。

　　计算不同 K 值条件下的轮廓值（Silhouette Value）的平均值（cluster_mean），见表 6。平均值越接近 1，表明该 K 值的聚类结果越好。

表 6　　　　　　　　　　　　　　　　　　　　轮廓值的平均值

K 值	5	6	7	8	9	10
平均值	0.521 7	0.505 0	0.467 9	0.466 7	0.467 5	0.448 6

　　本文归类出的未知作案组织或个人共有 5 类，见表 7。依据任务 1 的结果，计算出各个未知作案组织或个人中包含的不同危害级别案件的件数，见表 8，并作出折线图，如图 3 所示。具体聚类结果表格节选见附录 Q2。

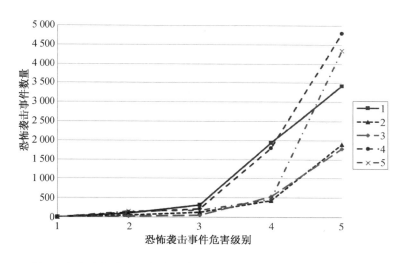

图 3　各个未知作案组织或个人中包含的不同危害级别案件的件数

表 7　　　　　　　　　　　　　　　　　　　　类簇中心点坐标

类别	类簇中心点坐标			
	地区	攻击类型	目标/受害者类型	武器类型
1	5.618	8.869	17.536	11.977
2	5.452	6.253	7.783	6.443
3	4.948	6.401	3.369	6.713
4	5.611	8.880	5.378	11.997
5	4.607	5.796	17.243	6.570

表 8   各个未知作案组织或个人中包含的不同危害级别案件的件数

类别	不同危害级别案件数目					总计
	1	2	3	4	5	
1	2	103	315	1 927	3 414	5 761
2	2	50	123	432	1 901	2 508
3	1	22	52	530	1 777	2 382
4	0	126	219	1 797	4 802	6 944
5	6	147	180	472	4 356	5 161

根据图 3,当表征某类别的折线越靠近左上方,说明该组织或个人的危害性越大。因此,本文中的五种类别的危害性由大到小排序为:类别 4>类别 1>类别 5>类别 2>类别 3,并将其分别记为 1 号~5 号嫌疑人,见表 9。

表 9   嫌疑人中心点坐标

嫌疑人	类簇中心点坐标			
	地区	攻击类型	目标/受害者类型	武器类型
1 号	5.611	8.880	5.378	11.997
2 号	5.618	8.869	17.536	11.977
3 号	4.607	5.796	17.243	6.570
4 号	5.452	6.253	7.783	6.443
5 号	4.948	6.401	3.369	6.713

最后,将未知作案组织或个人的恐怖袭击事件的地区、攻击类型、目标/受害者类型、武器类型这四个指标进行量化后,计算得到某一事件的点与类簇中心点的距离的平方,见表 10。根据距离的平方大小即可判别该事件为某一嫌疑人作案的可能性大小。

同时,根据表 9,可计算得到不同类簇中心点间距的平方的最大值为 192.995。因此,当典型事件点与类簇中心点距离的平方大于 $(\sqrt{192.995/2})^2 = 48.25$ 时,可以认为该事件与该嫌疑人的关系不大。

表 10   典型事件与类簇中心点的距离

事件编号	与类簇中心点的距离的平方				
	1 号嫌疑人	2 号嫌疑人	3 号嫌疑人	4 号嫌疑人	5 号嫌疑人
201701090031	159.491	0.379	42.257	143.115	249.875
201702210037	64.275	245.284	179.302	21.693	7.572
201703120023	35.182	143.417	115.213	15.514	23.888
201705050009	113.130	51.126	22.357	53.929	124.346

(续表)

事件编号	与类簇中心点的距离的平方				
	1号嫌疑人	2号嫌疑人	3号嫌疑人	4号嫌疑人	5号嫌疑人
201705050010	113.130	51.126	22.357	53.929	124.346
201707010028	232.146	72.739	10.922	121.575	229.031
201707020006	2.798	111.179	146.607	39.343	48.993
201708110018	161.934	2.851	40.686	144.924	249.667
201711010006	76.955	15.142	50.632	79.189	148.619
201712010003	159.491	0.379	42.257	143.115	249.875

最后，计算出上述1号至5号嫌疑人对部分典型事件的嫌疑度，见表11。

表11　　　　　　　　　嫌疑人关于典型事件的嫌疑度

	1号嫌疑人	2号嫌疑人	3号嫌疑人	4号嫌疑人	5号嫌疑人
201701090031		1	2		
201702210037				2	1
201703120023	3			1	2
201705050009			1		
201705050010			1		
201707010028			1		
201707020006	1			2	
201708110018		1	2		
201711010006		1			
201712010003		1	2		

6　模型建立与求解：任务3(反恐态势分析)

任务3(对未来反恐态势的分析)的目标是依据GTD以及其他有关信息结合现代信息处理技术，建立合适数学模型，研究2015—2017年恐怖袭击事件的规律，用以分析、研究、预判今年的反恐态势。

为了解决任务3，本文基于基尼系数(Gini)、洛伦兹(Lorenz)曲线和ABC分类管理法提出了恐怖袭击事件的空间聚集性评判模型，利用空间自相关理论研究得到了恐怖袭击的空间聚集模式、演变趋势与发生热点。

6.1 恐怖袭击事件特性分析

6.1.1 目标类型分析

表 12 为 2015—2017 年所记录的恐怖袭击事件目标分布情况。可以看到,其中最主要的袭击目标类型为公民自身和私有财产、军事、警察,对公民的袭击事件数 2015 年与 2016 年相持平,但在 2017 年呈现明显减少,占全部事件比例变化不大;对军事与警察的袭击事件近三年均呈现减少趋势,但军事袭击事件占比上升;除了以游客与暴力政党为目标的事件有上升的趋势,总体而言,恐怖袭击事件数随时间推移而减少,各种袭击目标类型的事件均有不同程度的减少,对游客、非政府组织、政府、军事袭击的事件比例有所上升。

表 12　　　　　　　　　　　　　　　　恐怖袭击事件目标分布情况

恐袭目标类型	2015 年		2016 年		2017 年		总计	
	数量	百分比	数量	百分比	数量	百分比	数量	百分比
流产相关	5	0.03%	1	0.01%	1	0.01%	7	0.02%
游客	5	0.03%	8	0.06%	11	0.10%	24	0.06%
食物或水供应	17	0.11%	11	0.08%	11	0.10%	39	0.10%
其他	19	0.13%	14	0.10%	7	0.06%	40	0.10%
海事	7	0.05%	32	0.24%	13	0.12%	52	0.13%
机场和飞机	34	0.23%	29	0.21%	10	0.09%	73	0.19%
电信	46	0.31%	46	0.34%	30	0.28%	122	0.31%
非政府组织	60	0.40%	48	0.35%	51	0.47%	159	0.40%
政府(外交)	152	1.02%	92	0.68%	96	0.88%	340	0.86%
记者和媒体	177	1.18%	143	1.05%	126	1.16%	446	1.13%
暴力政党	257	1.72%	80	0.59%	147	1.35%	484	1.23%
教育机构	293	1.96%	213	1.57%	150	1.38%	656	1.66%
交通运输	390	2.61%	227	1.67%	138	1.27%	755	1.91%
公用事业	258	1.72%	348	2.56%	156	1.43%	762	1.93%
恐怖分子/非国家民兵	320	2.14%	317	2.33%	175	1.61%	812	2.06%
宗教人士/宗教机构	404	2.70%	298	2.19%	233	2.14%	935	2.37%
商业	1 134	7.58%	926	6.82%	772	7.08%	2 832	7.18%
未知	953	6.37%	1 070	7.88%	996	9.14%	3 019	7.65%
政府(一般)	1 158	7.74%	1 017	7.49%	939	8.61%	3 114	7.89%
警察	2 124	14.19%	1 697	12.49%	1 539	14.12%	5 360	13.59%
军事	2 968	19.83%	2 600	19.14%	2 352	21.58%	7 920	20.08%
公民/财产	4 184	27.96%	4 370	32.16%	2 947	27.04%	11 501	29.15%
总计	14 965	100%	13 587	100%	10 900	100%	39 452	100%

6.1.2　武器类型特性分析

表 13 为 2015—2017 年所记录的恐怖袭击事件武器类型分布情况。其中最主要的武器类型为爆炸物、轻武器、燃烧武器,有近一半的恐怖袭击事件使用了爆炸物,同时近三年所占比例有所下降;轻武器的使用三年来较为稳定;燃烧武器的使用近三年使用占比有上升趋势;同时致乱武器在近三年使用频繁。

表 13　　　　　　　　恐怖袭击事件武器类型分布情况

武器类型	2015 年		2016 年		2017 年		总计	
	数量	百分比	数量	百分比	数量	百分比	数量	百分比
假武器		0.00		0.00	1	0.01%	1	0.00
其他	8	0.05%	10	0.07%	10	0.09%	28	0.07%
破坏设备	10	0.07%	8	0.06%	11	0.10%	29	0.07%
车辆(不包括车载爆炸物,即汽车或卡车炸弹)	34	0.23%	13	0.10%	23	0.21%	70	0.18%
化学品	23	0.15%	29	0.21%	27	0.25%	79	0.20%
混战	388	2.59%	333	2.45%	307	2.82%	1 028	2.61%
纵火	703	4.70%	630	4.64%	656	6.02%	1 989	5.04%
不明武器	1 466	9.80%	1 480	10.89%	1 254	11.50%	4 200	10.65%
火器	3 953	26.41%	3 481	25.62%	3 146	28.86%	10 580	26.82%
爆炸物	8 380	56.00%	7 603	55.96%	5 465	50.14%	21 448	54.36%
总计	14 965	100%	13 587	100%	10 900	100%	39 452	100%

6.1.3　攻击类型特性分析

表 14 为 2015—2017 年所记录的恐怖袭击事件攻击类型分布情况。可以看到,其中最主要的攻击类型为轰炸/爆炸、武装袭击、劫持人质(绑架),有近一半的恐怖袭击事件为轰炸或爆炸,同时 2015—2017 年发生数量所占比例有所下降;武装袭击与绑架事件发生频率三年来较为稳定;值得一提的是,2015—2017 年,劫持事件、路障事件、徒手攻击、基础设施攻击、暗杀等事件的发生频率均逐步上升。

表 14　　　　　　　　恐怖袭击类型分布情况

恐怖袭击类型	2015 年		2016 年		2017 年		总计	
	数量	百分比	数量	百分比	数量	百分比	数量	百分比
劫持	38	0.25%	43	0.32%	58	0.53%	139	0.35%
劫持人质(路障事件)	82	0.55%	61	0.45%	82	0.75%	225	0.57%
徒手攻击	95	0.63%	71	0.52%	101	0.93%	267	0.68%

(续表)

恐怖袭击类型	2015 年		2016 年		2017 年		总计	
	数量	百分比	数量	百分比	数量	百分比	数量	百分比
设施/基础设施攻击	705	4.71%	696	5.12%	751	6.89%	2 152	5.45%
暗杀	927	6.19%	821	6.04%	816	7.49%	2 564	6.50%
未知	891	5.95%	922	6.79%	825	7.57%	2 638	6.69%
劫持人质(绑架)	1 197	8.00%	1 132	8.33%	878	8.06%	3 207	8.13%
武装袭击	3 368	22.51%	2 733	20.11%	2 365	21.70%	8 466	21.46%
轰炸/爆炸	7 662	51.20%	7 108	52.31%	5 024	46.09%	19 794	50.17%
总计	14 965	100%	13 587	100%	10 900	100%	39 452	100%

6.1.4 恐怖袭击事件特性发展趋势

通过对 2015—2017 年恐袭事件的攻击目标、武器类型、攻击类型等方面的数据统计分析,发现近三年的恐怖袭击事件向着造成更大轰动效应的趋势发展,虽然恐怖袭击事件数量有所减少,但攻击类型更加多样化,武器的选用上也是以能造成巨大轰动为主。

6.2 恐怖袭击事件时空分布分析

6.2.1 洛伦兹曲线构建与基尼系数的计算

为了分析恐怖袭击事件的时空分布均匀性,这里选用能够定性定量分析不均匀性的基尼系数与洛伦兹曲线。构建洛伦兹曲线,首先将 2015—2017 年不同国家发生的恐怖袭击事件数或死亡人数从低到高排序,再计算各国家对应事件的累计百分比,将其作为纵轴,然后将每个国家占国家总数的累计百分比作为横轴作图,即可得到洛伦兹曲线,如图 4 所示。恐怖袭击事件数或死亡人数在不同国家近三年的分布特征可根据洛伦兹曲线和基尼系数并采用统计学方法获得。

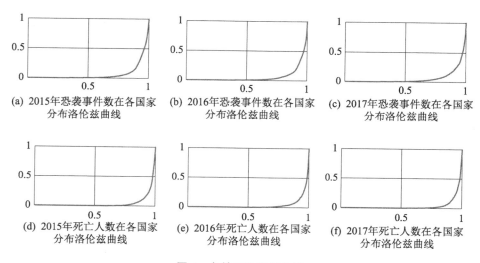

(a) 2015年恐袭事件数在各国家分布洛伦兹曲线　　(b) 2016年恐袭事件数在各国家分布洛伦兹曲线　　(c) 2017年恐袭事件数在各国家分布洛伦兹曲线

(d) 2015年死亡人数在各国家分布洛伦兹曲线　　(e) 2016年死亡人数在各国家分布洛伦兹曲线　　(f) 2017年死亡人数在各国家分布洛伦兹曲线

图 4　各情况洛伦兹曲线

如果恐怖袭击事件在不同研究对象上均匀分布,则洛伦兹曲线在图 5 中与对角线 $y=x$ 重合,说明在分析对象上恐怖袭击不存在聚集性或热点。从国家层面来看,如果恐怖袭击存在特殊的热点,洛伦兹曲线的表现为:恐怖袭击事件的累计百分比在初始阶段非常缓慢地增长,然后到最后几个因素时快速增长并很快达到坐标点 $(1,1)$。如果把洛伦兹曲线和对角线之间的面积设定为 A,洛伦兹曲线与 X 轴间的面积设定为 B,则基尼系数可以由二者面积比计算得到,即 $Gini = A/(A+B)$。2015—2017 年间恐怖袭击事件或死亡人数在全球各国家的分布特征计算得到的基尼系数列于表 15 中。

表 15　　基尼系数计算结果

年份	2015	2016	2017
恐袭事件数分布特征	0.974 9	0.880 7	0.872 2
死亡人数分布特征	0.918 0	0.924 9	0.921 9

基尼系数越大表示分布越不均衡,即聚集性越明显,经济学家把基尼系数 0.4 作为警戒值,如果基尼系数大于 0.5,属于极端不均衡,恐袭事件数与死亡人数在国家分布上均存在十分明显的聚集现象。

6.2.2　ABC 管理分类法与热点因素

根据 ABC 管理分类法,将获得的洛伦兹曲线图分为三个区间:A($20\%\sim100\%$),B($10\%\sim20\%$),C($0\sim10\%$)。其中 A 区间为主要因素,即恐怖袭击热点;B 区间为次要因素;C 区间为不重要因素。可见,通过基尼系数和洛伦兹曲线可以分析出空间聚集程度以及热点因素。统计 2015—2017 年恐怖袭击事件数与死亡人数在国家分布上的热点,列于表 16。

表 16　　　　　　　恐怖袭击事件热点国家

年份	2015	2016	2017
恐怖袭击事件数分布热点	土耳其、孟加拉国、叙利亚、利比亚、乌克兰、尼日利亚、埃及、也门、菲律宾、印度、巴基斯坦、阿富汗、伊拉克	埃及、利比亚、叙利亚、也门、尼日利亚、土耳其、索马里、菲律宾、巴基斯坦、印度、阿富汗、伊拉克	泰国、土耳其、利比亚、埃及、也门、叙利亚、尼泊尔、尼日利亚、索马里、菲律宾、巴基斯坦、印度、阿富汗、伊拉克
死亡人数分布热点	埃及、喀麦隆、索马里、巴基斯坦、也门、叙利亚、尼日利亚、阿富汗、伊拉克	土耳其、巴基斯坦、也门、索马里、尼日利亚、叙利亚、阿富汗、伊拉克	中非共和国、也门、埃及、巴基斯坦、尼日利亚、索马里、叙利亚、阿富汗、伊拉克

通过基尼系数可得到恐怖袭击随时间的演变过程和聚集特点,但不能获取聚集国家或空间的迁移过程。为进一步确定恐怖袭击是否发生了空间转移,以及不同国家恐怖袭击变化情况,利用洛伦兹曲线得到每年遭受恐怖袭击最严重的前五名国家,结果见表 17。

表 17　　　　　　　　2015—2017 年恐怖袭击事件数与死亡人数最高的前五名国家

年份	类型	排序				
		1	2	3	4	5
2015	事件数	伊拉克	阿富汗	巴基斯坦	印度	菲律宾
	死亡数	伊拉克	阿富汗	尼日利亚	叙利亚	也门
2016	事件数	伊拉克	阿富汗	印度	巴基斯坦	菲律宾
	死亡数	伊拉克	阿富汗	叙利亚	尼日利亚	索马里
2017	事件数	伊拉克	阿富汗	印度	巴基斯坦	菲律宾
	死亡数	伊拉克	阿富汗	叙利亚	索马里	尼日利亚

可以看到,近三年来,伊拉克与阿富汗在恐袭事件数与死亡人数上均排在前两位,并且前五名的国家变化不明显。恐怖袭击事件主要集中在中东、南亚、撒哈拉以南的非洲以及东南亚地区。

6.2.3　空间自相关分析

根据空间自相关分析知识,选用全局莫兰指数(Moran's I)和安瑟伦局部莫兰指数(Anselin's LISA)作为空间自相关的检测指标。

经过计算,恐怖袭击事件数、死亡人数的 Moran's I 值均为正值,且统计量 Z 值大于1.96,说明在 0.05 显著性水平上具有空间自相关性;表明恐怖袭击事件在空间分布上不是随机的,相同观测值在相邻国家空间上表现聚集性。

6.2.4　恐怖袭击事件时空特性分析

通过基尼系数与洛伦兹曲线,发现恐怖袭击事件发生频率、死亡人数等在国家分布上表现出明显的空间聚集性,并且随着时间的推移,恐怖袭击事件的基尼系数呈现略微下降的趋势,也就说明恐怖袭击事件发生地点近三年来均较集中,主要发生在中东、南亚、撒哈拉以南的非洲以及东南亚地区,但近来有略微扩散的趋势,几乎没有国家可以远离恐怖袭击事件。

6.3　恐怖袭击事件危险等级分析

6.3.1　不同国家地区恐怖袭击等级

根据对任务 1 中恐怖袭击事件的分级处理,可以得到所有事件的危险程度等级,由高到低分为 1～5 级,研究不同级别恐怖袭击事件在世界的分布规律。依据基尼系数与洛伦兹曲线,可以发现各级别事件在国家层面存在明显的聚集现象,下面针对每个级别的事件进行分析。

2015—2017 年仅有十个国家发生过级别 1 的恐怖袭击事件,其中伊拉克、阿富汗、叙利亚发生数量最多,依次为 8,4,3 件。但由于它们的总恐怖袭击事件数较多,结果显示尼日尔的级别 1 事件占比最高,达到 1.27%。

2015—2017 年伊拉克、阿富汗、尼日利亚发生级别 2 的恐怖袭击事件数量最多,依次为266,209,159 件。但由于它们的总恐怖袭击事件数较多,结果显示其中南苏丹的级别 2 事件占比最高,达到 12.57%。

2015—2017 年伊拉克、阿富汗、尼日利亚发生级别 3 的恐怖袭击事件数量最多,依次为

452，446，231 件。但由于它们的总恐怖袭击事件数较多,结果显示其中叙利亚的级别 3 事件占比最高,达到 14.50%。

2015—2017 年伊拉克、阿富汗、巴基斯坦发生级别 4 的恐怖袭击事件数量最多,依次为 3 344,1 537,485 件。结果显示伊拉克的级别 4 事件占比最高,达到 38.99%。

2015—2017 年伊拉克、阿富汗、印度发生级别 5 的恐怖袭击事件数量最多,依次为 4 507,2 763,2 657 件。但由于它们的总恐怖袭击事件较多,结果显示其中印度的级别 5 事件占比最高,达到 92.42%。

6.3.2 恐怖袭击等级发展趋势

将 2015 年,2016 年,2017 年发生的恐怖袭击事件按危险等级分类,统计事件数及占比列于表 18。可以看到,危害程度较高的事件占比逐年下降,而级别最低的等级 5 事件占比逐年上升。

表 18   2015—2017 年各年恐怖袭击事件级别分布

事件级别	项目	2015 年	2016 年	2017 年
1	数量	8	8	7
	百分比	0.05%	0.06%	0.06%
2	数量	478	397	257
	百分比	3.19%	2.92%	2.36%
3	数量	859	688	544
	百分比	5.74%	5.06%	4.99%
4	数量	3 393	3 104	2 007
	百分比	22.67%	22.85%	18.41%
5	数量	10 227	9 390	8 085
	百分比	68.34%	69.11%	74.17%

6.3.3 恐怖袭击事件级别分析

在国家分布情况上,5 个级别事件均在伊拉克、阿富汗地区发生最多,大多数国家发生的事件以低危险度为主,印度的恐怖袭击事件超过九成为等级 5 的事件,危险程度高的事件主要分布在中东、南亚,而危险度低的事件会向东南亚蔓延;随着时间推移,高危害程度的恐怖袭击事件发生频率降低,更多数为引起恐慌的危害程度低的事件。

6.4 未来反恐态势分析及建议

恐怖袭击组织与手段不但会影响恐怖袭击的发生,还对恐怖袭击的后果程度有一定影响。

未来,恐怖袭击事件会向着造成更大轰动效应的趋势发展,虽然发生的数量有所减少,但攻击类型更加多样化,武器的选用上也是以能造成巨大轰动为主;恐怖袭击事件发生频率、死亡人数等在国家分布上仍会表现出明显的空间聚集性,主要热点区域为中东、南亚、撒哈拉以南的非洲以及东南亚地区,并且会向热点区域周围扩散,没有国家可以远离恐怖袭击事件;大多数国家发生的事件以低危险度为主,危险程度高的事件主要分布在中东、南亚,而危险度低的事件会向东南亚蔓延;高危害程度的恐袭事件发生频率降低,更多数为引起恐慌的危害程度低的事件。

恐怖主义泛滥是极端化的宗教冲突加剧和被利用的结果。恐怖组织成员被异化的过程体现出民族的矛盾,减弱恐怖组织成员被异化的程度,就要从减弱使他们异化和实施恐怖袭击的驱动力入手。

在反恐斗争中,应当注重从社会因素的角度出发,通过对环境的改变,来减少或降低恐怖分子决定进行恐怖袭击的驱动力。不可否认,很多成员受宗教极端主义和个人反社会的心理的影响,无论社会环境中政治、经济、文化条件如何,都不会改变其反社会、反人类的想法。但是,就目前恐怖袭击的发展趋势来看,恐怖分子呈现年轻化的趋势并且相似群体的聚集效应明显,当既有的环境条件不能给予他们生活保障时,他们可能会更容易接受极端主义的教化。因此,平衡地区经济发展及资源配置、提升公共服务水平,使公民的生活得到保障,会削减促使成员激进化的驱动力。

同时,应该更加注意恐袭事件发生热点区域,对热点区域的周边国家加强恐怖主义防范;严格控制炸药等爆炸性材料的购买。

7　模型的建立与求解:任务4(数据应用)

针对任务4提出对于GTD数据的应用,本文在前三个问题的基础上,对于评价恐怖袭击的各项指标加以优化,结合世界经济与和平研究所已经发布的全球恐怖主义风险指数报告,旨在建立更加客观完整的评价指标体系,既能反映不同国家的直接恐怖袭击风险,又能反映遭受恐怖袭击的后果严重度风险。

官方风险指数报告中选取四个指标:总起数、总亡人数、总受伤人数和财产损失,通过专家打分给每个指标定权重,然后计算每个指标的得分再合并得到综合得分,根据综合得分计算恐怖主义风险指数。选取的四个指标对于评估恐怖主义风险至关重要,但仅能反映恐怖袭击发生的直接情况,并且权重获取主观性大,没有考虑国家面对恐怖袭击的脆弱性。因此,本文在其基础上,增加了新的指标,利用多元统计分析中的因子分析风险评估模型,为各国各地区的反恐工作提供参考。

7.1　因子分析数学模型

通常的因子分析步骤为:①选取原始变量,标准化处理;②求解变量相关系数矩阵;③KMO检验和巴特利球形检验,确定因子分析的适用性;④求解初始公共因子及因子载荷矩阵;⑤因子旋转,对主因子命名;⑥求得因子得分系数矩阵,计算因子得分;⑦计算综合得分,进行综合评价。

7.2　恐怖袭击因子分析结果

对于2017年的恐怖袭击数据,因子荷载采用主成分法得到,然后再进行因子旋转,因子个数确定原则为特征根大于1。

从原始数据出发,进行因子分析,设公共因子数为3,最大方差做因子旋转。因子个数为

3 时,因子载荷矩阵的估计 λ 值见表 19。

表 19 因子载荷矩阵的估计 λ 值(因子个数为 3)

0.893 7	0.419 4	0.151 1
0.680 2	0.515 8	0.516 1
0.896 7	0.418 4	0.134 5
0.047 1	0.053 8	0.415 3
0.725 0	0.421 5	0.502 4
0.971 9	0.077 7	0.210 6
0.614 0	0.567 7	0.544 2

分析表中数据,第一列元素的取值差距较大,也就是说第一个因子易于解释,而后两列元素取值都比较小,后两个因子很难给出合理的解释。

从特殊方差矩阵的估计 psi 来看,其中,psi = [0.035, 0.047, 0.005, 0.122 3, 0.044 3, 0.024, 0.079],各变量的特殊方差都比较小,并没有出现海伍德现象,这说明三因子模型的拟合效果较好。

从模型检验信息来看,检验的 p 值为 0.457 3 > 0.05,说明在显示性水平 0.05 下接受原假设,原假设是 $H_0: m = 3$,也就是说用 3 个公共因子的因子模型拟合原始数据是比较合适的。

从贡献率(Contribut)和累积贡献率(CumCont)来看,前两个因子对原始数据总方差的贡献率分别为 55.926 6% 和 26.083 4%,累积贡献率达到了 82.664 8%,这说明因子模型中公共因子的数目还可以进一步减少,只考虑两个公共因子应该是比较合适的。

故令因子个数为 2,通过最大方差的因子旋转得旋转后因子荷载矩阵,结果见表 20。由此得出表中七个指标被清晰的分为两个主因子。第一个主因子与五个指标相关:死亡人数大于 10、总起数、总死亡人数、总受伤人数和财产损失,主要反映了国家整体遭受恐怖袭击的风险,因此第一主因子可命名为基本风险因子;第二个主因子与剩下两个指标相关:死亡人事件百分比和每起事件平均死亡人数,主要反映了国家的应对恐怖袭击能力,命名为脆弱性因子,如图 5 所示。

表 20 旋转后因子荷载矩阵

指标	变量	因子	
		1	2
X_1	事件总数	0.845 6	0.469 2
X_2	总死亡人数	0.644 1	0.761 7
X_3	死亡事件百分比	0.069 3	0.100 0
X_4	平均死亡	0.061 8	0.306 8
X_5	总受伤人数	0.692 5	0.682 5
X_6	财产损失	0.966 8	0.245 8
X_7	死亡大于 10 事件数	0.573 9	0.816 1

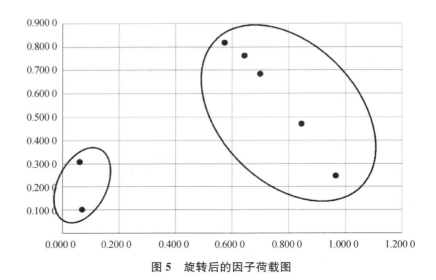

图 5　旋转后的因子荷载图

根据表 20,建立恐怖袭击因子分析模型:

$$X_1 = 0.845\,6\,f_1 + 0.469\,2\,f_2$$
$$X_2 = 0.644\,1\,f_1 + 0.761\,7\,f_2$$
$$X_3 = 0.069\,3\,f_1 + 0.100\,0\,f_2$$
$$X_4 = 0.061\,8\,f_1 + 0.306\,8\,f_2 \qquad (10)$$
$$X_5 = 0.698\,4\,f_1 + 0.682\,5\,f_2$$
$$X_6 = 0.966\,8\,f_1 + 0.245\,8\,f_2$$
$$X_7 = 0.573\,9\,f_1 + 0.816\,1\,f_2$$

2017 年恐怖袭击因子得分函数计算如下:

$$F_1 = 0.245\,9x_1 + 0.111\,4x_2 - 0.076\,2x_3 \pm 0.145\,5x_4 + 0.257\,1x_5$$
$$+ 0.263\,8x_6 + 0.284\,7x_7 \qquad (11)$$
$$F_2 = -0.133\,4x_1 + 0.233x_2 + 0.453\,1x_3 + 0.602\,2x_4 - 0.120\,5x_5$$
$$+ 0.089\,1x_6 + 0.038x_7$$

根据各个子方差贡献比重可计算因子综合得分:

$$F = 0.412\,9F_1 + 0.229\,5F_2 \qquad (12)$$

7.3　因子系数分析

7.3.1　第一因子分析

　　根据因子系数分析方法计算,可得各个国家因子得分结果,结果列表节选见附录 Q4。第一因子表示遭受恐怖袭击的基本风险指数,风险最高的前十位为:伊拉克、阿富汗、索马里、巴基斯坦、印度、叙利亚、尼日利亚、菲律宾、中非共和国、也门。从全球看,第一因子得分较高的国家集中在中东、北非、南亚和南美地区,且多为发展中国家。此外,作为发达国家的美国排名 21,英国排名 27,法国排名 51。可见,在 2017 年,欧美等也是恐怖袭击高发地区。

7.3.2　第二因子分析

脆弱性因子主要反映国家遭受恐怖袭击发生伤亡的风险高低,其方差贡献率为 29.95%。附录表中,前十名国家为:中非共和国、南苏丹、尼日尔、乍得共和国、叙利亚、阿富汗、西班牙、伊拉克、埃及和尼日利亚。

前十名中西班牙是唯一发达国家,其他九个国家均为非洲国家,表明非洲国家抵抗恐怖袭击的能力较弱。不同国家抵抗恐怖袭击的能力相差巨大,脆弱性指标能很好地反映一个国家遭受恐怖袭击时发生伤亡的风险水平。第二因子排名后十位国家为:坦桑尼亚、塞拉利昂共和国、安哥拉、马来西亚、苏丹、秘鲁、利比亚、布隆迪、黎巴嫩和乌干达。第二因子得分较高国家集中在非洲、中东和南亚,多为发展中国家,欧美等国家整体得分低,因为发达国家有完善的社会安全应急机制和较高的经费开支,人员整体素质较高、安全意识强。

7.3.3　综合因子得分分析

综合因子得分排名前十位分别为伊拉克、阿富汗、叙利亚、中非共和国、索马里、巴基斯坦、尼日利亚、南苏丹、印度和尼日尔。综合三类指标结果表明,伊拉克、巴基斯坦和阿富汗已经成为当今恐怖袭击热点国家。根据恐怖袭击风险得分的变化趋势,叙利亚、也门和索马里可能会成为将来的恐怖袭击热点国家。运用此方法对其他年份的数据指标进行分析,一定程度上有助于分析各国的恐怖袭击风险系数,从而更好地开展恐袭防范工作。

8　模型的评价和改进

在基于上述问题所构建的模型中,本文选取与恐袭事件相关的若干主要指标,易于量化的同时,还能够较好地对恐袭事件进行呈现。通过层次分析法对因素权重进行了合理分配,科学客观地反映了恐袭事件特征。但部分可能与事件相关的指标被忽略了,对危险程度的分级可能会略有偏颇。

利用 K-Means 算法对事件进行聚类分析,计算量较小,容易实现。但聚类效果并不理想,后期可考虑选用更加合理的聚类算法,使得聚类结果与实际情况更为贴合。

利用基尼系数、洛伦兹曲线、空间自相关等指标对近三年恐袭事件进行时空分析,分析全面科学,有利于反恐建议的提出。但对未来发展趋势的分析不够直观客观。

利用因子分析法对各个国家的恐怖主义风险进行评价,结果客观可量化。但选取的指标可能不够全面,有待进一步改善。

参考文献

[1] 满若岩,付忠广.基于模糊综合评判的火电厂状态评估[J].中国电机工程学报,2009,29(05):5-10.

[2] 季学伟,翁文国,倪顺江,等.突发公共事件预警分级模型[J].清华大学学报:自然科学版,2008,48(8):1252-1255.

[3] 李国辉.全球恐怖袭击时空演变及风险分析研究[D].合肥:中国科学技术大学,2014.

[4] 隋晓妍.我国恐怖袭击时空变化特征与影响因素研究[D].大连:大连理工大学,2017.

附录

Q1 任务1危险程度结果列表(节选)

事件编号	隶属度函数值					危害等级
	B5	B4	B3	B2	B1	
199801010001	0.171 28	0.243 17	0.219 43	0.311 19	0.130 15	2
199801010002	0.355 03	0.252 16	0.155 4	0.194 18	0.105 04	5
199801010003	0.312 34	0.279 21	0.170 88	0.198 14	0.101 24	5
199801020001	0.400 18	0.166 66	0.109 5	0.173 57	0.149 89	5
199801020002	0.376 63	0.269 78	0.155 38	0.176 82	0.083 2	5
199801040001	0.464 53	0.211 51	0.109 5	0.171 23	0.105 04	5
199801040002	0.464 53	0.211 51	0.109 5	0.171 23	0.105 04	5
199801050001	0.477 19	0.215 73	0.109 5	0.162 79	0.096 6	5
199801050002	0.290 23	0.219 76	0.155 4	0.177 98	0.169 84	5
199801050003	0.198 99	0.262 59	0.280 68	0.222 23	0.110 73	3

Q2 任务2聚类结果列表(节选)

事件编号	region	attacktype1	targtype1	weaptype1	new_region	new_attacktype1	new_targtype1	new_weaptype1	idx	危害等级
201501010001	10	3	8	6	6	9	17	12	1	4
201501010002	8	7	15	8	10	7	11	8	2	5
201501010003	10	3	17	6	6	9	1	12	4	5
201501010004	10	3	1	6	6	9	3	12	4	4
201501010005	10	3	14	6	6	9	18	12	1	4
201501010006	10	3	1	6	6	9	3	12	4	4
201501010007	10	3	1	6	6	9	3	12	4	4
201501010008	10	1	2	6	6	6	15	12	1	5
201501010009	10	2	14	6	6	8	18	7	5	5
201501010011	6	3	1	6	4	9	3	12	4	5

Q4　任务 4 中各个国家因子得分结果(节选)

国家	因子得分		综合得分	因子 1 排名	因子 2 排名	综合排名
	因子 1	因子 2				
阿富汗	6.731	1.207	3.056	2	6	2
阿尔巴尼亚	−0.436	−0.230	−0.233	87	68	80
阿尔及利亚	−0.378	−0.051	−0.168	64	35	48
安哥拉	0.093	−1.743	−0.362	23	99	99
阿根廷	−0.429	−0.229	−0.230	83	63	77
澳大利亚	−0.379	−0.018	−0.161	65	32	44
奥地利	−0.333	0.203	−0.091	52	15	34
阿塞拜疆	−0.308	0.310	−0.056	49	13	30
巴林	−0.351	−0.164	−0.183	58	49	53
孟加拉国	−0.305	−0.244	−0.182	47	87	52

点 评

陈雄达

　　这篇论文提出了基于综合模糊评判方法的恐怖袭击事件分级定量化模型,依靠数据库中记录的各恐袭事件的数据进行危险程度分级。文章从主要因素出发,采用数理统计、数值计算、专家打分等方法,确定事件分级的指标集,并采用隶属函数的方法进行模糊化处理。

　　文章使用的数学方法较多。在事件分级的问题上,对涉及恐怖组织作案分类的各指标进行分类,对数据进行了各种处理,并转化得到恐袭事件的相异度矩阵。采用 K-Means 聚类算法得到五类恐怖袭击嫌犯或团体,并对他们的危害性加以排序给出主要涉案嫌疑。同时论文借鉴基尼系数等概念提出了恐怖袭击事件的空间聚集性评判模型,利用空间自相关理论研究他们的空间聚集模式、演变趋势与发生热点,对未来反恐态势进行数学、统计层面上的分析和建议。文章最后评估了 2017 年大多数国家的综合恐怖袭击风险。

　　这篇论文使用的数学方法较为零散,某些方法(如层次分析法)中间使用的参数较为主观,使得方法的合理性显得不足。另外,文章中的某些定性结论或者建议与文章中的模型联系不够紧密,似乎脱节;同时,文中的某些定量的结论可以使用更为直观的方式来展示。

基于 GTD 记录数据对恐怖袭击进行分级和预测的研究

徐文豪　郑永杰　杨慧敏

同济大学测绘与地理信息学院

摘要　恐怖袭击是现代生活中最大的不安全因素之一。GTD 是记录与恐怖袭击相关事件的数据库,详细记录了近年来恐怖袭击事件发生的属性。本文主要研究 GTD 记录数据的量化问题,对恐怖袭击事件进行分级和预测。

根据贝叶斯节点分级理论筛选出恐怖袭击事件的 8 项评价指标,运用熵权法求解指标的权重,综合权重和指标节点等级按照综合打分情况得到恐怖指数。此外,单独将伤亡人数按照专家打分制加权求得伤亡指数,并作为改正项对恐怖系数进行修正,最终求解出修正恐怖指数。根据恐怖指数选出 GTD 数据库中近二十年来危害程度最高的十大恐怖袭击事件。

为预测恐怖事件的作案人员或组织,本文通过梯度下降算法改进模糊回归模型,建立基于梯度下降的模糊回归模型算法,描述样本特征和模糊分类等级之间的模糊线性关系。通过该算法对未知作案组织和个人的案件进行分类,同时与神经网络和极大似然分类结果作对比,证明所提算法分类效果更好,同时充分利用样本资源,避免数据过度拟合问题。

此外,本文采用基于基尼系数(Gini)、洛伦兹(Lorenz)曲线的空间聚集性评价模型对恐怖袭击事件的聚集性进行评判,得到恐怖袭击事件的国家热点信息最强、时间热点信息最弱。选取恐怖袭击事件各个属性的热点最强进行列举,然后根据空间自相关理论并借助 GIS 平台分析了全球近三年的恐怖袭击时空关联性。最后选取时间序列预测模型对索马里国家未来一年 12 个月份的恐怖袭击伤亡指数进行了预测。

关键词　恐怖袭击,量化分级模型,模糊回归模型,基尼系数,空间聚集性评价

1　引言

恐怖袭击是社会生活中影响人们正常生活与社会安定和谐,极具破坏性及杀伤力,造成大量经济损失、环境破坏和人员伤亡,威胁人们生命财产安全的极大的不确定因素。通过建立精确的恐怖袭击量化模型,并精确地分析预测恐怖袭击的风险,能够对恐怖袭击风险进行有效的预测,为国家反恐计划提供参考,提高国家的反恐效率和国家的安全性,引起了很多

国家、学者的重视，受到广泛的关注。因此，对于恐怖袭击事件的研究具有深远的意义。

在对恐怖袭击事件进行数据量化分析的过程中，建立模型进行量化分级、预测分析时，由于恐怖袭击事件都具有一定的伪装性，因此会存在大量的伪装样本和干扰性的数据，使量化分级、预测分析的过程很容易受到干扰。夏怒等人[1]提出了基于人工神经网络的恐怖袭击预测模型，利用人工神经网络具有以任意精度逼近非线性函数的特点完成对恐怖袭击风险的预测。虽然该模型精度较高，但是收敛速度较慢容易出现拟合的问题。方权亮等人[2]使用了正则化回声状态网络预测模型进行恐怖袭击风险预测，该模型虽然在效率方面有所提高，但是缺乏普适性，并过于依赖经验。有学者将 VC 理论与结构风险最小化原理结合，重点研究了基于支持向量机算法的恐怖袭击风险预测方法，该方法具有普适性强的特点，却计算繁琐消耗时间长。龚伟志等人[3]基于大数据分析恐怖袭击风险预测研究方法，对恐怖袭击历史数据进行分析，建立恐怖袭击风险预测模型，在时间和效率方面都进行了优化。

GTD 目前由马里兰大学的相关研究所 START 收录。GTD 对 1970 年至 2016 年全球恐怖袭击事件进行了最原始的描述。GTD 对恐怖主义的定义如下：恐怖主义是一种非政府组织的活动，该行为经常带有某种宗教色彩和政治目的，实施者通过非法武力、暴力等手段，或者通过威胁、恐吓等方式，来达到某种社会目的和经济目的[4]。根据此定义，事件一旦满足以下准则中的两项，就会被列入 GTD 中：

（1）事件的目的必须是为了达到政治、经济、宗教或者社会目的。

（2）事件存在蓄谋性质的威胁或者恐吓，或者打算强迫、恐吓的，或者事件宣传波及除了直接受害人以外的人。只要满足任意一点，事件就符合标准。

（3）事件超过了国际人道主义法规规定的范围，属于不合法的战争。

对于那些存在疑问的事件：文件信息不充分，或描述模糊等事件，GTD 添加了一个附加的筛选机制"疑似恐怖主义"。因此，本文基于 GTD，通过建立模型对恐怖袭击数据进行量化分析，建立了恐怖袭击事件分级指标，得到了近年来危害程度最大的恐怖袭击事件，预测了部分恐怖袭击事件可能的作案人员，分析了恐怖袭击事件的聚集性，并对未来恐怖袭击事件的发生地点进行了预测。

2　研究方法

2.1　恐怖袭击事件分级方法

2.1.1　恐怖系数评价指标的确立及定权

在社会的灾难事件，如地震、气象灾害、交通事故等的分级中，通常采用的是主观方法，人为的规定处分及指标确定权重，按照人员伤亡程度和经济损失进行分级划分。基于 GTD 数据的恐怖袭击事件相关数据与多种因素有关：地区因素、事件因素、恐怖分子所选的攻击类型（包括攻击方式、使用武器类型等）、受害者类型等。基于 GTD 数据选出 8 项恐怖系数评价指标（表 1），在人为选择影响因素即评价指标的基础上，再使用客观赋权值的熵权法，根据每项指标的信息量来确定每项指标的权重。

表1	评价指标的选取
评价指标	选取理由
地区因素	恐怖事件具有地域属性,在城市中与在乡镇等郊区的危害程度不同,恐怖系数也会不同
事件因素	衡量事件是否为恐怖事件的标准,也是衡量该事件的危险程度、恐怖系数的标准
攻击类型	恐怖分子所采用的攻击类型不同,所造成的人员伤亡、经济损失、人们心理压力等伤害程度不同
目标受害者类型	不同的目标受害者具有不同的群体数量、不同的自卫及反击能力,所造成的人员伤亡也不同
武器类型	不同的武器,杀伤力不同,导致的伤害程度、恐怖程度不同
非凶手死亡人数	判断恐怖袭击事件的危害性,应通过该事件引起的受害者的伤亡人数来判断
非凶手受伤人数	除死亡人数外,在恐怖袭击中,非凶手的受伤人数同样也作为一项可用于衡量恐怖事件严重程度的指标
财产损失	财产损失衡量一个恐怖事件对社会造成的损失,是作为衡量恐怖袭击时间严重程度、危害程度的另一重要的评价指标

（1）数值矩阵

熵值法,是一种根据评价指标所附带的信息量来给各项指标赋权值的客观的赋权方法[5],反映该指标对事件评价的影响程度。熵值越大,该指标对事件的影响程度越大,该指标的权重越大。假设目前有 m 个事件待评价,选取了 n 个评价指标,从而可以组成一个描述该事件的矩阵 $\boldsymbol{A}$,$\boldsymbol{A}=(X_{ij})_{m\times n}$,其中,$i=1,2,\cdots,m$;$j=1,2,\cdots,n$,表示成矩阵形式为

$$\boldsymbol{A}=\begin{pmatrix} X_{11} & \cdots & X_{1n} \\ \vdots & & \vdots \\ X_{m1} & \cdots & X_{mn} \end{pmatrix} \tag{1}$$

其中,X_{ij} 表示为第 i 个事件的第 j 个指标所对应的数值。

（2）数据处理

用熵值法求解各指标权重,首先要对数据进行预处理:对每项指标(即节点)的数据进行离散化,将每个节点进行数值化处理。比如,对于节点伤亡人数,将死亡人数按照不同的数值范围进行划分并用 $1,2,3\cdots$ 来表示,重新为 X_{ij} 赋值,得到新的数值矩阵 $\boldsymbol{A}$。

（3）计算熵值

每个事件的某个指标值占该指标值的总数值的比重为

$$P_{ij}=\frac{X_{ij}}{\sum\limits_{i=1}^{m}X_{ij}} \tag{2}$$

其中,$i=1,2,\cdots,m$;$j=1,2,\cdots,n$。那么,第 j 项指标的熵值也可由此得到,即

$$e_j=-k\sum_{i=1}^{m}P_{ij}\ln P_{ij} \tag{3}$$

式中，k 为常数，与样本数量 m 有关，$k = \dfrac{1}{\ln m}$，故，$k > 0$，$e_j > 0$。

（4）计算第 j 项指标的差异系数

对于某一指标 j，它的差异系数 g_j 越大，j 项指标的熵值 e_j 越小，对事件评价的作用越大，表示指标越好。

$$g_j = 1 - e_j \tag{4}$$

（5）求各项评价指标的权值

各项指标所对应的权值应该等于该指标差异系数占所有指标差异系数总和的比值，第 j 项指标所对应的权值 W_j 可用公式表示为

$$W_j = \frac{g_j}{\sum\limits_{j=1}^{n} g_j} \tag{5}$$

2.1.2　恐怖系数及恐怖系数的修正

恐怖系数 R_i 通过使用每个事件 i（$i = 1, 2, \cdots, m$）不同指标的数值 X_{ij} 与对应的权值 W_j 相乘后的累加和来表示。公式表示为

$$R'_i = \sum_{j=1}^{n} W_j \times X_{ij} \tag{6}$$

为了得到较为可靠的权值信息，本文以非凶手伤亡人数为依据，引入伤亡人员修正数来对权值进行修正。将非凶手伤亡人员、非凶手死亡人员进行合并，通过查阅资料，按照专家系统打分的方式，获得二者的权重，进而将非凶手伤亡情况表示出来，利用归一化的方法，求得伤亡风险系数，并使其介于 $[1, 3]$[6]。

$$\boldsymbol{Y}_{sw} = \boldsymbol{Y}_s \times P_s + \boldsymbol{Y}_w \times P_w \tag{7}$$

式中，$\boldsymbol{Y}_s$ 为非凶手受伤人数，P_s 为非凶手受伤人数这一指标所对应的权值，$\boldsymbol{Y}_w$ 为非凶手死亡人数，P_w 为非凶手死亡人数这一指标所对应的权值，$\boldsymbol{Y}_{sw}$ 为非凶手伤亡系数，$\boldsymbol{Y}_s$，$\boldsymbol{Y}_w$，$\boldsymbol{Y}_{sw}$ 为 $1 \times m$ 的列向量。

$$Y'_i = \frac{Y_i - \min(Y_1, Y_2, \cdots, Y_m)}{\max(Y_1, Y_2, \cdots, Y_m) - \min(Y_1, Y_2, \cdots, Y_m)} \times 2 + 1 \tag{8}$$

式中，Y'_i 表示归一化后的非凶手伤亡系数，Y_i 表示第 i 个事件的非凶手伤亡系数。

利用式（8），将非凶手的伤亡系数进行缩放，采用线性组合的方法对恐怖系数进行修正：

$$R''_i = \frac{1}{2} R'_i + \frac{1}{2} Y'_i \tag{9}$$

式中，R''_i 表示修正后的恐怖系数。

对修正后的恐怖系数做归一化处理，使数值介于 $[0, 1]$：

$$R_i = \frac{R''_i - \min(R''_1, R''_2, \cdots, R''_m)}{\max(R''_1, R''_2, \cdots, R''_m) - \min(R''_1, R''_2, \cdots, R''_m)} \tag{10}$$

2.2　恐怖袭击事件作案组织预测

在 GTD 数据库记录的数据中,有些危害严重的恐怖袭击事件没有确切的作案组织,因此需要通过该类案件的特征判断此类恐怖袭击事件的作案组织。本文首先考虑模糊回归模型。模糊回归模型方法假定样本指标数据是不精确的,构建样本指标自变量和模糊分类等级因变量之间的模糊线性多元回归模型,通过模糊回归系数反映这种不确定性[7]。梯度下降算法是一种常用的优化算法,用于迭代寻找目标函数的最优值。本文通过对模糊回归模型进行改进,引入梯度下降算法,建立基于梯度下降的模糊回归模型算法。

2.2.1　数据预处理

首先,将 GTD 中作案时间在 2015—2016 年的所有案件挑选出来,然后将分离出来的案件按照已知作案组织和未知作案组织再次进行分离。对已知作案组织的案件按照作案组织进行分类,把每个组织的案件单独放入一个工作表中。本文选择了十个特征作为每个案件的特征,分别为:国家代码(A),纬度(B),经度(C),政治、经济、宗教、社会目标(D),意图胁迫、恐吓或煽动更多的群众(E),疑似恐怖主义(F),攻击类型编码(G),目标/受害者类型代码(H),武器类型编码(I)。

统计每个组织和个人的作案次数,按照作案次数的高低从零开始依次进行编号得到结果见表 2。作案次数高说明该组织和个人活跃程度高,未知组织和个人的案件属于该组织和个人的概率就越大。

表 2　　　　　　　　　　　　作案组织和个人的次数及编号

作案组织	次数	编号
Islamic State of Iraq and the Levant (ISIL)	2 675	0
Taliban	2 316	1
Al-Shabaab	961	2
Boko Haram	780	3
Houthi extremists (Ansar Allah)	734	4
Kurdistan Workers' Party (PKK)	699	5
...	...	...
West Indonesia Mujahideen	1	481
Youth Movement for the Total Liberation of Azawad	1	482
Zero Tolerance	1	483

注意到在 483 个作案组织和个人在 2015—2016 年共作案 16 189 起,其中排名前 100 的作案组织共作案 15 079 起,占了总数的 93.14%,作案个数低于 10 起的组织有 368 个,因此为了减少类别的数量,本文只考虑作案高于 10 起以上的组织和个人,即排名前 116 的组织和个人。

2.2.2　基于梯度下降模糊回归模型的建立

2.2.2.1　模糊回归模型

假设每个案件的特征与其作案组织和个人的编号符合如下关系,即

$$Y = Ax_1 + Bx_2 + Cx_3 + Dx_4 + Ex_6 + Fx_7 + Gx_8 + Hx_9 + Ix_{10} + b \qquad (11)$$

其中，A 至 I 是案件特征，x_i 是权重，b 是偏置，Y 是组织的编号值。因此，对于 116 个组织和个人可以建立 116 个方程，则问题 2 的模型如下：

$$\begin{cases} Y_0 = A_0 x_1 + B_0 x_2 + C_0 x_3 + D_0 x_4 + E_0 x_6 + F_0 x_7 + G_0 x_8 + H_0 x_9 + I_0 x_{10} + b_0 \\ Y_1 = A_1 x_1 + B_1 x_2 + C_1 x_3 + D_1 x_4 + E_1 x_6 + F_1 x_7 + G_1 x_8 + H_1 x_9 + I_1 x_{10} + b_1 \\ Y_3 = A_3 x_1 + B_3 x_2 + C_3 x_3 + D_3 x_4 + E_3 x_6 + F_3 x_7 + G_3 x_8 + H_3 x_9 + I_3 x_{10} + b_3 \qquad (12) \\ \quad \vdots \\ Y_n = A_n x_1 + B_n x_2 + C_n x_3 + D_n x_4 + E_n x_6 + F_n x_7 + G_n x_8 + H_n x_9 + I_n x_{10} + b_n \end{cases}$$

上式可以简化为

$$\boldsymbol{Y} = \boldsymbol{W}\boldsymbol{x} + \boldsymbol{B}$$

其中，$\boldsymbol{Y}$ 是恐袭类别编号向量，$\boldsymbol{W}$ 是特征矩阵，$\boldsymbol{x}$ 是权重向量，$\boldsymbol{B}$ 是偏置向量。

2.2.2.2　梯度下降算法

（1）对权重 $\boldsymbol{x}$ 和 $\boldsymbol{B}$ 进行随机初始化。

（2）将特征矩阵 $\boldsymbol{W}$ 与初始化的权重 $\boldsymbol{x}$ 相乘，然后加上偏置 $\boldsymbol{B}$ 得到计算结果 $\boldsymbol{Y}'$。

（3）建立损失函数，计算计算值 $\boldsymbol{Y}'$ 与真实值 $\boldsymbol{Y}$ 的差值。

$$\text{loss} = \frac{(\boldsymbol{Y} - \boldsymbol{Y}')^{\mathrm{T}}(\boldsymbol{Y} - \boldsymbol{Y}')}{n} \qquad (13)$$

（4）在 loss 函数上分别对权重 $\boldsymbol{x}$ 和偏置 $\boldsymbol{B}$ 进行求导，得到 loss 关于 $\boldsymbol{x}$ 和 $\boldsymbol{B}$ 的梯度。

$$\begin{aligned} \text{grad}(\boldsymbol{x}) &= \frac{\partial \text{loss}}{\partial \boldsymbol{x}} = -\frac{2(\boldsymbol{Y} - (\boldsymbol{W}\boldsymbol{x} + \boldsymbol{B}))\boldsymbol{W}}{n} \\ \text{grad}(\boldsymbol{B}) &= \frac{\partial \text{loss}}{\partial \boldsymbol{B}} = -\frac{2(\boldsymbol{Y} - (\boldsymbol{W}\boldsymbol{x} + \boldsymbol{B}))}{n} \end{aligned} \qquad (14)$$

（5）更新权重和偏置。

$$\begin{aligned} \boldsymbol{x}_{\text{new}} &= \boldsymbol{x}_{\text{old}} - lr \times \text{grad}(x) \\ \boldsymbol{B}_{\text{new}} &= \boldsymbol{B}_{\text{old}} - lr \times \text{grad}(B) \end{aligned} \qquad (15)$$

其中，lr 是学习率。

（6）循环迭代，直到达到一定的循环次数或者 loss 小于一定的值。

将最后一次迭代得到的权重 $\boldsymbol{x}$ 和偏置 $\boldsymbol{B}$ 代入方程，即可得到每个案件与其作案组织的数学模型。

2.2.2.3　将待分类案件代入模型进行分类

在上一步中，对应的每一类案件都求出了一个数学模型，然后将待分类的案件代入到每一类的数学模型中分别得到对应的值。计算待分类案件通过每一类数学模型得到的值与该模型的编号值之间的距离，找出最小的一个类别即是该案件最可能属于的类别。

2.3　2015—2017 年恐怖袭击事件特征分析

分析近三年来的恐怖袭击事件，包括事发原因、时空特性、蔓延特性、级别分布等规律，对预测出明年全球或某些重点区域的恐怖袭击形态,判断反恐态势具有积极的意义。本文综合考虑 2015—2017 三年内恐怖袭击事件多重统计指标的规律,进而实现对 2018 年全球或者某些重点地区(例如中东地区)反恐态势的预测,并结合模型求解结果给出相应的建议。

本文采用能够体现近三年来恐怖袭击事件的时空演变过程以及趋势的恐怖袭击空间聚集性评价模型。该模型基于基尼系数、洛伦兹曲线,根据空间自相关理论并借助 GIS 平台得到空间聚集模式、演变趋势以及区域热点信息。

2.3.1 基尼系数

基尼系数是一种国际上通用的衡量收入差距的指标,同时可用于表征极端事件在总事件中的比例。基尼系数的数值位于 0~1,该值越大表示极端事件在总事件总的不平等程度越高。

基尼系数一般计算公式为

$$G = \frac{\Delta}{2\mu_y} = \frac{\sum_{i=1}^{n}\sum_{j=1}^{n}|y_i - y_j|}{2n^2\mu_y} \tag{16}$$

将基尼系数运用到恐怖袭击事件的分析中,本文采用几何法来计算。考虑到恐怖袭击各个指标数值的离散性,选择离散型几何基尼指数计算公式:

$$B = \frac{1}{2}\sum_{i=0}^{n-1}(P_{i+1}-P_i)(L_{i+1}+L_i), \qquad L_i = \frac{1}{n\mu_y}\sum_{j=1}^{n}y_j$$

$$\mu_y = \frac{1}{n}\sum_{i=1}^{n}y_i, \qquad G = 1 - \sum_{i=0}^{n-1}(P_{i+1}-P_i)(L_{i+1}+L_i) \tag{17}$$

2.3.2 洛伦兹曲线

洛伦兹曲线同样是用来评价不平等问题,即将不同因素对应的出现频率按照从低到高排序,然后计算每种因素对应时间累计百分比。例如恐怖袭击指标中,武器类型的累计百分比以及伤亡人数累计百分比(表 3),伤亡人数在武器类型因素下的分布特征就可以根据洛伦兹曲线以及基尼系数得到。如图 1 所示,其中 A 代表绝对平均线和洛伦兹曲线之间的面积,B 代表洛伦兹曲线与 x 轴的面积,而基尼指数就是代表二者面积之间的关系:

$$G = \frac{A}{A+B} \tag{18}$$

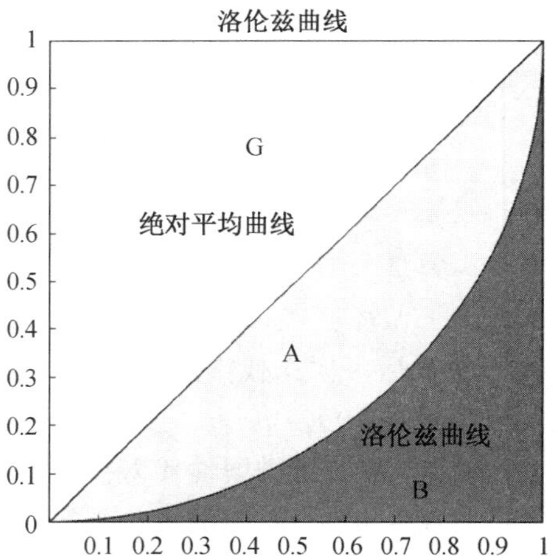

图 1 洛伦兹曲线

如果恐怖袭击事件在不同指标对象上均匀分布,则洛伦兹曲线与 $y=x$ 重合,也就说明在指标对象上恐怖袭击不存在聚集性或热点[6]。

表 3　　　　　　　　　　　　武器类型累计与伤亡人数累计占比

武器类型累计	0.1	0.2	0.3	0.4	0.5
伤亡人数累计	0.010 9	0.041 6	0.092 1	0.162 4	0.252 5
武器类型累计	0.6	0.7	0.8	0.9	1
伤亡人数累计	0.362 4	0.492 1	0.641 6	0.810 9	1

2.3.3　空间自相关

空间自相关是用来描述事件在地理空间上的依赖程度,属于一种空间统计分析方法。根据变量的值随空间测定距离不断缩小的变化程度,分为空间正相关(变量随距离缩小而更加相似)、空间负相关(变量随距离缩小差异增大)、空间不相关(变量不表现出任何的空间依赖性)。为了从全局以及局部两个方向更加全面地分析各个指标与时空之间的相关性,本文采用全局 Moran's I[8] 和局部 Anselin's LISA[9] 两种方法作为检测依据。

全局 Moran's I 计算公式如下:

$$I = \frac{\sum_{i=1}^{n} \sum_{j=1}^{n} w_{ij}(x_i - \overline{x})(x_j - \widetilde{x})}{\sum_{i=1}^{n} \sum_{j=1}^{n} w_{ij} \sum_{i=1}^{n}(x_i - \overline{x})^2}, \ i \neq j \tag{19}$$

因为全局 Moran's I 的统计量服从随机分布(近似正态分布),所以全局 Moran's I 的显著性检验可以采用正态分布统计量 Z 值。当 Z 大于零并且表现显著时,就说明该指标存在空间正相关性并呈现一定的聚集趋势;当 Z 小于零同样表现显著时,则说明该指标存在空间负相关性并呈现一定的离散趋势;当 Z 等于零时则表明该指标独立,不具有空间相关性,在空间上随机分布。

$$Z = \frac{I - E(I)}{\sqrt{\text{VAR}(I)}} \tag{20}$$

局部 Anselin's LISA 可由下列方程得到:

$$I_i = \frac{(x_i - \overline{x})}{S^2} \sum_j w_{ij}(x_j - \overline{x}) \tag{21}$$

标准统计量 Z 的计算公式为

$$Z(I_i) = \frac{I_i - E(I_i)}{\sqrt{\text{VAR}(I_i)}} \tag{22}$$

2.4　未来恐怖袭击事件发生地点的预测

统计某一地区历年来作案地点,并根据作案的经纬度计算出每年案件质心的经纬度,然后对得到的质心的经纬度进行拟合,研究该地区案件发生的规律并对未来可能发生的地点进行预测。

以印度地区为例,统计 1998—2015 年发生的案件的经纬度,并计算每一年案件经纬度的质心位置,统计结果见表4。

表4   质心经纬度

年份	纬度	经度	年份	纬度	经度
1998	24.803 3	81.733 74	2008	24.534 51	85.286 8
1999	28.418 01	81.596 66	2009	23.456 26	86.536 98
2000	28.692 77	81.425 04	2010	22.573 65	85.431 37
2001	30.933 82	78.004 92	2011	23.565 09	85.452 52
2002	30.742 48	77.581 91	2012	23.812 85	85.720 69
2003	29.164 89	78.886 72	2013	24.431 78	85.852 71
2004	30.765 19	79.605 78	2014	24.396 55	85.124 3
2005	30.236 31	79.690 61	2015	23.617 95	84.274 17
2006	28.648 71	81.684 44	2016	24.423 92	83.217 43
2007	27.079 1	85.519 14	2017	25.711 26	82.744 2

(1)建立拟合多项式。多项式的阶数过低会造成欠拟合,阶数过高会导致过拟合,因此本文根据经验值,建立四阶多项式,分别对质心的经度和纬度进行拟合。拟合多项式模型为

$$\begin{cases} f_1(x) = p_{11}x^4 + p_{12}x^3 + p_{13}x^2 + p_{14}x + p_{15} \\ f_2(x) = p_{12}x^4 + p_{22}x^3 + p_{23}x^2 + p_{22}x + p_{25} \end{cases} \tag{23}$$

其中,x 为年份,$f_1(x)$ 为纬度,$f_2(x)$ 为经度。

(2)通过拟合的结果对 2016 年和 2017 年的质心进行预测,并与真实值进行比较,判断模型的准确度。

3   实验结果与分析

3.1   数据介绍

GTD 将自己描述为"世界上最全面的非恐怖事件数据库",2017 年 6 月版包括170 000多起恐怖袭击事件。整个数据库大约包含 80 MB Excel 文件和 9 MB 地理数据库文件,可通过网站下载。GTD 包括超过 83 000 次爆炸,超过 18 000 次暗杀和 11 000 多起绑架事件。

3.2   恐怖袭击事件分级结果与分析

本文建立的上述恐怖等级评价模型,是将贝叶斯网络与熵值法相结合得出的量化分级模型。具体实现步骤如下:

第 6 篇　基于 GTD 记录数据对恐怖袭击进行分级和预测的研究

步骤 1：经过查询资料收集信息，筛选出 8 项指标作为贝叶斯网络结构的节点属性[8]（表 5）。

步骤 2：通过整理，将赛题附件 1 中的数据经过整理，根据贝叶斯网络的结构对每个属性进行离散化。比如，在模型中，恐怖袭击事件人员的受伤数以及死亡人数不包括恐怖分子的受伤人数及死亡人数，是通过用总受伤人数减去恐怖分子受伤人数，总死亡人数减去恐怖分子死亡人数，将两个属性进行离散化。

步骤 3：对赛题附件 1 中的部分数据进行连续化处理，并赋予新的数值。比如攻击类型按照攻击性的强弱进行 1、2、3、4、5、6 排序，攻击性能越强，属性值越大。

表 5　　　　　　　　　　　　　　　节点属性值说明

节点序号	节点名称		节点大小	节点取值	备注
1	附近地区		2	1	紧邻城市
				2	城市本身
2	入选目标标准	标准 1	2	0	不满足
				1	满足
		标准 2	2	0	不满足
				1	满足
		标准 3	2	0	不满足
				1	满足
3	攻击类型		7	0	未知
				1	徒手攻击
				2	设施攻击
				3	劫持
				4	爆炸
				5	武装袭击
				6	暗杀
4	目标/受害者类型		2	1	非政府性质(1/5/8-22)
				2	政府性质(2/3/4/6/7)
5	武器类型		6	0	其他、未知
				1	假武器、交通武器、破坏武器、致乱武器
				2	燃烧武器
				4	爆炸物/炸弹/炸药、轻武器
				5	核武器、放射性武器、生物武器、化学武器
6	非凶手死亡总数		5	0	未知
				1	1～3 人
				2	3～10 人
				3	10～30 人
				4	30 人之上不包括 30 人

（续表）

节点序号	节点名称	节点大小	节点取值		备注
7	非凶手受伤总数	5		0	未知
				1	1～10 人
				2	10～50 人
				3	50～100 人
				4	100 人之上不包括 100 人
8	财产损失	3		0	未知
				1	无损失
				2	损失

步骤 4：利用熵值法，计算每项指标的权重 W_j，结果见表 6。

表 6　　　　　　　　　　　　每项指标的权重

节点序号	节点名称		权值
1	附近地区		0.003 986 100
2	入选标准	标准 1	0.003 392 174
		标准 2	0.001 398 095
		标准 3	0.040 835 419
3	攻击类型		0.021 254 426
4	目标/受害者类型		0.018 653 221
5	武器类型		0.030 355 376
6	非凶手受伤人数		0.278 607 643
7	非凶手死亡人数		0.298 492 211
8	财产损失		0.303 025 340

步骤 5：计算每个事件的恐怖系数 R_i'。

步骤 6：将非凶手受伤人数与凶手受伤人数按照专家系统打分确定权值，计算获得人员的伤亡情况，并进行归一化处理，使得 R_i'' 介于 $[1,3]$。用该数值对恐怖系数进行修正，得到最终的修正恐怖系数 R_i，根据不同的 R_i，划分不同的恐怖等级。

步骤 7：利用修正后的恐怖系数，将恐怖系数缩放至 $[0,1]$，将事件按照恐怖等级由高至低分为一至五级，风险等级数字越小表明该事件危害性越大，列出近二十年恐怖等级最高的十大事件，并对题目的事件进行分级，结果见表 7 和表 8。

表7 近二十年危害程度最高的十大恐怖事件

事件编号	修正后的风险指数	风险等级
200109110004	1	—
200109110005	0.99	—
199808070002	0.99	—
201710140002	0.98	—
200409010002	0.95	—
200802010006	0.94	—
200708150005	0.94	—
200708160008	0.94	—
200607120001	0.93	—
201607020002	0.92	—

表8 典型事件危害级别

事件编号	危害级别
200108110012	一
200511180002	二
200901170021	三
201402110015	四
201405010071	三
201411070002	三
201412160041	四
201508010015	五
201705080012	四

3.3 恐怖袭击事件作案组织预测结果与分析

3.3.1 Loss 函数的变化

通过记录迭代过程中绘制的 loss 函数值的变化绘制图 2。

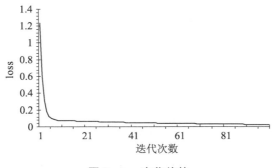

图 2 loss 变化趋势

从图中可以看出,loss 值在前几次迭代中迅速下降,之后下降速度变慢,说明模型随着迭代的次数增加变得越来越精确。

3.3.2 模型求解结果

(1)模型的权重和偏置

求解得到的模型的权重和偏置矩阵是一个 111×11 的矩阵,即有 111 类别,10 个权重和 1 个偏置。

(2)未知组织和个人案件分类结果

通过模型对未知组织和个人的案件进行分类,得到分类结果。

(3)样例求解结果

通过建立的模型对题中给出的样例案件进行分类,找出可能性最大的前 15 个嫌疑组织和个人,并比较危险性最大的组织和凶手在样例案件的嫌疑人中出现的位置。如果在某一个案件中,危险性最大的组织和个人不在该案件的前 15 个嫌疑人中,则认为危险性最大的组织和个人与该案件没有关系(表9,表10)。

表 9　　　　　　　　　各案件的嫌疑人组织与个人

事件编号	从左到右依次是该案件嫌疑最大的类别编号													
201701090031	0	34	1	9	8	14	6	4	25	12	5	2	3	20	16
201702210037	1	0	17	14	9	4	2	5	49	3	6	10	38	7	8
201703120023	0	2	1	14	69	3	4	38	51	5	17	29	7	9	18
201705050009	0	2	1	14	69	3	51	4	5	17	38	29	7	9	18
201705050010	0	2	1	14	69	3	51	4	5	17	38	29	7	9	18
201707010028	3	1	2	0	4	5	6	10	8	7	9	14	12	35	66
201707020006	0	4	15	14	71	5	21	7	1	48	67	28	55	13	84
201708110018	1	0	17	14	9	4	42	2	5	49	3	6	38	10	7
201711010006	1	17	0	9	38	4	14	2	5	42	3	49	10	6	106
201712010003	0	1	8	34	9	14	6	4	12	5	25	2	3	20	16

表 10　　　　　　　　　各案件的嫌疑等级

事件编号	ISIL	Taliban	Al-Shabaab	Boko Haram	Houthi extremists
201701090031	1	4	2	5	3
201702210037	2	1	4	5	3
201703120023	1	3	2	4	5
201705050009	1	3	2	4	5
201705050010	1	3	2	4	5
201707010028	4	2	3	1	5
201707020006	1	3	—	—	2
201708110018	2	1	4	5	3
201711010006	2	1	4	5	3
201712010003	1	2	4	5	3

3.4   2015—2017 年恐怖袭击事件特征分析结果

GTD 根据恐怖组织作案背景,曾指出恐怖袭击事件是具有空间聚集现象。因此,本节首先从恐怖袭击事件发生的时间和数量、地区和所在国家、武器类型和攻击类型、攻击目标几个因素出发,对 2015—2017 年发生的恐怖袭击事件建模分析并计算空间演变度,获取恐怖袭击聚集区和热点,实现对未来反恐态势的预测,同时为未来反恐行动提供一定的参考并给出相应的建议。

3.4.1   恐怖因素聚集性

(1)恐怖袭击发生国家

表 11 是恐怖袭击发生国家统计分析计算表。在 2015—2017 年内,恐怖袭击事件涉及上千个国家。为了研究重点区域,这里只列出排名前十二的国家频率及其百分比。为了数据体现直接,这里按照从高到低的排名方式。发生频率最高的国家是伊拉克,这里与资料查阅结果相同。所有国家频率百分比和等级百分比计算得到的基尼系数为 0.985。基尼系数越大,分布越不均衡,同时也说明国家因素上具有很强的空间聚集性。

表 11   2015—2017 年恐怖袭击发生国家统计分析

国家	频率	频率	国家	频率	频率
伊拉克	8 576	1	索马里	1 634	0.191
阿富汗	4 960	0.578	也门	1 415	0.165
印度	2 875	0.335	埃及	1 247	0.145
巴基斯坦	2 827	0.33	叙利亚	1 207	0.141
菲律宾	2 046	0.239	利比亚	1 155	0.135
尼日利亚	1 655	0.193	土耳其	1 145	0.134
基尼系数	0.985				

(2)恐怖袭击使用武器类型

表 12 为恐怖袭击使用武器类型统计分析计算表。武器的使用类型直接决定着恐怖袭击伤亡人数的高低。在表中,等级从低到高依次排序。使用频率最高的是爆炸物/炸弹/炸药,虽然相对于生物化学武器,爆炸物的危害性可能略低,但其获取和制造都相对较易,与实际相符。

表 12   2015—2017 年恐怖袭击使用武器统计分析

武器类型	频率	频率占比	频率累计占比	地区累计占比
假武器	1	0	0	0.1
其他	28	0.001	0.001	0.2
破坏武器	29	0.001	0.001	0.3
交通工具	70	0.002	0.003	0.4
化学武器	79	0.002	0.004	0.5
致乱武器	1027	0.026	0.048	0.6
燃烧武器	1989	0.05	0.093	0.7

(续表)

武器类型	频率	频率占比	频率累计占比	地区累计占比
未知	4201	0.106	0.196	0.8
轻武器	10580	0.268	0.493	0.9
爆炸物/炸弹/炸药	21449	0.544	1.000	1.000
基尼系数	0.816			

（3）恐怖袭击攻击类型

表 13 为恐怖袭击攻击类型统计分析计算表。攻击类型与武器使用类型具有一定的相关性，同时也是关乎人员伤亡度以及恐怖指数的重要因素。由表中数据可知，恐怖袭击发生频率最高的是轰炸/爆炸和武装袭击。这两种攻击方式相对其他类型能够造成更大的伤亡和恐慌。基尼系数为0.779，说明该因素同样具有一定的热点研究价值。

表 13   2015—2017 年恐怖袭击攻击类型统计分析

攻击类型	频率	频率占比	频率累计占比	攻击类型累计占比
劫持	139	0.004	0.007	0.111
路障事件	225	0.006	0.011	0.222
徒手攻击	267	0.007	0.013	0.333
设施攻击	2 152	0.055	0.109	0.444
暗杀	2 564	0.065	0.130	0.556
未知	2 638	0.067	0.133	0.667
绑架	3 208	0.081	0.162	0.778
武装袭击	8 465	0.215	0.428	0.889
轰炸/爆炸	19 795	0.502	1.000	1.000
基尼系数	0.779			

3.4.2 时空关联性

对 2015—2017 年的恐怖袭击事件根据经纬度进行投影，结果如图 3 所示。恐怖袭击事件并不是一个随机过程，集中在一些特定区域反复出现，这些区域也是恐怖袭击的热点。同时说明在时间和空间上恐怖袭击具有高度的聚焦性。但随着时间的变化，所呈现的状态会有一定的迁移。

通过上节对不同因素的基尼系数进行分析，可知基尼系数最高的就是国家因素，说明恐怖袭击发生国家具有时空聚集性。在时空关联分析上，首先对发生频率最高的 12 个国家 2015—2017 年的变化展开研究，具体如图 4 所示。可以看到，排名最高的伊拉克在 2015—2017 年里恐怖袭击时间依旧在上升，除了索马里和印度出现一些较大的变化，其余国家并未出现明显变化。2016 年和 2017 年，印度的恐怖袭击发生频率明显降低，而索马里则有所增加。因此，索马里在未来应对恐怖活动上要提前做好防范。

结合图 4 中索马里 2015—2017 年的变化情况，选取 2015—2017 年索马里国家的恐怖袭击数据预测其 2018 年每个月份的伤亡指数。参与模型评价的因素有年、月、武器类型、目标类型、攻击类型、死亡人数、受伤人数以及由问题一求解得到的伤亡指数。最终预测结果如图 5 所示。

第 6 篇　基于 GTD 记录数据对恐怖袭击进行分级和预测的研究

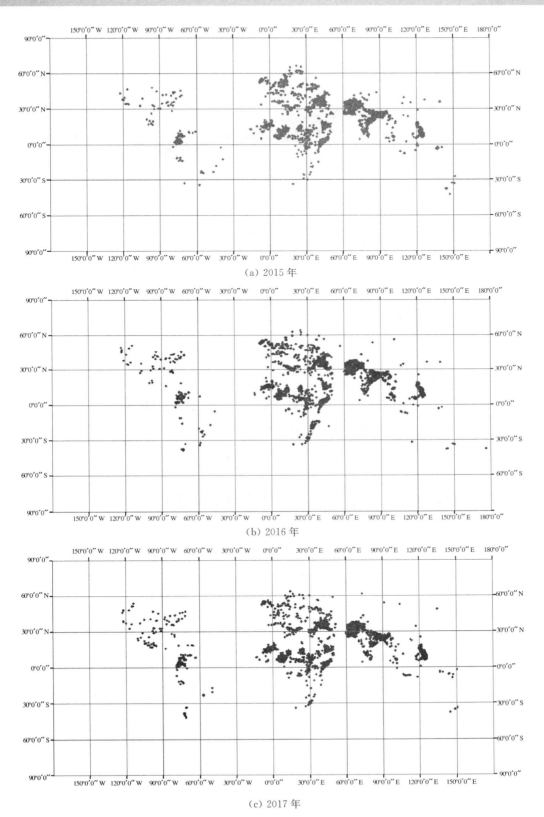

(a) 2015 年

(b) 2016 年

(c) 2017 年

图 3　2015—2017 年恐怖袭击事件分布

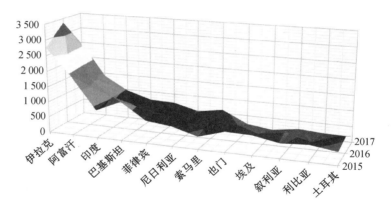

图 4　2015—2017 年十二个国家恐怖袭击总起数随时间的变化情况

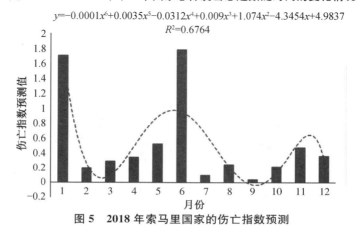

$$y=-0.0001x^6+0.0035x^5-0.0312x^4+0.009x^3+1.074x^2-4.3454x+4.9837$$
$$R^2=0.6764$$

图 5　2018 年索马里国家的伤亡指数预测

3.5　未来恐怖袭击事件发生地点预测的结果与分析

通过建立多项式分别对质心的纬度和经度进行拟合的结果如图 6 所示。

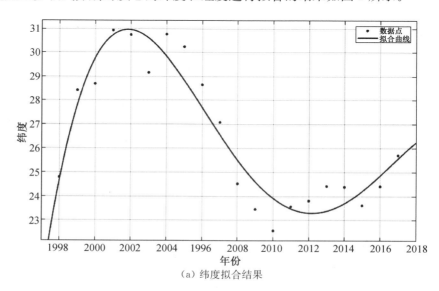

（a）纬度拟合结果

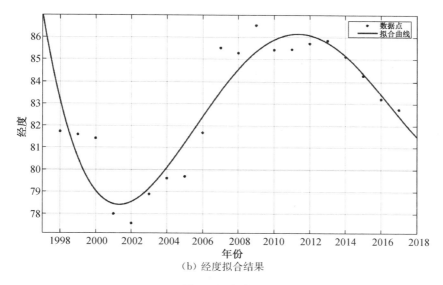

（b）经度拟合结果

图6 拟合结果

通过拟合的结果对2016年和2017年的质心进行预测，并与真实值进行比较，判断模型的准确度。

2016年的质心的纬度和经度分别是24.423 922 75和83.217 425 77。2017年的质心的纬度和经度分别是25.711 258 21、82.744 199 14。而通过模型预测的结果为：2016年预测的质心纬度和经度为25.048 245 68和82.548 315 85；2017年的质心的纬度和经度分别为27.754 824 68和80.265 658 48。因此可以看到，该模型对于2016年的预测较为准确，而对于2017年的预测则有较大的偏差，说明该模型的预测精度不高，这与该模型结构简单有一定关系。

4 结论与展望

本文运用不同的数学模型可以实现对恐怖袭击事件数据库的量化分析，如分级、回归、聚类和预测等。通过建模方法找出复杂数据中的规律具有一定的可行性，而且一个有效的模型可以在很大程度上挖掘数据潜力。但是本文仍有一些不足之处。在对恐怖事件分级的过程中，人为地选取一些指标进行分级，这样得到的分级结果可能与实际情况不符。在对恐怖袭击事件作案组织的预测中使用的是较为传统的模糊回归方法，虽然用梯度下降方法进行了改进，但是对于具有大量特征的样本来说仍有些许不足。神经网络算法是近年来出现的较为优秀的特征分类算法之一，在未来的工作中可以结合神经网络算法取得更好的分类结果。在近三年恐怖袭击事件特征分析的过程中，本文只分析了本研究认为重要的特征，而没有考虑实际需求。此外，由于时间的限制，在运用多项式拟合进行恐怖袭击事件地点的预测时，缺乏多项式项数的探讨，只研究了利用四阶多项式进行拟合的结果，在今后的研究中可以探究多项式项数对实验结果的影响。

参考文献

[1] 方权亮.视频编码中自适应的初始量化参数预测算法[J].微型机与应用,2014,33(13):38-41.

[2] 夏怒,李伟,罗军舟,等.一种基于波动类型识别的路由节点行为预测算法[J].计算机学报,2014,37(2):326-334.

[3] 龚伟志,刘增良,王烨,等.基于大数据分析恐怖袭击风险预测研究与仿真[J].计算机仿真,2015,32(4):30-33,398.

[4] 叶琼元,兰月新,夏一雪,等.反恐数据库构建的国际比较及对我国的启示[J].情报杂志,2018,37(5):43-51.

[5] 邹志红,孙靖南,任广平.模糊评价因子的熵权法赋权及其在水质评价中的应用[J].环境科学学报,2005,25(4):552-556.

[6] 隋晓妍.我国恐怖袭击时空变化特征与影响因素研究[D].大连理工大学,2017.

[7] 李国辉.全球恐怖袭击时空演变及风险分析研究[D].合肥:中国科学技术大学,2014.

[8] 傅子洋,徐荣贞,刘文强.基于贝叶斯网络的恐怖袭击预警模型研究[J].灾害学,2016,31(3):184-189.

[9] 龚艳冰,向林,刘高峰.基于模糊回归模型的洪水灾害分级评估方法研究[J].统计与信息论坛,2018,212(05):81-86.

陈雄达

这篇论文针对恐怖袭击事件的基本数据,根据贝叶斯节点分级理论筛选出8个指标,综合各种方法得到了恐怖指数,并进一步修正。另外,得到了近二十年来十大恐怖袭击事件。论文还利用模糊分类、模糊回归等方法分析了恐怖袭击的态势,预测恐怖事件的嫌疑人或组织,检查了分类的效果。文中还采用基于基尼系数和洛伦兹曲线的空间聚集性模型分析它们的空间自相关性,讨论了全球近三年的恐怖袭击事件的时空关联性。最后对未来一年内某些地区的恐怖袭击伤亡指数进行了预测。

文章中使用的某些关键名词没有解释到位,例如节点序号、loss函数等;回归方法中使用的具体的回归形式应该能提供一些具体的理由,并且也应该对回归效果作一定的分析。论文中对未来恐怖事件发生的可能性进行了一定的计算和预测,并实时预测了2018年的数据,例如索马里地区。事实上,部分预测的数据可以直接进行检验了。文章的某些定量的结果有较为直观的展示,然而还可以从多个维度来进行预测——既可以是某地区较长时间如一年的预测,也可以是全球较短时间如一个月的预测。

第7篇

对恐怖袭击事件记录数据的量化分析

孙振俗[1]　钱　煜[1]　王兆程[2]

1.同济大学软件学院　2.同济大学交通运输工程学院

摘要　每次恐怖活动的背后往往都存在着某种规律。本文通过对全球恐怖主义数据库(GTD)的挖掘分析建立了危害程度评估模型和潜在恐怖组织的聚类模型,分析了反恐在未来的发展态势,并建立了恐怖袭击行为的预测模型。

对于危害程度的评估模型,本文从袭击时机、地区、人员伤亡、经济损失、袭击目标、袭击手段这六个维度,结合缺失值替代、对数化、极值化等数据清洗手段,建立了基于层次分析法的恐怖袭击危害程度评价体系,并基于这一体系列出了包括"9·11"、伦敦地铁爆炸案在内的世界十大恐怖事件。之后通过类比地震灾害在不同分级下的分布规律,建立了恐怖袭击危害的分级模型。

对于潜在恐怖组织的聚类模型,本文使用 K-Modes 算法,通过计算特征字段之间的距离,实现了对潜在嫌疑恐怖组织的聚类。在得到聚类结果后,提出决策树模型找到其中危害程度排名前五的恐怖组织,总结出这五大恐怖组织各自的特点和行为模式。

对于反恐态势分析,本文从伤亡人数、事件数目、时空分布、危害等级、使用武器等角度对 GTD 数据进行了统计分析,并对部分发达国家恐怖主义态势进行了研究,得出如"发达国家和地区需要做好接收和妥善安置难民的准备"等四点结论。

对于恐怖袭击行为预测,本文使用了考虑时间价值权重的条件概率模型,用以计算某特定恐怖组织在发动特征为 A 的恐怖活动后,在一定时间范围内发动特征为 B 的恐怖活动的概率。在最后以 ISIL 组织为例进行了模型的应用,应用结果显示,如果 ISIL 在伊拉克城市哈威亚发动恐怖袭击后 7 天内,有32.04%的概率会再次袭击哈威亚。

本文从以上四个层面展开研究,对恐怖袭击数据进行了深入有效的挖掘,为恐怖活动预测提供方法论支持。

关键词　恐怖袭击,层次分析,数据清洗,K-Modes 聚类,行为预测

1　问题重述

　　恐怖主义是人类共同的敌人。极端组织或个人制造的恐怖袭击不仅直接威胁到人员生命和财产安全,而且给社会带来巨大恐慌,造成社会的动荡,阻碍经济的发展。研究恐怖袭击相关数据能够为反恐提供有效的信息支持,需建立数学模型,对全球恐怖主义数据库(GTD)中 1998 年至 2017 年世界恐怖袭击记录数据进行深入有效的挖掘。

　　本文从以下几个方面来对数据进行挖掘:第一,依据危害性对恐怖袭击事件分级;第二,依据事件特征发现恐怖袭击制造者;第三,对未来世界的反恐态势进行分析;第四,挖掘数据的其他有效信息。

2　问题分析

2.1　恐怖袭击危害性评价

　　根据数据信息,对恐怖袭击事件的危害程度进行分级,便可以得到恐怖袭击危害程度的评估模型。恐怖袭击事件的危害性不仅表现为人员伤亡和财产损失,还与事件发生的时机、采用的手段、袭击的目标等多种因素有关。因此恐怖袭击危害性评价是一个对数据进行综合评价的问题。首先对附件中的数据进行全面的分析,掌握数据的特征和基本用途,同时对其进行预处理保证其可用性。其次应当查阅相关资料,分析总结恐怖袭击事件危害性影响因素并结合 GTD 中的数据为每一因素选取字段作为特征变量;在获得特征变量后可选取合适方法为各个特征变量确定权重,从而可得出每条记录量化的危害程度。最后可根据量化的危害程度按合理的方法进行分级评价。

2.2　未知嫌疑人归类

　　挖掘潜在恐怖组织是反恐工作的一大方向,本文对尚未有组织或个人宣称负责的恐怖袭击事件,按可能是同一恐怖组织或个人的原则进行归类,对归类出的各未知组织根据恐怖组织或个人的危害性进行排序,并判断危害性排名前五名的嫌疑人与一系列无主事件的关联性。该问题是一个聚类问题。首先,需要选取或处理加工出能够用于区分嫌疑人的数据字段,结合数据特点确定聚类规则;其次,在这一规则下建立聚类模型进行未知嫌疑人的聚类并判断其与各事件的关联性。其中,对嫌疑人危害性评价的方法可基于恐袭事件分级模型得出。

2.3　反恐态势研判

　　反恐态势研判是对近三年来恐怖袭击事件发生的主要原因、时空特性、蔓延特性、级别分布等规律进行数据层面的研究分析,并用图/表给出研究结果。这是一个数据分析类型的题目,需要对数据有更深入的理解,从中总结出可能存在的规律,并处理加工数据用于绘制相应的图表。

2.4 恐怖袭击行为预测

恐怖袭击行为预测是本文对 GTD 数据在危害性评价、未知嫌疑人归类、反恐态势研判之外的新应用。本文对数据的各个字段进行梳理,寻找到这一领域作为 GTD 数据的潜在应用并建立了相应的数学模型。

3 模型假设

(1) 假设同一个组织或个人发动的恐怖袭击具有相似的特征;

(2) 假设历史事件对当前的参考价值逐渐衰减,即时间越久,参考价值越低。

4 模型建立与求解

4.1 任务1:恐怖袭击事件分级

4.1.1 符号说明

A1 ~ A6 ——层次分析法中的准则层;

A11,A21 等——层次分析法中的指标层;

$\lambda_{\max}$ ——判别矩阵最大特征向量;

R_m,C_m ——一致性检验参数;

$\boldsymbol{A}$ ——特征指标值向量;

$\boldsymbol{W}$ ——指标权重向量。

4.1.2 数据基本认识

GTD 中的数据共有 143 个对恐怖袭击事件的描述字段,主要包括恐怖事件发生的时间地点、袭击描述、袭击手段、目标、受害者、损失伤亡、行动结果等信息。每类信息都有很多字段对其进行描述。

在数据的质量方面,本文主要分析了完整度和结构化程度两个方面。

完整度方面,137 个字段中,完整度大于 70% 的字段有 59 个,而完整度小于 20% 的字段有 68 个,可见有超过半数的字段完整程度不高,需要根据实际情况进行处理合并或提炼出新的字段。

结构化程度方面,GTD 数据中有 38 列文本字段,其他均为数值和日期字段,在使用时需要对文本字段进行归类或提取关键词。

4.1.3 指标量化特征字段提取

反映恐怖袭击事件危害程度的指标可以从袭击发生的时机、袭击发生的地区、人员伤亡情况、经济损失、袭击对象、袭击手段六个层次进行指标的选取。

指标准则及其对应字段见表1。

表1   字段说明1

准则层	对应字段	字段解释
袭击时机	timing	表示袭击是否发生在重大节假日附近,节假日发生袭击将对社会造成更严重的恐慌
地区	developed	表示袭击发生区域是否经济发达
人员伤亡	nkill	表示袭击中死亡人数
	nwound	表示袭击中受伤人数
经济损失	propextent	表示经济受损程度
袭击目标	targtype1	表示袭击的第一目标
	targtype2	表示袭击的第二目标
	targtype3	表示袭击的第三目标
袭击手段	attactype1	表示袭击采用的主要手段
	attactype2	表示袭击采用的次要手段
	attactype3	表示袭击采用的最次要手段

4.1.4 特征字段处理

"timing"(袭击时机)字段的取值为 0 或 1,是基于事件发生日期是否靠近重大节假日如圣诞节、古尔邦节等而新增的字段,由于恐怖事件发生在重大节假日期间会提高其造成的危害,因此选用"timing"字段对这一因素进行量化。

"developed"(是否经济发达)字段的取值为 0 或 1,是基于事件发生地的经济发展水平而新增的字段,恐怖事件发生在经济发达的地区会比发生在欠发达地区造成更坏的影响,因此选用"developed"字段进行量化,这一字段是从 GTD 数据中的"region"字段总结而来,根据该区域发达国家比例判断"developed"是否为 1,具体映射关系见表2。

表2   字段说明2

字段说明	对应 region 字段	释义
0—否	2,3,5,6,7,9,10,11	中美洲和加勒比海地区、南美、东南亚、南亚、中亚、东欧、中东和北非、撒哈拉以南的非洲
1—是	1,4,8,12	北美、东亚、西欧、澳大利亚和大洋洲

"nkill"(死亡人数)字段是数值型字段,由于发生恐怖事件时死亡人数与事件的危害性并不是线性相关的,当死亡人数较少时敏感程度会更高,因此,本文通过取对数的方式对这一字段进行了缩放,同时,为了使其便于与其他类别变量进行比较,对取对数后的数值也进行了无量纲处理,具体的处理方式是极值化。取对数和极值化的公式如下:

$$N_{inew} = \lg(10N + 1) \tag{1}$$

$$M_{inew} = \frac{M_i - M_{min}}{M_{max} - M_{min}} \tag{2}$$

"nwound"（受伤人数）字段和"nkill"字段类似，采用了同样的处理方式。

"propextent"（财产损害程度）字段是分类型字段，用于衡量事件造成的财产损失，由于 GTD 数据在损失金额方面缺失较多，缺乏利用价值，故退而求其次选择了"propextent"字段。本文对"propextent"字段进行了改进，结合"property"字段填补了字段中的缺失值，最终梳理出的类别见表 3。

表 3 字段说明 3

字段说明	备注
0—无损失	此时 property 字段值为 0
1—灾难性的	—
2—重大的	—
3—较小的	—
4—未知损害金额	—
5—未知是否有损害	此时 property 字段值为 -9

"targtype"（目标类型）是分类型字段，描述了事件的目标类型，在 GTD 数据中这一字段共有 21 个类型，这不利于最终权重的确定，因此我们对该字段所有类型按照目标的功能进行了归类总结，归类结果见表 4。

表 4 字段说明 4

字段说明	对应 targtype 字段	释义
0—国家机关	2,3,7	政府（一般意义）、警察、政府（外交）
1—公共服务	5,6,8,9,10,11,12, 13,15,16,19,21	新闻记者、海事（包括港口和海上设施）、非政府组织（NGO）、其他、宗教人物/机构、电信、运输（航空除外）、公用事业
2—公民自身或个人财产	1,14,18	商业、公民自身和私有财产、游客
3—军事武装	4,17,22	军事、恐怖分子/非州立民兵组织、暴力政党
4—未知	20	未知

"attacktype"（攻击类型）是分类型字段，描述了恐怖分子在事件中的攻击类型，在 GTD 数据中共有 9 个类型，这一字段由于没有处理的必要因而被完整地保留下来。

针对所有分类型变量都将其转变为哑变量，便于后续的权重计算。

4.1.5 指标权重计算结果

层次分析法是将多指标复杂系统构建"目标—准则—指标"塔式结构的一种系统评价方法。对于多指标权重系数的确定具有相当的难度，而指标间两两比较则更为容易。使用层次分析法，本文对各准则层权重进行了计算，计算结果见表 5。

表5   权重计算表

准则层	权重 w_r	指标层	权重 w_{ij}	综合权重 w
A1：袭击时机	0.09	A11：timing	1	0.09
A2：地区	0.1	A21：developed	1	0.1
A3：人员伤亡	0.32	A31：nkill	0.83	0.265 6
		A32：nwound	0.17	0.054 4
A4：经济损失	0.2	A41：propextent	1	0.2
A5：袭击目标	0.19	A51：targtype1	0.63	0.119 7
		A52：targtype2	0.26	0.049 4
		A53：targtype3	0.11	0.020 9
A6：袭击手段	0.1	A61：attactype1	0.63	0.063
		A62：attactype2	0.26	0.026
		A63：attactype3	0.11	0.011

因此,指标层权重系数向量如下:

$$\boldsymbol{w} = (0.09,\ 0.10,\ 0.265\ 6,\ 0.054\ 4,\ 0.2,\ 0.119\ 7,\ 0.049\ 4,\ 0.020\ 9,\ 0.063,\ 0.026,\ 0.011)$$

在 GTD 数据中有很多事件是某一事件的子事件,而当前的指标体系只适用于子事件的危害程度量化,对事件组的危害程度量化需要计算新的指标。本文将事件组视为一个新事件,并制定了该事件危害程度六维度的指标计算方法:

(1) 分类型指标选取其所有子事件中权重最大的类别作为新事件的类别;

(2) 数值型指标进行求和并取对数、极值化。

但这一方法并不适用于所有事件组,数据中存在部分同一事件组下的子事件有着相同伤亡人数的情况很明显是一组重复数据,此类数据的指数仅取所有子事件中最高的作为事件组的危害程度指标。

4.1.6　袭击事件等级划分

结合权重系数可由以下公式得到袭击事件危害程度指标 D:

$$D = \boldsymbol{A}\boldsymbol{w}^{\mathrm{T}} \tag{7}$$

计算所记录数据的危害程度指标 D,得到本模型中对各袭击事件危害程度评价得分。D 值越大,袭击事件的危害程度越大。绘制频数累积图,如图 1 所示。图中横坐标表示危害程度得分,纵坐标表示累计发生的事件数。

对于袭击事件的等级划分当前缺乏一个统一的标准,本文类比了国家地震局记录的地震数据,根据地震震级和地震发生次数组成的函数寻找分级方法。

图 2 为国家地震局 2012—2018 年三级上的地震级数与其发生次数的关系函数图,其横轴为地震震级,纵轴为累计发生次数。

从函数图像趋势可以看出,恐怖袭击和地震在评级方面存在共通性,因此本文通过计算地震级数五等分点时对应的累积发生次数所占百分比,可求出恐怖袭击数据在该五等分点

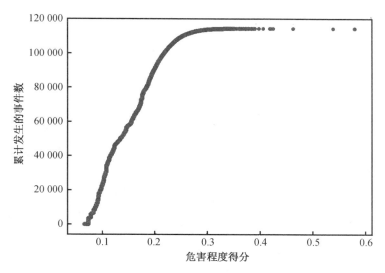

图 1 恐怖袭击频数累计图

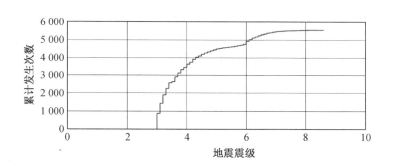

图 2 地震震级累计图

的危害程度指标 D,进而得到恐怖袭击数据危害性分级区间,见表 6。

表 6 分级标准

危害程度分级	指标区间
一级	$[0.285\,921\,55, +\infty)$
二级	$[0.236\,060\,47, 0.285\,921\,55)$
三级	$[0.204\,662\,46, 0.236\,060\,47)$
四级	$[0.174\,775\,94, 0.204\,662\,46)$
五级	$[0, 0.174\,775\,94)$

4.1.7 任务 1 计算结果

根据危害程度分级指标可得出近二十年来危害程度最高的十大恐怖袭击事件,见表 7。

表7 十大恐怖袭击事件

事件(组)编号	事件名称	危害程度评分
200109110004,200109110005, 200109110006,200109110007	"9·11"恐怖袭击事件	0.579 959 369
200403110003,200403110001, 200403110004,200403110005, 200403110006,200403110007	西班牙"3·11"事件	0.424 817 339
199808070002,199808070003	美国驻肯尼亚大使馆爆炸事件	0.418 731 174
200607120001	孟买连环爆炸案	0.397 492 211
200403210001	尼泊尔贝迪小镇袭击事件	0.390 201 751
200108110012	安盟武装袭击难民火车事件	0.388 783 2
200908190001	巴格达自杀式卡车炸弹袭击事件	0.387 597 297
200507070002,200507070001, 200507070003,200507070004	伦敦七七爆炸案	0.383 841 076
200708150005,200708160008	伊拉克雅兹迪炸弹袭击	0.383 775 045
200404210002	伊拉克巴士拉汽车爆炸事件	0.381 103 964

4.2 任务2：恐怖袭击制造者识别

4.2.1 符号说明

N ——恐怖事件的样本数；

M ——每个样本的特征值的数量；

k ——K-Modes算法簇的个数；

C ——聚类中心；

x ——恐怖事件样本。

4.2.2 袭击事件特征字段提取

袭击事件制造者的聚类所需的字段与危害程度评价指标所需的字段有所不同,判断嫌疑人更多应从手法、目的等层面进行考量,而不是事件最终的结果。基于这一原则所提取的字段见表8。

表8 字段说明1

字段名称	字段解释
crit1	表示事件是否以政治、经济、宗教或社会目标为目的
crit2	表示事件是否意图胁迫、恐吓或煽动更多的群众
crit3	表示事件是否超出国际人道主义法律范围
eventtype	表示袭击事件的类型
attacktype1	表示袭击的主要手段

（续表）

字段名称	字段解释
attacktype2	表示袭击的次要手段
attacktype3	表示袭击的最次要手段
weaptype1	表示袭击的第一武器
weaptype2	表示袭击的第二武器
weaptype3	表示袭击的第三武器
weaptype4	表示袭击的第四武器
weaptype5	表示袭击的第五武器
targtype1	表示袭击的第一目标
targtype2	表示袭击的第二目标
targtype3	表示袭击的第三目标
region	表示袭击发生的区域
suicide	表示袭击是否是自杀式袭击
crop1	表示袭击针对的主要实体名称
corp2	表示袭击针对的次要实体名称
corp3	表示袭击针对的最次要实体名称
motive	表示发动袭击的动机
INT_MISC	表示袭击者是否攻击了一个不同国籍的目标

4.2.3　特征字段处理

"crit""suicide"和"INT_MISC"字段都是 0—1 变量字段，保持与源数据相同，无须进行处理。

"eventype"字段由 GTD 数据中"doubtter"和"alternative"字段整合而来，字段说明见表 9。

"attacktype"与"targtype"字段的处理方式与任务 1 中的处理方式相同。

"weaptype"与"region"均为类别变量，均未进行处理。

"crop"与"motive"字段都是文本字段，但重复项较多，均可视为类别变量。本文分别删除了两字段中出现仅 1 次的记录，保留了多次出现的记录，以保障其有一定的区分作用。

表 9　　　　　　　　　　　　　　　　　　字段说明 2

字段说明	备注
1—叛乱/游击队行动	—
2—其他犯罪类型	—
3—群体内/间冲突	—
4—缺乏意向性	—
5—政府组织	—
6—无疑的恐怖主义行为	此时 doubtterr 字段值为 0

4.2.4 任务2计算结果

本任务需要根据恐怖袭击事件特征进行嫌疑人的确定。针对2015年、2016年尚未确定嫌疑人的记录,依据模型假设,认为袭击手段相似的案件是同一个组织或个人所为。因而,将该问题视为聚类分析模型问题。

本文使用了K-Modes算法。K-Modes算法是在数据挖掘中对分类属性型数据采用的聚类算法[2]。

聚类结果的每个簇中所有事件是相近的,每个簇代表一个嫌疑人。根据程序运行的聚类结果,给予每条记录一个标签,标注其处于聚类的哪个簇中,即该事件是哪个嫌疑人所为,然后对每个簇中的事件根据其危害程度评级进行统计。

为了评选危害性最大的5个嫌疑人,建立了一个决策树模型来对统计结果进行排序,如图3所示。

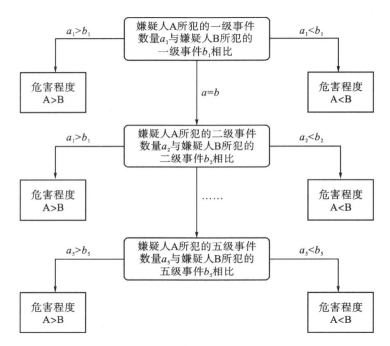

图 3 决策树模型示意图

经过模型筛选排序,嫌疑人特征见表10,表中没有列出全部相同字段。

表 10   嫌疑人特征表

	crit3	attacktype	weaptype	targtype	region
1号嫌疑人	1	3	6	3	10
2号嫌疑人	1	3	6	1,3	0
3号嫌疑人	0	3	6	4	10
4号嫌疑人	1	3	6	0	6
5号嫌疑人	1	2	5	3	11

1号嫌疑人活跃在中东和北非,主要以制造爆炸的手段攻击公民及其财产。

2号嫌疑人活跃在世界各地,主要以制造爆炸的手段攻击公共服务设施和公民及其财产。

3号嫌疑人活跃在中东和北非,主要攻击军事武装,是游击队行动。

4号嫌疑人活跃在南非,主要以制造爆炸的手段攻击政府机关。

5号嫌疑人活跃在撒哈拉以南的非洲,主要以武装突袭的手段使用轻武器袭击公民及其财产。

4.3　任务3:未来反恐态势分析

4.3.1　恐怖袭击事件总体态势分析

2015—2017年,恐怖袭击事件整体呈现下降趋势(图4)。这与世界各国政府反恐行为密切相关。

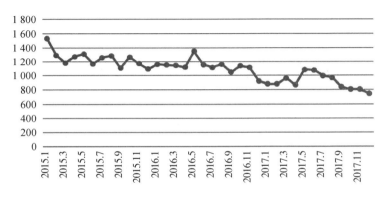

图4　恐怖袭击事件分布

随着恐怖袭击事件数量的减少,恐怖袭击受伤和死亡人数均有下降趋势(图5)。

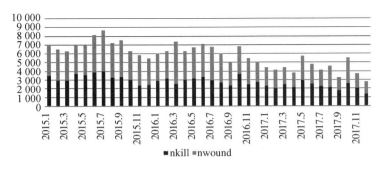

图5　恐怖袭击伤亡人数分布

统计2015—2017年来恐怖组织发动恐怖袭击事件数,按照恐怖袭击数量排列出"十大"恐怖组织名录。2015—2017年共发生恐怖袭击事件16 715起,其中,发动恐怖袭击数量最多的10个组织恐袭数量占总数的83.66%。这些名录里,有"Taliban""Al-Shabaab"等早已存在并被世界各国熟知的恐怖组织,也有近年来兴起的恐怖组织"ISIL"。该组织在近年来逐渐发展成为最活跃、最猖狂的极端组织,是当今世界和平和安全最大的威胁。

随着西方国家对中东局势的介入,以及叙利亚政府军重新振作,"ISIL"实力削弱。这也是 2015 年以后世界恐怖袭击数量逐渐下降的原因之一。

"十大"恐怖组织名录中,涉及宗教极端主义的有"ISIL""Taliban""Al-Shabaab""Boko-Haram"等 7 个,可见当今世界宗教极端主义是恐怖袭击主要的源头[3]。

4.3.2 欧洲发达国家恐怖主义态势分析

与近年来世界恐怖袭击数呈现下降的态势不同,欧洲一些国家正面临着恐怖袭击事件数量上升的困境。以英国、法国、德国为代表的欧洲国家,国内恐怖袭击数量呈现波动上升的趋势(图 6)。究其原因,与中东、北非的难民潮有关。欧洲国家出于人道主义对流离失所的中东等地难民开放接纳,导致部分恐怖主义分子混入其中。因而,欧洲国家若无法妥善解决难民问题,那么今后恐怖袭击数量有可能持续上升。

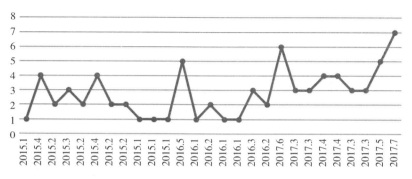

图 6 英、法、德国恐怖主义态势

4.3.3 恐怖袭击事件空间分布

基于 GTD 数据,本文对三年来世界各个区域发生恐怖袭击数量的分布进行了计算,得出以下结论:

(1)恐怖主义在世界范围内分布不均衡,恐怖袭击频繁发生的区域集中在中东和北非、南亚、撒哈拉以南的非洲、东南亚。

(2)随着中东和北非局势的逐渐明朗,"ISIL"组织势头退去,中东和北非地区恐怖主义得到了一定程度的控制,恐怖袭击事件总量大幅度减少。但它仍然是恐怖袭击最主要的发生地。

(3)南亚、撒哈拉以南的非洲以及东南亚的恐怖袭击数量稳定,并没有得到有效的抑制,可能在今后一段时间内仍然保持现状。

(4)西欧国家发生恐怖袭击的数量仅次于东南亚,且随着难民的涌入,西欧各国的安全面临一定的挑战,不容小觑。

4.3.4 恐怖袭击事件级别分布

各级别恐怖袭击事件在各个区域的分布状况如图 7 所示,具体数据见表 11、表 12。各级别恐怖事件分布状况与恐怖事件总数分布较为一致。其中,危害性最高的一级、二级事件绝大部分集中在中东和北非、南亚、撒哈拉以南的非洲,一、二级事件在这三个区域比例分别

第7篇 对恐怖袭击事件记录数据的量化分析

占到了90.98%和94.82%。另外,可以看到东欧、西欧、北美这些发达地区的恐怖事件绝大部分是四级和五级,安全形势相对较好。

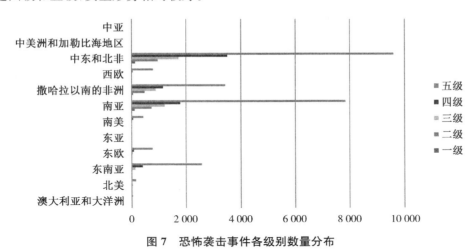

图7 恐怖袭击事件各级别数量分布

表11   恐怖袭击级别分布1

区域	一级		二级		三级	
	数量	比例	数量	比例	数量	比例
澳大利亚和大洋洲	0	0.00%	3	0.13%	0	0.00%
北美	8	2.31%	15	0.66%	37	0.90%
东南亚	1	0.29%	31	1.36%	146	3.56%
东欧	3	0.86%	28	1.23%	44	1.07%
东亚	7	2.02%	8	0.35%	4	0.10%
南美	0	0.00%	5	0.22%	25	0.61%
南亚	112	32.28%	722	31.72%	1 206	29.41%
撒哈拉以南的非洲	69	19.88%	477	20.96%	882	21.51%
西欧	13	3.75%	23	1.01%	26	0.63%
中东和北非	134	38.62%	959	42.14%	1 730	42.18%
中美洲和加勒比海地区	0	0.00%	1	0.04%	0	0.00%
中亚	0	0.00%	4	0.18%	1	0.02%
总计	347	100%	2 276	100%	4 101	100%

表 12 恐怖袭击级别分布 2

区域	四级		五级	
	数量	比例	数量	比例
澳大利亚和大洋洲	1	0.01%	32	0.12%
北美	21	0.30%	153	0.60%
东南亚	414	5.87%	2 577	10.04%
东欧	88	1.25%	765	2.98%
东亚	2	0.03%	22	0.09%
南美	55	0.78%	422	1.64%
南亚	1 778	25.21%	7 836	30.52%
撒哈拉以南的非洲	1 145	16.23%	3 438	13.39%
西欧	42	0.60%	793	3.09%
中东和北非	3 502	49.65%	9 606	37.42%
中美洲和加勒比海地区	1	0.01%	6	0.02%
中亚	5	0.07%	24	0.09%
总计	7 054	100%	25 674	100%

4.3.5 恐怖袭击目标分析

对恐怖分子袭击的主要 10 个目标进行分析,可知近三年来恐怖分子袭击的目标没有发生太大的变化,主要攻击目标为公民自身和私有财产、军事、警察、商业等。随着各国政府反恐意识的加强,恐怖组织将目标放在防守薄弱的公民生命和财产上。通过造成大规模伤亡事件,企图破坏社会秩序,打击政府公信力,以达成自身政治诉求的目的。

4.3.6 恐怖袭击手段分析

2015—2017 年,恐怖分子发动袭击所采用的武器类型主要以爆炸物、轻武器、燃烧武器三种为主(图 8,图 9,图 10)。由于这三类武器获得难度较低,甚至可以自制,且能够造成大面积的伤亡,因而推测今后的一段时期内,恐怖分子仍会采用这三类武器作为主要的作案手段。

同时关注到目前恐怖分子使用生物、化学、放射性、核武器这些具有大规模杀伤性、非常规武器的次数还不多。化学武器的使用有小幅度的上涨,需要对此提高警惕,确保具有毁灭性的武器不落入恐怖分子之手。

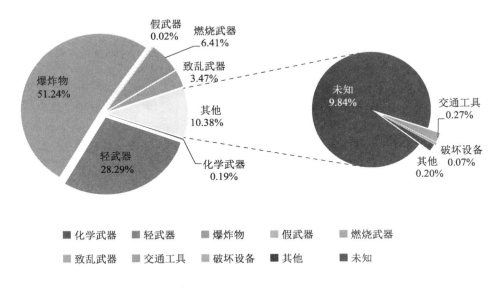

图 8　恐怖袭击武器类型(2015 年)

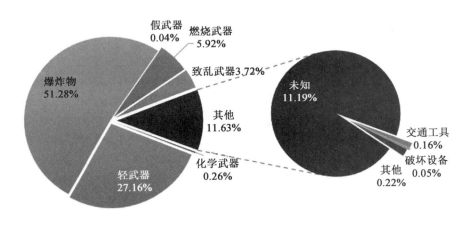

图 9　恐怖袭击武器类型(2016 年)

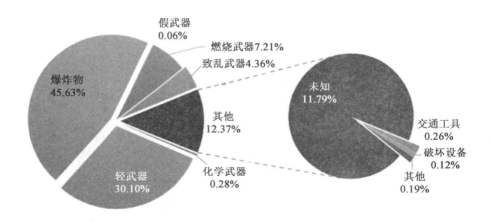

图 10　恐怖袭击武器类型(2017 年)

4.3.7　总结——反恐斗争的建议

通过以上研究,本文对近年来恐怖袭击的主要原因、时空特性、蔓延态势、袭击目标以及袭击手段等方面得到以下几条重要结论。

(1) 主要原因:宗教极端主义是当今世界恐怖袭击主要的源头。

(2) 时空特性:全球恐怖袭击事件随时间有下降的趋势,空间上仍然集中在中东和北非、南亚、撒哈拉以南的非洲、东南亚等区域。

(3) 蔓延态势:欧洲国家由于难民潮的涌入,恐怖袭击数量逆全球总体态势而行,具有上升趋势。恐怖袭击正逐渐从集中爆发区域转向对周边地区产生影响,具有向欧洲、北美等发达国家和地区蔓延的态势。

(4) 袭击目标和手段:随着各国政府对重要目标的保护加强、中东战事逐渐明朗,恐怖组织有将平民、商业等薄弱环节作为攻击目标的趋势。袭击手段上,仍以爆炸物、轻武器、燃烧武器等易得、易制的常规武器为主,但需要提防化学武器、生物武器、发生性武器、核武器等非常规武器技术的泄漏。

依据上述研究结论,本文对世界反恐斗争作出以下几点建议:

(1) 提防宗教极端主义的入侵和渗透;

(2) 发达国家和地区需要做好接收和妥善安置难民的准备;

(3) 处于恐怖袭击威胁中的国家要做好商业区等人群聚集区域的安防工作;

(4) 确保大规模杀伤性武器不扩散,加强对生物技术、化学技术、核技术的管理和控制。

4.4　任务 4:数据的进一步利用——恐怖袭击行为预测模型

恐怖袭击历史数据不仅能够对已发生事件进行分析,还能够对未来恐怖袭击行为进行预测。这一高级的应用,能够为相关国家提供反制恐怖袭击的宝贵时间,从而达到预防恐怖袭击、减少人员伤亡和财产损失的目的。

本预测模型,通过给定某一正在(或最近)发生的恐怖袭击,获取相关维度的特点指标,根据历史数据,预测在一定的时间内,下一次恐怖袭击发生的国家、城市、目标以及相应概率等信息,从而给各国政府提供反制意见。

4.4.1 符号说明

F ——恐怖袭击特征维度向量;

w ——时间价值权重;

T ——预测时间间隔;

t_s ——历史数据时间跨度。

4.4.2 模型准备

(1)事件特征提取

一次恐怖袭击可提取的特征包括区域、国家、城市、目标、手段、原因、伤亡等。作为预测模型,重点需要关注的是发生地信息,其次是目标、手段。信息提供越多,对预测事件的全面性把握越好,但同时预测难度和准确度都会降低。

构建恐怖袭击特征维度向量:

$$F = (f_1, f_2, \cdots, f_n) \tag{8}$$

(2)预测时间范围

只有给定时间范围的预测才是有意义的。例如,"ISIL"今日在某地发生了恐怖袭击,预测结果为,在 T 时间内,某地发生恐怖袭击的概率。根据国家进入警备状态的最快时间以及持续警备状态时间决定时间范围,模型中设为 T。

(3)时间价值权重

历史数据对当下作出判断具有一定的指导价值,而这个价值随着距离当下的时间 t 的增大而逐渐衰减,即越近期发生的事件具有越高的时间价值,赋予它越高的权重。本模型采用常用的时间衰减模型为余弦衰减模型[4],所研究的历史数据总时间长度为 t_s。

对于每一个事件都有一个时间价值权重。距离当下时间为 t 的历史事件,其时间价值权重为

$$w = \cos\left(\frac{t}{2\pi \cdot t_s}\right) \tag{9}$$

例如,一个事件发生的时间在记录数据的历史时间的中间,$t = t_s/2$,那么它相当于当前发生了 $w = \frac{\sqrt{2}}{2}$ 次该事件。若不进行时间价值的衰减,则被记作当前发生了 1 次该事件。

(4)预测逻辑

对于所要研究的某恐怖组织 X,其历史恐怖袭击数据库为 D,对于数据库中的每一个恐怖袭击 D_i,都具有 n 维度的特征向量 $F_i = (f_1, f_2, \cdots, f_n)$。该组织在发动过以 F_i 为特征的恐怖袭击事件之后,预测该组织在给定时间范围 T 内,发动以 F_j 为特征的袭击事件概率,记作:$(F_i \rightarrow F_j; T)$。

例如:X 组织发动了对"Irag"(伊拉克)的恐怖袭击,那么在 10 天内对"Syria"(叙利亚)

发动恐怖袭击的预测概率记作:(Irag→Syria;10);

当然也可以给事件赋予更多维度的特征,从而细化预测结果,例如:X 组织发动了对"Irag"城市"巴格达"(Baghdad)的恐怖袭击,那么在 10 天内对"Syria"城市"大马士革"(Damascus)发动袭击的概率记作:(Irag,Baghdad→Syria,Damascus;10)。

4.4.3 模型构建——考虑时间价值权重的条件概率模型

由条件概率公式,在事件 B 已经发生的条件下,事件 A 发生的概率记作

$$P(A \mid B) = \frac{P(AB)}{P(B)} \tag{10}$$

在本预测模型中,已知 F_i 特征事件发生,求在 T 时间内,特征为 F_j 的事件发生的概率,即为

$$(F_i \rightarrow F_j;\ T) = P(F_j \mid F_i) = \frac{P(F_i F_j)}{P(F_i)} \tag{11}$$

式中,$P(F_i F_j)$ 为在 T 时间间隔内发生 F_i,F_j 的概率,$P(F_i)$ 为 F_i 发生的概率。

这样就把预测模型转化为了条件概率模型。$P(F_i)$,$P(F_i F_j)$ 采用历史数据计算得到。

在不考虑时间价值衰减的情况下,每一个历史事件对当下的贡献均为 1,由前文所述可知,这是不合理的。在考虑时间价值衰减的情况下,该组织发动 F_i 的概率为历史上以 F_i 为特征的事件所有时间价值权重之和 $\sum w_{F_i}$ 与该组织恐怖袭击数据库中所有事件的时间价值总和 w_D 的比值,即

$$P(F_i) = \frac{\sum w_{F_i}}{w_D} \tag{12}$$

同理,该组织在 T 时间间隔内发动 F_i,F_j 的概率,为历史上在 T 时间间隔内发动 F_i,F_j 所有时间价值权重之和 $\sum (w_{F_i} \rightarrow w_{F_j})$ 与 w_D 的比值。F_i,F_j 构成了一个事件组,由于研究间隔时间相对于历史时间来说极短,因而,事件组的时间价值权重,取头事件 F_i 或尾事件 F_j 的权重差异性不大,本模型中统一取头事件 F_i 的权重。

$$P(F_i F_j) = \frac{\sum (w_{F_i} \rightarrow w_{F_j})}{w_D} \tag{13}$$

4.4.4 模型的应用

对于上述构建的模型,本文给出一个应用案例——预测"ISIL"的袭击行为。

步骤 1:提取特征。

为了能够提前防范"ISIL"的袭击,精确到城市层面的预防。本文构建了该组织的恐怖袭击历史数据库,记录 2 个维度的特征:

$$F = (\text{``Country''}, \text{``City''}) \tag{14}$$

步骤 2:计算时间价值权重。

对于每一个历史事件,计算其时间价值权重。

步骤 3:预测时间间隔。

时间间隔可根据实际需要设定,在没有背景的情况下,本案例暂设预测时间间隔 $T = 7$ 天。

步骤 4:概率计算。

由于该组织的特殊性,其活动范围主要在伊拉克(Irag)附近,那么对伊拉克城市的预警极为重要。假设当前发动了对伊拉克城市哈威亚(Hawijah)的恐怖袭击,应用模型计算 7 天内拉马迪(Ramadi)、费卢杰(Fallujah)、提里克特(Tikrit)、哈威亚(Hawijah)这 6 个可能的目标城市遭遇袭击的概率(表 13)。

表 13　　　　　　　　　恐怖袭击发生概率预测

预测事件	概率
(Irag, Hawijah→Irag, Ramadi; 7)	29.85%
(Irag, Hawijah→Irag, Fallujah; 7)	26.45%
(Irag, Hawijah→Irag, Tikrit; 7)	18.07%
(Irag, Hawijah→Irag, Hawijah; 7)	32.04%

预测结果显示,"ISIL"当前发动对伊拉克城市哈威亚的恐怖袭击之后,7 天内对哈威亚再次发动袭击的概率最大,达到 32.04%,其次是拉马迪、费卢杰、提里克特。政府军需要对袭击概率高的地点做好相应的准备。

5　模型评价与推广

任务 1 使用层次分析法建立了对恐怖袭击行为的评价模型,并类比了自然灾害地震在不同分级下的分布规律建立了恐怖袭击的分级模型。模型对恐怖袭击事件的评价有着较好的参考作用,并能够摆脱传统评价标准中只注重伤亡程度、财产损失的缺点。但模型在方法上仍然存在有较强主观性的问题。

任务 2 通过 K-Modes 算法进行了潜在嫌疑人的聚类分析,并给出了聚类结果的危害性评价方法,从聚类结果上看,危害性强的潜在嫌疑人往往特征较为相似,这可能与算法中使用到了评估危害程度的字段有关。

任务 3 采用了统计学方法,从不同的维度去分析恐怖袭击事件,推测出产生原因,认识到发展态势和蔓延趋势,并通过可视化的图表,直观展示。该方法能够较好地认识数据、分析数据、展示数据,同时也存在深度上不足的缺点。

任务 4 构建了考虑时间价值权重的条件概率模型,该模型通过挖掘历史数据,预测在一定时间间隔内发生指定事件的概率。逻辑清晰,算法简洁,可解释性好,不仅可以用于恐怖袭击事件的预测,还能够推广到具有大数据支持的其他行为预测中。然而,该模型适用于历史数据充裕情况下的预测,通过历史数据挖掘前后联系,而对于事件因果关系无法考虑,因而对于偶发性的、新兴起的事件难以做到准确预测。

参考文献

[1]邓雪,李家铭,曾浩健,等.层次分析法权重计算方法分析及其应用研究[J].数学的实践与认识,2012, 42(07):93-100.

[2]k-modes 聚类算法[Z/OL].(2018-09-18)[2019-09-18].https://baike.baidu.com/item/k-modes% E8%81%9A%E7%B1%BB%E7%AE%97%E6%B3%95/4087710.

[3]位珍珍.后 911 时代恐怖主义的 GTD 数据分析[J].情报杂志,2017,36(7):10-15.

[4]王锂达.恐怖组织行为挖掘与预测[D].北京:北京邮电大学,2017.

[5]Hartigan J A,Wong M A. Algorithm AS 136:A K-Means Clustering Algorithm[J]. Journal of the Royal Statistical Society,1979,28(1):100-108.

[6]Huang Z,Ng M K. A fuzzy k-modes algorithm for clustering categorical data[J]. IEEE Transactions on Fuzzy Systems,1999,7(4):446-452.

 点 评

陈雄达

这篇论文从反恐数据库 GTD 出发,通过数据挖掘建立了危害程度评估模型和潜在恐怖组织的聚类模型,分析了反恐在未来的发展态势,并建立了恐怖袭击行为的预测模型作为对数据的进一步利用,给出了恐怖袭击危害的分级模型,并总结了五大恐怖组织的特点和行为模式。本文对恐怖主义活动未来发生的可能也进行了一定的预测。

对数据的基本分析和特征提取,本文详细地介绍了数据处理的方法。但在某些细节上,如关于恐怖事件指标权重和评级参数的确定,文中的处理显得主观,因此影响了对恐怖事件危害程度的评估。在未来反恐态势的分析上,论文提供了很多的角度来分析描述,但有较多的角度分析停留在定性的层面,结论也较为分散。对于恐怖事件的预测,文章中使用了基于时间价值的条件概率模型。这个模型预测的是某个时间段某地的具有某个特征的恐怖事件的可能性的预测,而真正实用的往往是要把特征根据一定的权重综合起来,得到某个时间段某地的恐怖袭击的可能。此外,该模型中的时间价值的权重,即公式(9)值得考虑,至少应该有一定的合理性说明。

论文中,关于恐怖事件结果的描述给出了非常详细的表述,在描述这些结果时使用了很多的图和表格,能够让读者在第一时间来判定这些结果的合理性。例如,给出事件的危害程度时,不是仅仅给出事件编号及危害程度打分,而是同时也给出了该事件的名称。当然事件危害程度还可以有更加直观的表示,如热点图等。符号说明部分分成每个部分分别介绍,这使得各个部分显得独立,文章的整体性不是很强。部分符号存在着重复使用而含义不同的现象。

第8篇

对恐怖袭击事件记录数据的量化分析

孟　园　耿建龙　林田田

同济大学土木学院

摘要　本文以全球恐怖主义数据库(GTD)的数据为基础,对恐怖袭击事件进行分析。首先,参考"海因里希法则"对数据进行量化分级;其次,通过 K-Means 聚类模型,对待分类数据按最优 K 值($K=6$)分类;再次从四个方面分析了全球未来的反恐态势;最后采用粒子群算法和统计方法提出我国的反恐措施。

问题 1 为依据危害性对所有恐怖袭击事件进行分级。基于层次分析法的思想,借鉴我国生产安全事故分级标准,确定本题分级原则。首先,参考"海因里希法则",通过二次分级后重组的方式划分了五级分类标准;其次,引入基础指标和附加指标对事故危害性进行综合评估;最后,遵循"从严原则",以基础指标为基准,附加指标加以调节的方式确定所有恐怖袭击事件的分级和排序。

问题 2 为依据事件特征发现恐怖袭击事件制造者。首先采用 K-Means 聚类算法解决事件分类问题。量化反映作案团伙特征的指标,作为聚类标准;采用"最远距离法"确定初始中心点;引用损伤函数确定最优 K 值;建立聚类模型,验证该模型的正确性,之后计算得到分类数为 6。其次,以恐怖袭击事件的伤亡总数为标准,对这 6 类作案团伙进行危害性排序。最后,在样本空间内,计算每个典型事件距排名前五的作案团伙所对应的聚类中心的距离,从而完成对各类作案团伙的可疑性排序。

问题 3 为对未来反恐态势的分析。按照因素分解的思想,首先依据全球近三年恐怖袭击事件发生量的统计数据和典型国家的相关数据,得到恐怖袭击事件发生的时空特性,并利用数据可视化方法得出恐怖主义在全球的空间分布规律;其次利用遭受恐怖袭击最严重的四个国家的统计数据,根据恐怖组织的特性来分析原因;再次统计遭受恐怖袭击的国家和省市的分布规律,在三级行政组织层面研究恐怖组织蔓延特性,并统计级别分布规律和各级伤亡人数;最后利用前面的特性判断反恐态势并提出见解和建议。

问题 4 为数据的进一步利用。结合前三个问题的结果,提出了我国未来的反恐措施。采用粒子群算法提出抑制国内现有恐怖组织势力蔓延的方法。同时统计"ISIL"和"Taliban"组织发动恐怖袭击次数的变化,分析施加外部力量打击恐怖分子的方法。首先以"ISIL"恐怖组织说明使用粒子群算法建模的方法;然后将查阅得到的相关文献的描述与数据统计结果对比,得到恐怖组织兴衰的原因;最后结合前面的分析与我国的优秀经验,提出具体措施。

关键词 量化分级,K-Means 聚类算法,数据可视化,粒子群

1 问题重述

恐怖主义是全人类的共同威胁,打击恐怖主义是所有国家共同的责任。本文基于 GTD 数据平台提供的 1998—2017 年全球范围内恐怖袭击事件的相关数据,依次解决以下问题。

问题 1:依据危害性对所有恐怖袭击事件进行分级。

①根据 GTD 提供的数据进行必要的数据处理,建立合适的数学模型,并将赛题附件 1 中的所有恐怖袭击事件按危害程度从高到低分为一至五级;②基于该分类标准,列出近二十年来危害程度最高的十大恐怖袭击事件;③将袭击事件进行分级。

问题 2:依据事件特征发现恐怖袭击事件制造者。

根据赛题附件 1 中提供的数据,对尚未确定作案者的恐怖袭击进行研究,从而锁定嫌疑人。解决以下几个问题:①将可能是同一个恐怖组织或个人在不同时间、不同地点多次作案的若干案件归为一类,将未知作案组织或个人标记不同的代号;②按照组织或个人的危害性从大到小选出其中的前五个,记为 1~5 号;③对相关的恐袭事件,根据各自作案嫌疑程度对 5 个嫌疑人排序,并将结果填入表中,如果认为某嫌疑人关系不大,也可以保留空格。

问题 3:对未来反恐态势的分析。

①研究近三年来恐怖袭击事件发生的主要原因、时空特性、蔓延特性、级别分布等规律;②判断下一年全球或某些重点地区的反恐态势,用图/表表示出研究结果;③基于上述结论提出对未来反恐斗争的见解和建议。

问题 4:数据的进一步利用。

分析研究赛题附件 1 中的数据,通过数学建模还可以利用附件 1 数据的哪些数据得到有用的结论,并给出模型以及建模的方法。

2 问题分析

2.1 问题 1 的分析

参考我国生产安全事故分级标准(表 1),以死亡人数和受伤人数作为基础指标对恐怖袭击事件分级。考虑到恐怖袭击事件造成的社会影响和民众恐慌程度,引入附加指标来反映这些附加影响因素。

表 1　　　　　　　　　　生产安全事故分级标准

事故分级	死亡人数	重伤或中毒人数	直接经济损失
特别重大事故	30 人以上	100 人以上	1 亿元以上
重大事故	10 人以上 30 人以下	50 人以上 100 人以下	5 000 万元以上 1 亿元以下

（续表）

事故分级	死亡人数	重伤或中毒人数	直接经济损失
较大事故	3 人以上 10 人以下	10 人以上 50 人以下	1 000 万元以上 5 000 万元以下
一般事故	3 人以下死亡	10 人以下	1 000 万元以下

注：本表所称的"以上"包括本数，所称的"以下"不包括本数

2.2　问题 2 的分析

分三步解决问题 2：以作案特征作为分类标准对恐怖袭击事件进行分类，采用 K-Means 聚类算法。首先要确定作为聚类标准的指标，并进行量化和归一化，其次确定分类个数、初始中心点，并利用已知数据验证模型，最后进行聚类计算。参考问题 1 中量化分级的结果，以每类作案团伙发起的恐袭事件总数和伤亡总数作为评定该类作案团伙危害性大小的依据。考虑在 K-Means 聚类算法的样本空间里，将每个事件坐标化，事件坐标点和各个聚类中心点的距离反映该事件为各类作案团伙所为的可能性大小。通过比较距离，即可得到恐怖袭击事件隶属于各类作案团伙的可能性大小。

2.3　问题 3 的分析

本问题要求从遭袭主要原因、蔓延特性、级别分布、时空特性方面，分析下一年全球或某些重点地区的反恐态势。因此，首先要对以上四个特性分析。

在遭袭主要原因上，由于恐怖袭击率高的国家，遭袭原因更复杂、更具代表性，故对这些国家遭袭原因进行分析即可；在蔓延特性研究中，分析近三年发生恐怖袭击的国家数量、城市数量的变化特点；在级别分布特性研究中，参考问题 1 的结果，对近三年所有恐怖袭击事件进行汇总归纳；在时空特性研究中，分析近三年恐怖事件发生的月份、日期特点，不同地区的遭袭率。对以上四个因素分析之后，提出对反恐斗争的见解和建议。

2.4　问题 4 的分析

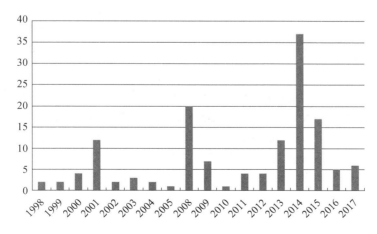

图 1　我国遭受恐怖袭击数量分布

我国除 2006 年和 2007 年未发生恐怖袭击外，其余年份均遭受过恐怖袭击（图 1）。因

此,本文从我国未来防恐的需求出发,利用粒子群算法研究典型恐怖组织和遭受该恐怖组织侵害的国家,总结该恐怖组织的活动规律,得出打击我国国内恐怖组织的方法。根据典型国家和恐怖组织的发展规律,并结合我国反恐经验,得到未来一段时间我国防止恐怖组织扩散、打击恐怖组织以及如何预防恐怖组织产生的方法。

3 基本假设

(1)攻击类型、武器类型、目标/受害者类型相互独立,反映作案特征。
(2)表格中未注明具体数值的数据一律认为该项数据为零。
(3)事故之间的地位是相同的,不存在隶属关系。

4 符号说明

具体符号说明见表 2。

表 2 符号说明

符号	名称	符号	名称
x	样本点	c	非负常数
K	中心点的个数	v_i	作案团伙移动速度
μ_i	簇的中心点	r_i	$[0,1]$范围内变换的随机数
ω	惯性因子	α	约束因子

5 模型 1

5.1 模型假设

(1)没有指明死亡人数、受伤人数的都认为本次事件未造成人的死亡或受伤。
(2)未指明绑架人质和赎金金额的认为在该事件中未绑架人质和索要金额。
(3)不同身份的人造成的损失相同,忽略恐怖分子的定向袭击带来的影响。
(4)无辜民众和恐怖分子的死亡产生的危害性相同。

5.2 分级标准

5.2.1 理论依据

本模型的分类标准基于海因里希在 20 世纪 30 年代提出来的"海因里希法则",该法则描述了事故发生频率与事故后果严重度之间存在比例关系。统计显示,事故后果为严重伤害、轻微伤害和无伤害的事故次数比为 1∶29∶300,即事故后果越严重,事故发生的可能性越小,事故后果越轻微,发生的可能性越大[2]。

5.2.2　分级标准的制定

根据题目要求,基于海因里希法则对恐怖袭击事件进行分级,步骤如下:

(1) 按照 1∶29∶300 的比例对数据一次分级,在每一级中再按照 1∶29∶300 的比例二次分级,共得到 9 个分级,见表 3。

表 3　　　　　　　　　　　　两次分级人数结果

事故总数	第一次分级	第二次分级	本级事件数	分级
114 183	1/330	1/330	1	一
		29/330	30	二
		300/330	315	三
	29/330	1/330	30	四
		29/330	882	五
		300/330	9 122	六
	300/330	1/330	315	七
		29/330	9 122	八
		300/330	94 366	九

(2) 分级组合。根据表 3,一级只有 1 个事件。在 114 183 的总数据量下,其单独作为一级显然是不合适的,因此将一、二级合并作为一级;由于四级的人数较少,需要与三级或五级进行合并,为了使相邻分级之间数量差距较大,因此将四、五级合并作为一级,而三级单独作为一级;剩下的四个级别按照相邻相加的方法,将六、七级和八、九级组合为新的一级。最后的分级结果见表 4。

表 4　　　　　　　　　　　　分级标准

级别	本级事件个数	排名区域
一级	31	1—31
二级	315	32—346
三级	912	347—1 258
四级	9 437	1 259—10 695
五级	103 488	10 696—114 183

5.3　分级依据

参考我国生产安全事故分类标准,使用死亡人数、受伤人数和直接经济损失评估事故后果的危害性大小。由于赛题附件 1 中经济损失的数据只有分级而无具体数据,不宜纳入基础考评体系,故采用死亡人数和受伤人数这两个指标作为分级标准进行评估,定义为基础指标。

在基础指标之后,引入附加指标描述恐怖袭击引起的民众恐慌程度。依据赛题附件 1

中的数据,筛选出袭击发生的区域、绑架人质数量、索要赎金数量和事件造成的直接经济损失四个指标作为附加指标。

5.4 基础分级

5.2.2 节给出了各个级别的事件排名以及数量,根据大数据以及分级信息,可以得出各个分级的受伤人数以及死亡人数,人数统计标准尽量以整十为区间,结果见表 5。采用死亡人数或者受伤人数级别较高者作为此次事件的基础级别。

表 5　　　　　　　　　　　　　　基础级别分级标准

级别	受伤人数	死亡人数	本级事件数量
一级	350 人以上	250 人以上	53
二级	100 人以上 350 人以下	60 人以上 250 人以下	565
三级	45 人以上 100 人以下	30 人以上 60 人以下	1 395
四级	8 人以上 45 人以下	6 人以上 30 人以下	15 566
五级	8 人以下	6 人以下	96 604

注:本文所有表所称的"以上"包括本数,所称的"以下"不包括本数

5.5 附加分级

在基础分级的基础上引入附加分级,完善分级标准。本文附加分级的参考指标主要包括:袭击发生区域的重要性程度、绑架人质数量、索要赎金数量和事件造成的直接经济损失。

5.5.1 绑架人质数量

基于海因里希法则,对涉及人质绑架的 8 844 个袭击事件进行分级(表 6)。

表 6　　　　　　　　　　　　绑架人质数目分级标准

级别	绑架人质数量	本级位置
一级	350 人以上	1—26
二级	18 人以上 350 人以下	27—802
三级	18 人以下	803—8 844

5.5.2 索要赎金数量

对涉及索要赎金的 385 个恐怖袭击事件进行分级(表 7)。

表 7　　　　　　　　　　　　索要赎金金额分级标准

级别	索要赎金金额(美元)	本级位置
一级	2 亿以上	1—3
二级	1 000 万以上 2 亿以下	4—33
三级	1 000 万以下	34—385

5.5.3　袭击发生区域的重要性程度

采用国家和区域的经济贡献率(经济贡献率指地区与全球 GDP 总量之比)衡量区域的重要程度。参考 2017 年 200 个国家(地区)的 GDP 值得到袭击发生的 12 个地区的经济贡献率(表8),将 12 个地区划分为三级。地区 1 和 8 的经济贡献率远超过其他地区,为第一梯队;地区 2、3、4 和 12 的经济贡献率超过 0.05,为第二梯队;其余 6 个地区的经济贡献率小于 0.05,为第三梯队。

表 8　　　　　　　　　　　　各个地区经济贡献率

地区代码	地区	GDP 值(百万美元)	经济贡献率
1	北美	21 049 975	0.26
2	中美洲和加勒比海地区	5 954 671	0.07
3	南美	8 064 861	0.10
4	东亚	8 064 861	0.10
5	东南亚	1 645 869	0.02
6	南亚	1 645 869	0.02
7	中亚	793 333	0.01
8	西欧	17 854 143	0.22
9	东欧	2 791 043	0.03
10	中东和北非	3 265 747	0.04
11	撒哈拉以南非洲	1 648 714	0.02
12	澳大利亚和大洋洲	8 064 861	0.10

5.5.4　直接经济损失

根据大数据结果,一等损失有 4 个事件,二等损失有 612 个事件,三等损失有 33 180 个事件,49 127 个事件没有财产损失,31 260 个事件不确定是否有经济损失。

5.5.5　附加因素综合评分

针对袭击发生区域的重要性程度、绑架人质数量、索要赎金数量和事件造成的直接经济损失这四个因素的不同级别进行评分。对于人质数目、索要赎金金额和地区重要性这三个因素,分别按三级 2 分,二级 1 分,一级 0 分进行叠加。对于财产损害程度,按照一等 2 分,二等 1 分,三等 0 分进行统计分析(表9)。

表 9　　　　　　　　　　　　附加分数统计结果

分数	5	3	2	1	0
事件个数	4	108	4 398	4 124	105 549

5.6　分级结果与分析

由表 9 可知,附加分数最高为 5 分,为了淡化附加分数过高对试验结果造成的影响,将附加分数乘以 0.4 添加到基础指标上,得到最终分级情况。对于累计分级结果相同的事件,按照基础分级进行排名;若基础分级也相同,按照人员死亡数量进行排名,得到所有事件的统计结果。排名前十的恐怖袭击事件见表10。典型事件危害级别见表11。

表 10 近二十年排名前 10 恐怖袭击事件

排名	事件编号	排名	事件编号
1	200109110004	6	200403110004
2	200109110005	7	200109110006
3	200403110003	8	201606010046
4	200403110007	9	200409010002
5	200403110001	10	201607140001

表 11 典型事件危害级别

事件编号	危害级别
200108110012	一级
200511180002	二级
200901170021	二级
201402110015	四级
201405010071	四级
201411070002	五级
201412160041	二级
201508010015	五级
201705080012	三级

6 模型 2

6.1 模型建立及验证

6.1.1 模型建立

在聚类标准的选取上,对所有可能的作案特征进行分析。发现攻击类型、武器类型、目标/受害者类型与作案团伙的作案特征联系紧密,因此选取该三项指标作为聚类标准。

在初始聚类中心的选取上,为消除初始聚类中心值对 K-Means 算法结果的不良影响,采用"最远距离法",即随机选取第一个样本 x_1 作为第一个中心点,遍历所有样本,选取离 x_1 最远的样本 x_2 为第二个中心点,以此类推,得到 K 个初始中心点。

在分类个数 K 的确定上,为充分挖掘数据本身特征,考虑采用"手肘法",即引入损失函数,采用损失曲线的特征来判断最优 K 值。损失函数为

$$J(\theta) = \sum_{i=1}^{m} \parallel x_i - \mu_{c_1} \parallel^2 \tag{1}$$

其中, x_i 代表样本 i , μ_{c_1} 代表 i 所属簇的中心点。损失函数值即所有样本离簇中心的距离。以 K 值为 X 轴,损失函数为 Y 轴画图。理论上,损失函数会存在拐点。该拐点表示继续增

大 K 值,聚类效果不会有明显改善,因此该值为最优 K 值。

6.1.2　数据处理

首先,对聚类标准进行量化。按照攻击类型的杀伤力将赛题附件2中代号为1—9的攻击类型分为5个级别,级别为1~5级(破坏力越大,级别数越大);按照目标/受害者的收入水平(参考2017年中国城镇居民收入调查结果),将赛题附件2中代号为1—22的目标/受害者类型分为5个级别,级别为1~5级(收入越高,级别数越大);按照武器类型的杀伤力(按照公安部发布的标准),将赛题附件2中代号为1—13的武器类型分为5个级别,级别分别为1~5级(杀伤力越大,级别数越大)。分类结果见表12。以各个类型的级别作为各个事项的数值,完成量化。

表 12　　　　　　　攻击类型、武器类型、目标/受害者类型的分级

级别	1	2	3	4	5
攻击类型	8,9	6,7	4,5	2,3	1
目标类型	9,20,21	4,15,16,17,18	10,11,12,13	5,6,7,8,9	1,2,3,4
武器类型	12,13	9,10,11	5,6,7,8	3,4	1,2

然后,采用线性函数转换对各个事项的数值进行归一化处理。线性函数为

$$A = \frac{a - \text{Min}}{\text{Max} - \text{Min}} \tag{2}$$

a,A 为转换前后的数值,$A \in [0,1]$。Max,Min 分别为 a 所属数值段的最大值和最小值。

6.1.3　模型验证

为验证模型的正确性,本文任意选取三个作案团伙,以1998—2017年的所发动的事件作为一个样本空间进行分析。

计算损失函数(具体程序见赛题附件3),绘制损失曲线,如图2(a)所示。由图可知最优 K 值为3,这与本文选取三个作案团伙的前提条件相符。之后,对样本点进行聚类(具体程序见附件4),聚类效果如图2(b)所示。对比原数据和聚类结果得表13和图3。由图表可知,聚类的效果很好,验证了模型的正确性。

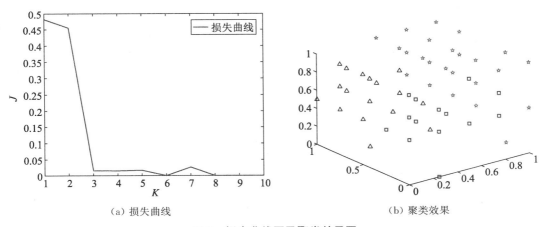

(a) 损失曲线　　　　　　　　(b) 聚类效果

图 2　损失曲线图及聚类效果图

表 13   聚类结果和实际值的对比

原有数据中的组织	事件数	事件比例	聚类类别代号	事件数	事件比例
Al-Shabaab	1 784	0.25	1	2 620	0.37
Boko Haram	1 556	0.22	2	1 087	0.15
ISIL	3 761	0.53	3	3 394	0.48

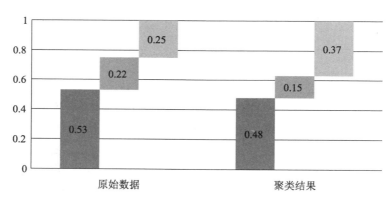

图 3   原有数据与聚类结果的对比

6.2   问题求解

（1）筛选数据。按照问题要求,筛选出 2015 年、2016 年发生的、尚未有组织或个人宣称负责的恐袭事件,共 22 740 项。

（2）聚类模型求解。首先计算损失函数,得到损失曲线如图 4 所示。由图可知,最优 K 值为 6。之后运行程序 2 进行聚类分析,得到的结果见表 14。

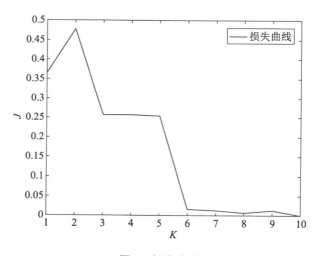

图 4   损失曲线

表 14				聚类结果表

类别	所含事件个数	类别	所含事件个数
1	10 569	4	1 421
2	1 142	5	8 363
3	993	6	252

（3）各作案团伙的危害性排序。统计各作案团伙发动恐袭所导致的伤亡人员总数、所发动的事件的危害性级别，以及各级别事件的比例，得到图 5、表 15 和图 6。

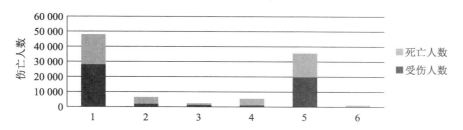

图 5　各作案团伙发起恐袭所导致的伤亡人员总数统计

表 15　　各个作案团伙发起的恐袭事件的危害级别统计

类别	事件危害级别					总数（项）
	一级	二级	三级	四级	五级	
1	2	12	57	573	9 925	10 569
2	1	0	15	183	943	1 142
3	1	2	9	22	959	993
4	2	3	17	134	1 265	1 421
5	0	2	45	422	7 894	8 363
6	0	0	1	5	246	252

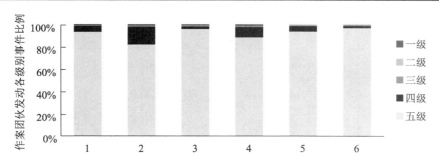

图 6　作案团伙发动的各级别事件的比例

以发起的恐怖袭击事件总数和伤亡人数作为评定作案团伙危害级别的标准。由以上图表可知,第 1 作案团伙发起的恐怖袭击事件总数和伤亡人数最多。第 5 作案团伙次之。第 2 作案团伙发起的事件总数虽少于第 4 作案团伙,但伤亡总数大于后者,这是由于第 2 作案团伙发起的危害级别为四级的事件约为第 4 作案团伙的 16 倍,危害性排第三。第 4、3、6 作案团伙,危害性依次递减,分别排第四、第五、第六。按照题目要求的排序规则,将这 6 类作案团伙按危害性排序并编号,结果见表 16。

表 16　　　　　　　　　　　　　危害性排序表

序号	类别	序号	类别
1	第 1 作案团伙	4	第 4 作案团伙
2	第 5 作案团伙	5	第 3 作案团伙
3	第 2 作案团伙	6	第 6 作案团伙

(4) 恐怖分子关于典型事件的嫌疑度排序。在 K-Means 算法的样本空间里,各个样本点用一个多维坐标向量表示,坐标点离各个聚类中心的距离远近,反映了它隶属于该聚类中心的可能性大小。所以,可将典型案件抽象到样本空间里,通过比较典型案件的坐标到各个聚类中心点坐标的距离,来反映该事件隶属于各个作案团伙的可能性大小。由程序可得到 1—5 号作案团伙的聚类中心点坐标和典型案件的坐标,见表 17、表 18。典型案件的坐标与各个聚类中心点坐标的距离(D_i)见表 19。将表 19 中的数据进行转化,得到典型事件属于不同嫌疑组织所为的可能性,结果见表 20。

表 17　　　　　　　　　　　　　分类中心点坐标

组别	坐标	组别	坐标
1	(0.707 8,0.183 5,0.495 7)	4	(0.142 2,0.244 9,0.041 3)
2	(0.773 7,0.985 9,0.500 5)	5	(0.254 5,0.906 3,0.504 3)
3	(0.056 3,0.987 5,0.010 5)		

表 18　　　　　　　　　　　　　典型案件的坐标

事件编号	坐标	事件编号	坐标
201701090031	(0.75,0.25,0.5)	201707010028	(0,0.25,0)
201702210037	(0,1,0)	201707020006	(0.75,1,0.5)
201703120023	(0.25,1,0.5)	201708110018	(0.75,0.25,0.5)
201705050009	(0.75,0,0.5)	201711010006	(0.75,0,0.5)
201705050010	(0.75,0,0.5)	201712010003	(0.75,0.25,0.5)

表 19　　　　　　　　　典型案件与各个聚类分类中心点的距离

事件编号	距离				
	D_1	D_2	D_3	D_4	D_5
201701090031	0.08	0.74	1.12	0.76	0.82
201702210037	1.19	0.92	0.06	0.77	0.57
201703120023	0.94	0.52	0.53	0.89	0.09
201705050009	0.19	0.99	1.30	0.80	1.03
201705050010	0.19	0.99	1.30	0.80	1.03
201707010028	0.87	1.18	0.74	0.15	0.87
201707020006	0.82	0.03	0.85	1.07	0.50
201708110018	0.08	0.74	1.12	0.76	0.82
201711010006	0.19	0.99	1.30	0.80	1.03
201712010003	0.08	0.74	1.12	0.76	0.82

注:D_i 表示为事件坐标距编号为 i 的聚类中心的距离

表 20　　　　　　　　　恐怖分子关于典型事件的嫌疑度

	1 号嫌疑人	2 号嫌疑人	3 号嫌疑人	4 号嫌疑人	5 号嫌疑人
201701090031	1	2	5	3	4
201702210037	5	4	1	3	2
201703120023	5	2	3	4	1
201705050009	1	3	5	2	4
201705050010	1	3	5	2	4
201707010028	3	5	2	1	3
201707020006	3	5	2	1	4
201708110018	1	2	5	3	4
201711010006	1	3	5	2	4
201712010003	1	2	5	3	4

7　模型 3

7.1　恐怖袭击的时空特性

7.1.1　恐怖袭击的时间分布特性

分析近三年来恐怖袭击发生的月份袭击事故发生量及趋势,如图 7(a)所示,12 月份发生恐怖袭击的次数最少,为 2 766 次;1 月份发生恐怖袭击的次数最多,为 3 973 次,比 12 月份的恐怖袭击事件多了 43.64%,整体上有逐月减少的趋势。

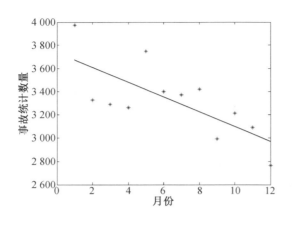

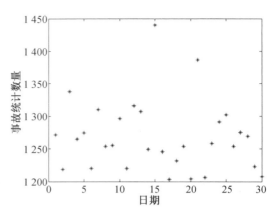

（a）每个月恐怖袭击事故发生量及趋势   （b）每日的恐怖袭击发生量

图 7   恐怖袭击事故发生量及趋势

分析近三年来每月相同日期(取前 30 日)每日发生恐怖袭击的次数,如图 7(b)所示,15 日发生恐怖袭击的次数最多,其他日发生的恐怖袭击次数为 1 200~1 350 件。

7.1.2   恐怖袭击发生的空间分布特性

针对近三年遭受恐怖袭击超过 1 000 次的 12 个国家进行统计。这 12 个国家共遭受 30 742 次恐怖袭击,占 3 年恐怖袭击事件总数的 77.92%。这 12 个国家当年遭受恐怖袭击的次数占总量的比例均超过 75%,说明恐怖袭击事件具有空间性(表 21)。

表 21   遭受恐怖袭击最多的 12 个国家及数量

排名	2015 年		2016 年		2017 年	
	国家	数量	国家	数量	国家	数量
1	伊拉克	2 750	伊拉克	3 360	伊拉克	2 466
2	阿富汗	1 929	阿富汗	1 618	阿富汗	1 413
3	巴基斯坦	1 244	印度	1 026	印度	966
4	印度	883	巴基斯坦	864	巴基斯坦	719
5	菲律宾	722	菲律宾	632	菲律宾	692
6	也门	664	索马里	602	索马里	614
7	埃及	647	土耳其	542	尼日利亚	484
8	尼日利亚	638	尼日利亚	533	尼泊尔	247
9	乌克兰	637	也门	525	叙利亚	243
10	利比亚	542	叙利亚	473	也门	226
11	叙利亚	491	利比亚	423	埃及	224
12	孟加拉国	469	埃及	376	利比亚	190
占比	77.63%		80.74%		77.86%	

将 2015—2017 年发生的恐怖袭击事件按照地区进行统计(图 8),发现中东、北非和南亚是遭受恐怖袭击最严重的地区,说明恐怖袭击的发生主要是集中在某一固定的区域的某些国家。

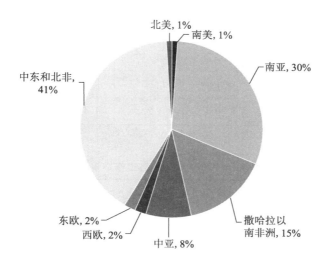

图 8　2015—2017 年恐怖袭击发生地区分布

7.2　恐怖袭击发生的主要原因

选取遭受恐怖袭击最严重的四个国家(伊拉克、阿富汗、印度、巴基斯坦)并分析其原因。表 22—表 26 中占比表示各作案集团袭击次数占有组织负责袭击次数的比值,结果显示:伊拉克恐怖袭击的主要来源是极端组织"ISIL";制造阿富汗恐怖袭击的主要是"Taliban"集团和"Khorasan Chapter of the Islamic State",二者制造了阿富汗 98% 以上的恐怖袭击;印度发生恐怖袭击的主要原因是国内反政府武装势力的猖獗、民族分裂势力的兴盛、地方自治力量的兴起以及民族激进势力,其中,国内反政府武装势力造成的恐怖袭击事件超过 60%,是印度恐怖袭击高发的最主要原因;巴基斯坦发生恐怖袭击的原因主要是民族分裂势力的兴盛,以及阿富汗塔利班武装和极端组织活动猖獗。

表 22　　　　　　　　　　　　　　伊拉克 2015—2017 年恐怖袭击作案集团统计

年份	作案集团数	有组织宣称恐怖袭击次数	ISIL 袭击次数	ISIL 袭击次数占比	无组织宣称袭击次数
2015	6	1 011	996	98.52%	1 740
2016	9	1 270	1 206	94.96%	2 090
2017	12	1 182	1 154	97.63%	1 284
合计	—	3 463	3 356	96.91%	5 114

表 23　　　　　　　　　　阿富汗 2015—2017 年恐怖袭击作案集团统计

年份	作案集团数	有组织宣称恐怖袭击次数	1 号袭击次数	1 号袭击次数占比	2 号袭击次数	2 号袭击次数占比	无组织宣称袭击次数
2015	6	1 317	1 249	94.84%	59	4.48%	611
2016	8	1 126	1 062	94.31%	57	5.37%	491
2017	5	1 030	892	86.60%	126	12.23%	1 284
合计	—	3 473	3 203	92.22%	242	6.97%	5 114

注:1 号为 Taliban;2 号为 Khorasan Chapter of the Islamic State

表 24　　　　　　　　　　印度 2015—2017 年恐怖袭击作案集团统计

年份	作案集团数	有组织宣称恐怖袭击次数	无组织宣称袭击次数	1 号袭击次数	1 号袭击次数占比	2 号袭击次数	2 号袭击次数占比
2015	52	581	303	274	47.16%	87	14.97%
2016	60	574	451	266	46.34%	95	16.55%
2017	51	615	351	206	33.50%	108	17.56%

注:1 号为 Maoists;2 号为 Communist Party of India - Maoist (CPI-Maoist)

表 25　　　　　　印度 2015—2017 年发动恐怖袭击最多的十个作案集团统计

排名	作案集团	数量	目标
1	Maoists	746	推翻印度政府
2	Communist Party of India-Maoist (CPI-Maoist)	290	推翻印度政府
3	Indian Mujahideen	69	分离克什米尔
4	Gokhale Janmuki Murca	67	为民主权利而斗争
5	Lashkar	62	克什米尔独立和泛南亚伊斯兰主义

表 26　　　　　巴基斯坦 2015—2017 年发动恐怖袭击最多的十个作案集团统计

排名	作案集团	数量	目标或类型
1	Tehrik-i-Taliban Pakistan	298	伊斯兰主要暴力团体之一
2	Baloch Republican Army	116	分离俾路支省
3	Baloch Liberation Front	109	分离俾路支省
4	Islamic State Khorasan	94	极端组织
5	BLA	62	分离俾路支省

7.3　恐怖袭击的蔓延特性

统计 2015—2017 年来遭受恐怖袭击国家、省份及城市数量的变化来分析恐怖袭击的蔓延特性。由表 27 可知恐怖袭击虽然在世界总的范围受到了限制,但是恐怖袭击分子流窜作案,不断在新的国家制造新的恐怖袭击事件。由表 28 可知,在国家省级行政区域方面,发生恐怖袭击的总数没有发生变化,但与表 27 对比可知,新发生恐怖袭击的省份的占比要高于国家的占比,说明在已经遭受恐怖袭击的国家内部恐怖分子的流窜程度要比新遭受恐怖袭击的国家程度高。

由表 29 可知,在国家二级行政区域方面,2015—2017 年发生恐怖袭击的总数几乎不变。但是 2017 年新发生恐怖袭击的城市为 3 935 个,占 2017 年全年的 75.94％。新发生恐怖袭击的城市的占比要远高于国家和省份,说明在已经遭受恐怖袭击的省份内部,恐怖分子的目标大多数集中在以前未发生过恐怖袭击的城市。这说明未来防恐的重点是未发生恐怖袭击的城市,尤其是重点省份的未发生恐袭的城市。

表 27　　　　　　　　　　2015—2017 年遭受恐怖袭击国家统计

	2015 年	2016 年	2017 年
数量	99	108	102
增长率	—	9.09％	−5.56％
新增国家数量	—	21	15
新增国家占比	—	19.44％	14.71％

表 28　　　　　　　　　　2015—2017 年遭受恐怖袭击省份统计

	2015 年	2016 年	2017 年
数量	703	706	685
增长率	—	0.43％	−2.97％
新增省份数量	—	195	197
新增省份占比	—	27.62％	28.76％

表 29　　　　　　　　　　2015—2017 年遭受恐怖袭击城市统计

	2015 年	2016 年	2017 年
数量	5 439	5 161	5 182
增长率	—	−5.11％	4.07％
新增城市数量	—	3 844	3 935
新增城市占比	—	74.48％	75.94％

7.4　恐怖袭击的级别分布

统计 2015—2017 年恐怖袭击事件的级别,由表 30 可知,2015—2017 年五级恐怖袭击的占比 90％以上且逐年上升,四级恐怖袭击的占比逐年下降,一、二、三级恐怖袭击的占比很低,变化幅度很小。

表 30   2015—2017 年恐怖袭击级别统计表

级别	2015 年		2016 年		2017 年	
	数量	占比	数量	占比	数量	占比
一级	2	0.01％	5	0.04％	1	0.01％
二级	24	0.16％	25	0.18％	18	0.17％
三级	138	0.92％	130	0.96％	97	0.89％
四级	1 264	8.45％	1 023	7.53％	777	7.13％
五级	13 536	90.46％	12 409	91.30％	10 004	91.81％

由图 9 可以看出,四级恐怖袭击造成的民众死亡是最大的,三、四、五级造成的总死亡人数超过 95％。由图 10 可以看出,五级恐怖袭击造成的受伤人数占比最大,约 50％,说明小型恐怖袭击是造成人员伤亡的最主要影响因素,因此未来的反恐需要关注小型恐怖袭击带来的人员伤亡。

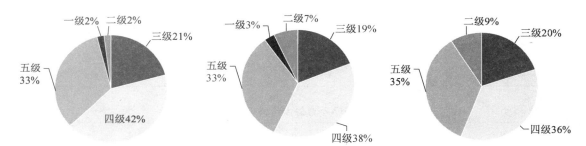

图 9   2015—2017 年各级死亡人数占比

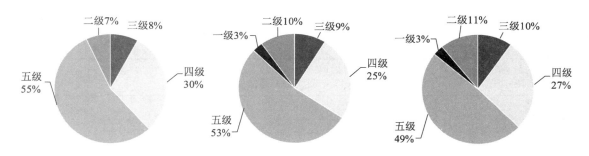

图 10   2015—2017 年各级受伤人数占比

7.5   2018 年全球反恐态势及建议

近三年发生恐怖袭击的事故总量在逐年减少,发生恐怖袭击的国家数量三年来没有明显的变化,1 月和每个月的 15 日是恐怖主义的高发期,需要在这个阶段加强戒备。

2018 年,恐怖分子袭击的重点区域仍然是南亚、中东和非洲地区。伊拉克、阿富汗、印度和巴基斯坦仍然是恐怖分子袭击的集中区域,应该在这些地区和国家加强军事部署,打击极端组织和塔利班组织。

通过对恐怖袭击等级分布以及各级死亡人数的分布分析,下一年恐怖分子会进一步化整为零,采取小型攻击的战术造成大量的平民伤亡。

未来既要控制恐袭的总量,又要遏制恐怖势力向新国家(地区)转移。在已经遭受恐怖袭击的国家内部,重点关注恐怖势力渗透到尚未发生过恐怖袭击的省份并发动攻击。在国家的二级行政区,应该投入更多的精力防止恐怖势力转移。

8 模型 4

8.1 基本假设

(1) 恐怖组织"ISIL"是由若干个作案团伙构成的。
(2) 每个作案团伙都有自己固定的活动区域。
(3) 恐怖组织"ISIL"的作案团伙不会发生合并。
(4) 不同作案团伙之间的规模是大致相同的。
(5) 不同作案团伙之间有信息的交流,但没有人员的流动。
(6) 每个作案团伙总是希望发动更高级别的恐怖袭击。

8.2 建模方法

根据模型 3 的结果可知,在我国的邻国当中,阿富汗、巴基斯坦和印度是遭受恐怖袭击最严重的三个国家,以阿富汗为例进行分析。作为遭受恐怖袭击最严重的国家——伊拉克,其恐怖主义的蔓延情况也值得进行深入研究。下面以"ISIL"恐怖组织为例说明建模的方法。

步骤 1:由数据可知,恐怖组织"ISIL"在 2013 年出现。因此,根据"ISIL"组织发动恐怖袭击的城市,利用 2013 年的数据,设置各个作案团伙的初始位置,并根据相邻城市之间发生恐怖袭击的时间间隔确定恐怖袭击发生的频率,确定各个作案团伙的惯性因子和加速度常数。

步骤 2:根据模型 1 的结果,评价每个作案团伙在当前城市造成恐怖袭击事件的等级,并将该等级作为每个作案团伙的初始适应值。

步骤 3:将该初始适应值作为作案团伙的局部最优值,并将各适应值对应的城市坐标作为每个作案团伙的局部最优值所在的位置。

步骤 4:将最佳初始适应值作为当前全局最优值,并将该最佳初始适应值所在的城市作为全局最优等级所在的城市位置。

步骤 5:根据公式

$$v_i^d = \omega v_i^d + c_1 r_1 (p_i^d - x_i^d) + c_2 r_2 (p_g^d - x_i^d)$$

更新每个作案团伙当前的蔓延速度。

步骤6:对每个恐怖团伙的蔓延速度进行限制处理,使之不能超过设定的恐怖势力蔓延的最大半径。

步骤7:根据公式

$$x_i^d = x_i^d + \alpha\, x_i^d$$

更新每个恐怖袭击团伙所在的位置。

步骤8:比较当前每个作案团伙所造成的恐怖袭击的等级是否比历史局部最优恐怖袭击等级高,如果高,则将当前恐怖团伙造成的恐怖袭击等级作为该团伙的局部最优值,其对应的城市作为每个作案团伙的局部最优恐怖等级所在的位置。

步骤9:在当前恐怖组织"ISIL"的所有恐怖袭击时间等级中找到全局恐怖袭击事件的最高等级,并将当前全局最高等级所在的城市作为每个作案团伙的全局最优值所在的位置。

步骤10:重复步骤5至步骤9,直到满足设定的最小误差或者达到最大迭代次数。

步骤11:输出恐怖团伙的全局最高恐怖事件等级和其对应的城市以及每个恐怖小团伙的局部最优等级和其对应的城市。

8.3 外部因素对恐怖袭击事件蔓延的影响分析

8.3.1 外部因素对阿富汗恐怖袭击事件蔓延的影响

2012年,阿富汗的恐怖袭击事件出现了爆发性增长,其后几年一直居高不下。其原因主要是2011年6月22日,时任美国总统奥巴马宣布启动从阿富汗撤军进程:2011年撤回1万名士兵,2012年9月前再撤出2.3万名士兵。此外,阿富汗安全部队虽然参与了前几年打击"Taliban"的行动,但仍难担重任,不能独立维护其国家安全。同时,由于旷日持久的战争,国际上对阿富汗的援助也在"缩水"[6]。

8.3.2 外部因素对伊拉克恐怖主义蔓延的影响

伊拉克恐怖主义的发展有2个重要的年份,一个是2003年,伊拉克的恐怖袭击事件由2002年的6次增加至2003年的102次,增长了16倍,在所有遭受恐怖袭击国家中的名次由第28名上升至第3名,在2004年上升至第1名,并保持第1名长达8年;另一个是2013年,比2012年增长了将近1倍,重新成为世界遭受恐怖主义袭击最多的国家。

其原因主要是两方面:①2003年,美国入侵伊拉克后,在无强权统治的情况下国内各政治力量拥兵自立,建立了大大小小的极端组织,激怒了中东地区的宗教极端分子,各国的宗教极端分子将基地转移到伊拉克,并开始制造多起恐怖主义袭击事件,造成2003年和2004年恐怖袭击的大量增加[7];②2013年,伊拉克恐怖袭击案件高发的原因与阿富汗也是相同的。

8.3.3 外部因素对两个典型恐怖袭击事件组织蔓延的影响

近二十年造成恐怖袭击最多的两大恐怖组织为"Taliban"和"ISIL",从两个恐怖组织的发展情况分析打击恐怖分子以及遏制恐怖势力发展的方法。

2014年,阿富汗的美军有3.2万人,随后逐步撤军,到2017年减少至1.2万人。由于美军撤离后,阿富汗塔利班卷土重来,美国又要增加进驻阿富汗的军队数量[8],这是近几年阿富汗塔利班造成恐怖袭击增减最主要的影响因素。俄罗斯于 2015 年开始出兵，在叙利亚展开军事行动打击"ISIL"，使得极端组织在中东地区的蔓延得到了遏制[9]。

8.4　我国防止恐怖势力蔓延的措施

我国的恐怖组织除了在国内不断发展之外，还与境外势力勾结进行渗透破坏。根据对粒子群算法的研究和典型国家和组织的分析得出下列建议：

（1）为了防止已有作案团伙造成新的恐怖袭击事件和制造更高级别的恐怖袭击事件，减小恐怖组织的全局最优值，需要训练素质极高的反恐部队，减小作案团伙的传播速度，限制其最大蔓延速度。

（2）需要从外部对作案团伙施加干扰，利用外部力量和地方力量相结合的方法消灭已有的域内作案团伙；加大反恐经费的投入，在重点地区增加打击力度，减小蔓延速度；加强上合组织在共同打击恐怖分子方面的作用，切断恐怖分子从国外流窜回国内的可能性。

参考文献

[1] 国务院办公厅. 中华人民共和国国务院令（第 493 号）[EB/OL]. （2018-09-16）http://www.gov.cn/zwgk/2007-04/19/content_588577.htm.

[2] 王凯全,邵辉. 事故理论与分析技术[M]. 北京：化学工业出版社,2004.

[3] 王晴锋.印度毛派的武装斗争及其成效——兼论印度毛派为何能持久存在[J].印度洋经济体研究,2016(6):51-68.

[4] 唐恬波."人民圣战者"撤出伊拉克的意味[J].世界知识,2016,20:48-49.

[5] 袁沙.巴基斯坦国内恐怖主义势力的演变、特点及影响分析[J].南亚研究季刊,2016(2):33-41.

[6] 王世达.阿富汗教派恐怖袭击及其影响[J].国际资料信息,2012,1:41-43.

[7] 宋丽娟."伊斯兰国"的发展演变研究[D].昆明：云南大学,2016.

[8] 张艺.美国从阿富汗撤军果真能"一走了之"？[Z/OL].[2018-09-19].http://military.people.com.cn/n/2014/0530/c1011-25086393.htm.

[9] 马建光.俄罗斯出兵叙利亚的得与失[Z/OL].[2018-09-19].http://news.sina.com.cn/o/2018-01-18/doc-ifyqtycw9213287.shtml.

陈雄达

这篇论文以全球恐怖主义数据库为基础，对恐怖主义事件进行了定量分析。论文首先借鉴生产安全事故分级标准给出了恐怖主义事件危害性的安全评估方法，并评出了近年来十大恐怖主义事件。这种类比有一定的合理性，但也要注意到，恐怖主义事件和安全生产事故有着主观上的不同，这篇文章中也注意到了，但这些方法中评分的方式和参数的确定显得比较随意，比如经济贡献率和综合分级的阈值。论文接着对恐怖主义事件进行了 K-Means 聚类，分析并给出了典型事件的主要嫌疑人。最后，论文对恐怖主义事件的时间和空间特性进行了分析，给出了恐怖主义的蔓延特性、级别分布等。对于后两个问题，论文作者进行了统计数据基本的分析，多数结论只是定性的或者简单的定量分析，对于时间和空间的相关关系还需要进行深入挖掘。文中的建模仅是停留在表面上，给出了一个方法，而没有给出该方法如何运用以及会得到什么结果。

　　论文在多个问题上提供了翔实的数据，并把计算的结果整理成各种表格和图，比较直观。但论文写作上还是有很多值得提高之处。例如，论文中很多地方还是将命题人作为读者，都是回答提问的方式书写。此外，论文结构上对每个问题都进行了分析，而后再对每个问题进行建模或求解。这里，每个问题的递进关系是非常明显的，例如恐怖事件分级问题显然是依靠序列事件预测未来这类事件发生概率的基础。因此，最好是把一个简单问题解决完成后再分析复杂问题如何求解。

对恐怖袭击事件记录数据量化分析

葛好升[1]　刘　恒[1]　高培贤[2]

1. 同济大学材料科学与工程学院　2. 武警工程大学密码工程学院

摘要 本文通过深入分析恐怖袭击事件相关信息,建立了合适的模型并取得了以下四个成果,以致力于加深人们对恐怖主义的认识,并为国家和国际社会反恐防恐提供有价值的信息支持。

第一,基于全球恐怖主义数据库(GTD)和全球宏观经济数据库等信息筛选整理出特征项,通过多种赋值方法数值化有效信息,并用 Apriori 计算时空关联度等方法建立模型。计算得到恐怖袭击事件危害性直接危害值 D 和次生危害值 S 后,提出综合危害指数 H,在可视化模型内找到相应的几何意义,从而定义恐怖袭击事件的特征点并进行分级。本文列出了近二十年间综合危害指数 H 最高的十起事件,给出了指定的 9 起代表性事件的 H 值和分级情况。此外,本文还通过解析几何和统计、拟合等研究方法,建立了异常判断、危害主导性判断的算法,尝试分析不同时空危害性特征点分布规律和变化情况,并对列举的几起代表性恐怖袭击事件进行了简单分类和判断。

第二,首先在 GTD 数据的九项分类标准中,筛选了地点信息、攻击信息等六个参数为变量,对其进行主成分聚类分析后得到了 3 752 个类型的分类结果;之后对各恐怖袭击事件类型的危害性分值进行计算,筛选出其中最高的 5 类;最后采用灰色关联法对列举的十起事件的特征分别与 5 类嫌疑人进行关联度分析,并据其对嫌疑人进行嫌疑度排序。

第三,为客观完整评估恐怖袭击引发的风险,本文在世界经济与和平研究所提出的恐怖主义风险评估指标(总起数、总亡人、总受伤人数和财产损失)基础上,增加了平均死亡人数 $\geqslant 10$ 人、致死事件占比、平均人数三个指标,利用因子分析法,将恐怖袭击的风险指标进行了数学变换,综合成基本风险因子和脆弱性因子,最后得出结论:2019 年,全球范围内恐怖袭击的整体风险将增加,部分中东、南亚和非洲国家呈恶化趋势,而欧洲和北美的风险降低。

第四,本文在前三个成果基础上,结合当前反恐形势,提出了利用 MATLAB 人工神经网络工具箱,建立基于 BP 神经网络的恐怖袭击事件预测模型,旨在对恐怖袭击事件进行预测和定性分析。

最后,本文针对模型在建立与求解过程中存在的优缺点进行了分析,并提出改进方案。

关键词 恐怖袭击，综合危害指数，主成分分析，BP 神经网络预测

1 问题重述

1.1 背景介绍

恐怖袭击是指极端分子或组织人为制造的、针对不仅限于平民及民用设施的、不符合国际道义的攻击行为，它所具有的极大杀伤性与破坏力不仅会造成巨大的人员伤亡和财产损失，而且还会给人们带来巨大的心理压力，造成社会一定程度的动荡不安，妨碍正常的工作与生活秩序，进而极大地阻碍经济社会的发展。

恐怖主义是人类的共同威胁，打击恐怖主义是每个国家应该承担的责任。对恐怖袭击事件相关数据的深入分析有助于加深人们对恐怖主义的认识，为反恐防恐提供有价值的信息支持。

1.2 问题提出

赛题中的附件 1 为某组织搜集整理的全球恐怖主义数据库(GTD)中 1998—2017 年世界上发生的恐怖袭击事件的记录(附件 2 是节译自数据库说明文档的有关变量说明，附件 3 提供了一个内容摘要)，现需要解决以下四个问题：

问题 1：恐怖袭击的危害性与灾难性事件不同，分级方法不统一。对灾难性事件，比如地震、交通事故、气象灾害等的分级通常采用主观方法，由权威组织或部门选择若干个主要指标，强制规定分级标准，如我国交通事故等级划分标准，主要按照人员伤亡和经济损失程度划分，但恐怖袭击事件的危害性除此之外，还与发生的时机、地域、针对的对象等诸多因素有关，因而采用上述分级方法难以形成统一标准。结合现代信息处理技术，借助数学建模方法建立基于附件 1 以及其他有关信息分析的量化分级模型，将附件 1 给出的事件按危害程度从高到低分为一至五级，列出近二十年危害程度最高的十大恐怖袭击事件，并对事件进行分级。

问题 2：附件 1 中有多起恐怖袭击事件尚未确定作案者。如果将可能是同一个恐怖组织或个人在不同时间、不同地点多次作案的若干案件串联起来统一组织侦查，则有助于提高破案效率，尽早发现新生或者隐藏的恐怖分子。针对在 2015 年和 2016 年发生的、尚未有组织或个人宣称负责的恐怖袭击事件，运用数学建模方法寻找上述可能性，即将可能是同一个恐怖组织或个人在不同时间、不同地点多次作案的若干案件归为一类，对应的未知作案组织或个人标记不同的代号，并按该组织或个人的危害性从大到小选出其中的前 5 个，记为 1—5号。再对列出的恐袭事件，按嫌疑程度对五类嫌疑人进行排序。

问题 3：对未来反恐态势的分析评估有助于提高反恐斗争的针对性和效率。依据附件 1并结合因特网上的有关信息，建立适当的数学模型，研究 2015—2017 年来恐怖袭击事件发生的主要原因、时空特性、蔓延特性、级别分布等规律，进而分析研判 2018 年全球或某些重点地区的反恐态势，用图或者表给出研究结果，并提出对反恐斗争的见解和建议。

问题 4：针对赛题附件 1 的数据，给出通过数学建模可以进一步发挥其作用的相应模型和方法。

2 问题分析

2.1 问题 1 分析

问题 1 是通过建立合适有效的模型,对恐怖袭击事件的危害性进行全面、客观地评估,并进行分级。针对建立模型易受主观因素影响、涉及参数众多、信息量庞大且大量项目无法合理数值化等难点,基于 GTD 提供的完整详实的数据,筛选整理特征项并通过多种赋值方法数值化有效信息。随后借由 Apriori 算法计算时空关联度,以及多维加权调和等方法,建立全面客观评估恐怖袭击事件危害性的模型。建立模型时,还可将模型二维或三维化,达到简易的可视化,通过参数和指标设计能使其与几何参数联系起来,成为借助解析几何易于解决和判断的问题,从而进一步指导对恐怖袭击事件危害性特征和变化情况的探索研究。

2.2 问题 2 分析

对于问题 2,首先应明确其属于样本分类的题型,且样本的变量(反应样本特征的参数,附件 1 给出了九大类)较多,因此想到用主成分聚类分析法对其进行分类。

本文首先针对发生在 2015—2016 年的、尚未有组织或个人宣称负责的恐怖袭击事件进行筛选得到样本,并针对附件 1 给出的恐怖袭击事件的要素特征选择对本题分类有用的参数,然后对其进行主成分聚类分析分类得到分类结果;其次对于该题要求中"按该组织或个人的危害性从大到小选出其中的前 5 个"的问题,需要先对各类型恐怖袭击事件的危害性指数进行计算,得到危害性指数得分,然后对得分结果按高低进行排序,筛选出分值最高的 5 类;最后将题中列出的恐怖袭击事件,按照各件恐怖袭击事件的特征,分别与五类嫌疑人进行关联度计算,按照排序结果得到 5 类嫌疑犯的嫌疑度程度。

2.3 问题 3 分析

对于未来反恐态势的分析评估有助于提高反恐的针对性和效率,而恐怖主义受众多不同因素影响,因此开展风险评估前应确定关键的评价指标。本文选取了 2015—2017 年恐怖主义事件中恐怖袭击事件的总数量、总死亡人数等共计七个指标,利用多元统计中的因子分析建立分析评估模型,对 2015—2017 年恐怖袭击事件的综合得分进行排序,并绘制出 2015—2017 年的可视化风险综合得分分布图,从而分析出 2015—2017 年恐怖袭击事件的主要原因、时空特性、蔓延特性、级别分布等规律,并对 2018 年的反恐态势作出分析研判。

2.3 问题 4 分析

附件 GTD 给出的 114 183 件恐怖袭击事件,其内容涉及犯罪事件的地域、国家、受害者的类型以及恐怖袭击者使用的手段武器等多个变量,且其样本数足够多,对此本文通过在恐怖袭击事件发生的各个因素的不规律性中找出可以研究的方面。通过 BP 神经网络进行训练,使用训练得到的模型对恐怖袭击事件的地点、危害性及袭击目标等进行预测。

3　模型假设

(1) 假设在模型建立与求解过程中,不考虑恐怖袭击事件发生地的政治形势、地理自然条件以及文化差异等难以量化的因素对恐怖袭击事件发生的影响。

(2) 在问题 1 模型的建立和求解中,假设凶手、武器、目标、手法等信息只存在至多三项不同类别,而不包含附件 1 中数据无法提供的其他类别。

(3) 在问题 2 模型建立与求解中,假设每起恐怖袭击事件不跨地区发生。

(4) 在问题 3 模型建立与求解中,假设不考虑金融危机造成的财产损失。

(5) 假设本文采用的所有数据都真实可靠。

4　符号说明

符号说明见表 1。

表 1　　　　　　　　　　　　　　　符号说明

所属模型	符号	含义
问题 1	D	直接危害指数
	S	次生危害指数
	M	恐怖袭击事件特征点
	H	综合危害指数
	Δ	异常判断判别式
	MAD	直接危害主导区
	MAS	次生危害主导区
问题 2	$X1_{ij}$	事件发生的地点(i 取 01~12,分别对应事件发生的 12 个地区;j 为国家代码)
	$X2_i$	事件信息(i 取 1~2,分别对应是否为构成恐怖袭击事件的标准)
	$X3_i$	攻击信息(i 取 1~9,分别对应 9 种攻击类型)
	$X4_{ij}$	武器信息(i 取 01~13,分别对应 13 种武器类型;j 取 01~29,分别对应 29 种武器子类型)
	$X5_{ij}$	目标/受害者信息(i 取 01~22,分别对应为 22 个受害类型;j 取 001~111,分别对应 111 个目标/受害者子类型)
	$X6_{ij}$	伤亡和后果(i 取 0~4,分别对应 5 种财产损失程度;j 取 000~999,对应伤亡总人数)
问题 3	F	公共因子
	A	因子载荷矩阵

5 模型的建立与求解

5.1 问题1模型的建立与求解

5.1.1 问题1模型的建立

（1）危害指数评级

首先，本文分析附件1中GTD提供的数百项参数，考虑其中对危害性评估有影响的近一百项参数，将其分类并落实到二维数据平面，数值化结果统一到二级指标，即直接危害 D 和次生危害 S。随后对二者进行结构性剖析，在事件数据库的支持下，利用时空数据挖掘、时空相关性分析、统计分析及可视化分析等方法将事件内部属性之间存在的潜在联系、事件与事件之间在时间和空间上的关联关系落实到三级指标，即人员、财产、社会、持续性等指标。之后，将前述的众多参数再进行筛选分类，对未赋值化的参数进行赋值，如对不同空白信息的分别定义（例如非第一的类型判定即判定为空，初赋值0）；对赋值化的参数加权并在同类参数组内归一化，如武器类型大类（第一至第三）、攻击类型大类（第一至第三），应用于所有数据，模型概念如图1所示[1,2]。

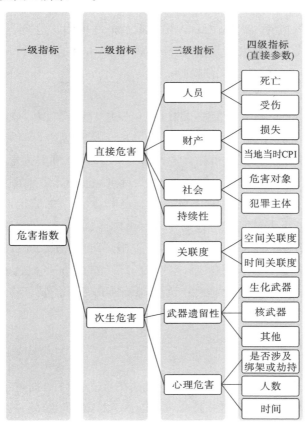

图1 危害指数量化方法及指标

对财产损失衡量处理过程中,还需要结合当地当时CPI数据才能进行评价,这一项共同作为三级指标"财产"下的直接参数纳入数值化,因此调用了全球宏观经济数据库等数据;处理三级指标"人员"时,只考虑死亡和受伤人数,而没有GTD提供的凶手伤亡信息和特指的美国人信息;三级指标"社会",主要涵盖了恐怖袭击事件对象和袭击主体,分别只取前三位对象或主体,进入后续步骤;三级指标"持续性"值域{0,1},无须判断直接进入模型处理计算;三级指标"关联度"通过时间关联度和空间关联度单值加权调和以单一值模化,进入后续计算;三级指标"武器遗留性",考虑的是武器可能留下的残留影响,同"人员"指标处理方法;三级指标"心理危害"主要意在表征灾害幸存的非凶手人员心理受损以及未来次生危害发生的可能性,主要体现在劫持、绑架类袭击方式的存在与相关参数。

(2)关联度计算

关联规则挖掘是利用特定算法从数据集中发现潜在的、有价值的、用户感兴趣的隐藏信息,时空关联规则挖掘是在传统关联规则挖掘基础上增加空间约束与时间约束,使挖掘结果带有明显空间特征与时间特征。将时空关联规则挖掘应用到社会安全的恐怖袭击事件关联分析中,用于发现恐怖袭击事件时空属性与专题属性之间潜在的时空关联。本文使用关联规则挖掘GTP数据,主要包含恐怖袭击事件发生地信息、恐怖袭击事件发生时间信息和恐怖袭击事件实施者、事件类型及目标类型等几项关键属性项,所采用的社会安全事件关联分析及表达的详细内容和流程如图2所示。由数据点最终得到的危险度点可视化结果将通过分区、颜色、方向、流线等特征表征该点代表的恐怖袭击事件的诸多特征。采用Apriori算法来确定数据库中频繁项集的关联规则挖掘[3~7]。

(3)可视化分析

本文设计建立的恐怖袭击事件危害性可视化模型,基于模型建立时的二级指标直接危害D和次生危害S,将其作为平面直角坐标系的横坐标和纵坐标,得到危害度点$M(D,S)$(后文也称作恐怖袭击事件特征点),综合危害指数H即可以理解为危害度点$M(D,S)$到达$(0,0)$的距离,因此可以原点为圆心的同心圆作为标度,将不同综合危害指数H_i的恐怖袭击事件特征点进行危害性由高到低排序。从一级(I)到五级(V)的五个区域,分别选取$H_{s,i}=\{20,40,60,80\}$作为五级事件到二级事件特征点的上限危害度值,根据实际袭击事件的特点,对一级恐怖袭击事件的特征点(I区点)不设上限。可视化时,从右上角P点到依次接近坐标轴原点O,是危险度H下降的顺序,恐怖袭击事件的特征点颜色愈接近右上角P,即特征点光波长越长,代表综合危害性越高;反之,恐怖袭击事件的特征点颜色愈接近左下角坐标原点O,即特征点光波长越短,代表其综合危害性越低。特征点M的色值分布如图3所示[8~10]。

5.1.2　问题一模型的求解及分析

对GTD给出的1998—2017年二十年间的恐怖袭击事件数据,按照上述所建模型得到的结果,列在1998—2002年、2003—2007年、2008—2012年、2013—2017年四个时间范围内,分别称为a段、b段、c段和d段,如图4(a)至图4(e)所示。由此可以同时观察各段时间恐怖袭击事件特征点的分布特点、异常性、危害主导性以及变化趋势。

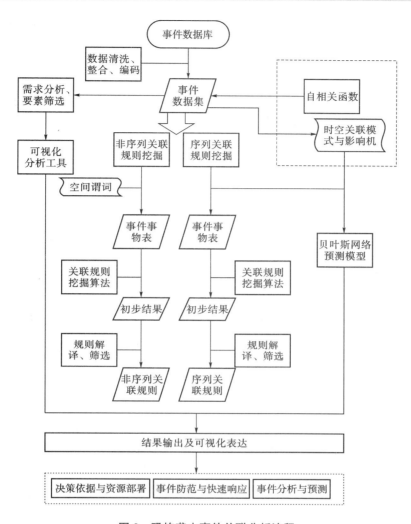

图 2 恐怖袭击事件关联分析流程

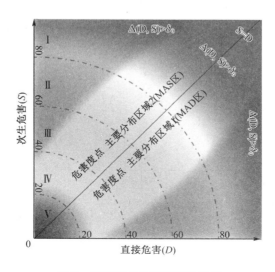

图 3 危害度点分布各区及特征

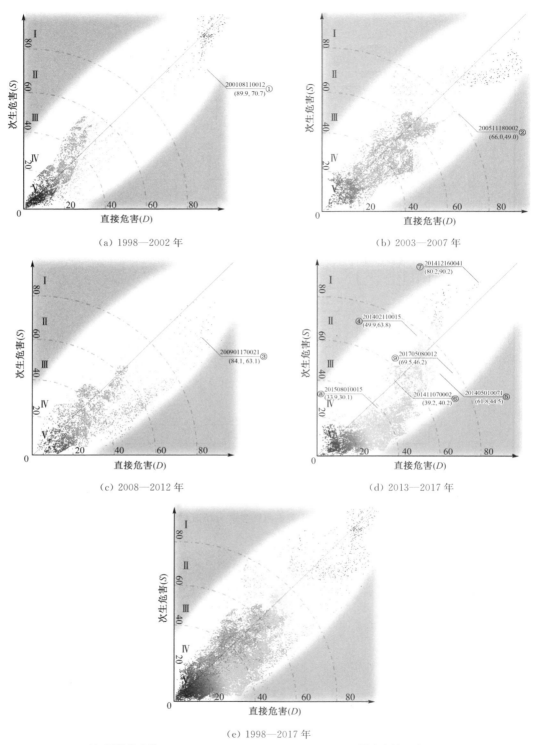

（a）1998—2002 年

（b）2003—2007 年

（c）2008—2012 年

（d）2013—2017 年

（e）1998—2017 年

注:可视化参数 $u=89.21, v=-999.8, k_0=0.9991, k_1=1$,异常参数 δ_0 取 2.8,
标准综合危害指数数列 $H_{S,i}=\{20,40,60,80\}$

图 4   1998—2017 年恐怖袭击事件危害度点分布情况

从图 4 可以看出,各时间段的恐怖袭击事件特征点的分布特点、异常性、危害主导性以及变化趋势有所不同。a 段和 b 段的恐怖袭击事件特征点分布接近,并且在 $D=S$ 线两侧较为对称,即 MAD 区和 MAS 区分布较为平均,H 值从低到高看,在 H 值低时,恐怖袭击事件没有明显的主导倾向,H 值较高时,a 段恐怖袭击事件仍在 $D=S$ 线附近,直接危害和次生危害主导情况没有明显差异和变化,b 段恐怖袭击事件整体偏向直接危害主导区,因此可以得出结论:在 2003—2007 年间的恐怖袭击事件中,整体危害性越高的事件越可能呈现出直接危害大于次生危害的情况,反映在具体的事件上,可能是直接伤亡人数和财产损失造成的危害大于武器残留、存活受害者、相关事件的关联上的危害性。同样的分析方法,可以看出 c 段恐怖袭击事件特征点整体处在 MAD 区,$H>70$ 时几乎全落在直接危害主导区,即使是综合危害指数低的事件也是 MAD 区为主。d 段则出现了很明显的主导类型随着综合危害指数 H 变化的情况,整体的特征点分布呈现 S 形,即在 H 值较低时,恐怖袭击事件的危害偏向直接危害,随着 H 值升高,事件的危害性逐渐转变为次生危害主导。

对比 a 段至 d 段的变化,可以得到不同时段直接、次生灾害主导情况随危害性的变化情况,愈是组织严明、体系化、军事化的恐怖袭击,造成的危害性与 D 或 S 主导的关联度越高,这一点可以进一步通过关联度分析得到更深层次的结论。

图 5 为 1998—2017 年恐怖袭击事件及表 2 中典型事件危害度点分布情况,通过颜色散点集中度亦可以发现 a 段至 d 段恐怖袭击事件的发生频率递增的结论,这符合前文的初步统计结果以及热图反映的情况。

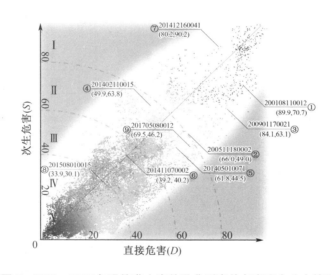

图 5　1998—2017 年恐怖袭击事件及典型事件危害度点分布情况

表 2 是在 1998—2017 年间,所有恐怖袭击事件中综合危害指数 H 排名前十位的编号、特征点 $M(D,S)$、综合危害指数 H 和危害级别。其中,200109110004,200109110005,200109110006,201412160041,200003170002,200109110007 六起事件为次生危害主导,201406150063,201408090071,200108110012,200901170021 四起事件为直接危害主导,无异常特征点。

表2   1998—2017 年危害程度最高的恐怖袭击事件

序号	事件编号	危害度点坐标(D,S)	综合危害指数 H	危害级别
1	200109110004	(110.133 3, 121.002 2)	163.618 1	I
2	200109110005	(109.329 2,119.219 1)	161.759 3	I
3	201406150063	(105.700 2,89.018 7)	138.191 4	I
4	201408090071	(93.543 3,80.091 0)	123.145 9	I
5	200109110006	(82.102 1,91.032 2)	122.587 2	I
6	201412160041	(80.198 0,90.201 9)	120.698 4	I
7	200108110012	(89.901 3,70.718 2)	114.382 3	I
8	200003170002	(76.409 1,85.100 2)	114.369 6	I
9	200901170021	(84.098 2,63.103 9)	105.140 9	I
10	200109110007	(64.139 2,82.223 0)	104.280 7	I

表 3 为 200108110012,200511180002,200901170021,201402110015,201405010071,201411070002,201412160041,201508010015,201705080012 九起袭击事件的编号、特征点 $M(D,S)$、综合危害指数 H 和危害级别,它们在危害度图中的分布如图 5 所示,其中,200108110012,200511180002,200901170021,201405010071,201508010015,201705080012 六起事件为直接危害主导,201402110015,201411070002,201412160041 三起事件为次生危害主导,无异常特征点。

表3   典型事件危害级别

序号	事件编号	危害度点坐标(D,S)	综合危害指数 H	危害级别
1	200108110012	(89.901 3,70.718 2)	114.382 3	I
2	200511180002	(65.989 2,49.038 1)	82.215 0	I
3	200901170021	(84.098 2,63.103 9)	105.140 9	I
4	201402110015	(49.852 1,63.791 1)	80.960 1	II
5	201405010071	(61.810 3,44.471 1)	76.145 9	II
6	201411070002	(39.228 7,40.191 1)	56.162 4	III
7	201412160041	(80.198 0,90.201 9)	120.698 4	I
8	201508010015	(33.911 0,30.081 3)	45.330 3	IV
9	201705080012	(69.498 7,46.201 0)	83.454 2	II

5.2   问题 2 模型的建立与求解

5.2.1   问题 2 模型的建立

主成分分析是多元统计分析中应用广泛的一种方法,是研究如何通过少数几个主成分

(即原始变量的线性组合)来解释多变量的方差协方差结构。具体地说,导出少数几个主分量,尽可能多地保留原始变量的信息,且彼此间又不相关,其思想就是从简化方差协方差的结构来考虑降维[11~17]。为科学衡量各恐怖袭击事件的特征,本文按照综合性、可比性、实用性和易操作性的选取指标原则,以GTD的九类恐怖袭击事件要素为例,选取了事件发生地点、事件信息、攻击信息、武器信息、目标/受害者信息以及伤亡和后果六个考核指标为变量(参数符号说明见第4节)。

针对附件1中GTD给出的114 183件恐怖袭击事件,筛选出发生在2015年和2016年的、尚未有组织或个人宣称负责的22 743件恐怖袭击事件作为样本,构建1个22 743×6维的信息表(表4)。

表4　　　　　　　　　　　　　每件恐怖袭击事件信息表

样本号	GTD标志号	事件发生的地点 $X1_{ij}$	事件信息 $X2_i$	攻击信息 $X3_i$	武器信息 $X4_{ij}$	目标/受害者信息 $X5_{ij}$	伤亡和后果 $X6_{ij}$
1	201412030034	10095	1	3	0615	14073	3007
2	201412220095	09028	1	2	0923	15085	0001
3	201501010001	110095	1	3	0615	08048	3002
...	...	...	...	...	...	...	...
22742	201612310044	01130	1	1	0503	01053	3000
22743	201701270001	11195	1	2	0505	14075	0000

注:样本号根据附件1按照发生在2015年和2016年的、尚未有组织或个人宣称负责的两个筛选条件筛选结果的顺序设定

5.2.2　问题2模型的求解及分析

(1)制造恐怖袭击事件因素的主成分分析结果

应用SPSS统计分析系统首先对变量进行主成分分析,得到样本相关阵的特征值与特征向量,见表5和表6。

表5　　　　　　　　　　　　　样本相关阵的特征值

	特征根	贡献率	累积贡献率
PRIN1	4.03	67.18%	67.18%
PRIN2	1.05	17.47%	84.66%
PRIN3	0.53	8.75%	93.41%
PRIN4	0.38	6.26%	99.67%
PRIN5	0.02	0.33%	100%
PRIN6	0	0	100%

表 6   样本相关阵的特征向量

变量	PRIN1	PRIN2
事件地点 $X1_{ij}$	0.470 0	−0.187 7
事件信息 $X2_i$	−0.400 3	−0.345 8
攻击信息 $X3_i$	0.417 0	0.197 6
武器信息 $X4_{ij}$	0.430 6	−0.181 4
目标/受害者信息 $X5_{ij}$	0.276 6	0.685 2
伤亡和后果 $X6_{ij}$	0.395 3	−0.395 8

根据累计贡献率超 80% 的一般选取原则,PRIN1 和 PRIN2 的累计贡献率已达到 84.66% 的水平,故选取 PRIN1 和 PRIN2 为主成分。

从表 6 可以看出,第一主成分 PRIN1 与恐怖袭击事件发生的地点、武器信息以及攻击信息正相关,因此可以反映恐怖袭击事件的发起者组织或者个人自身特征;PRIN2 与目标/受害者的信息高度正相关,因此 PRIN2 可以反映该恐怖袭击事件的攻击目标/受害者的特征[8]。

(2)恐怖袭击事件可能同一组织或个人的类型划分结果

应用 SPSS 统计分析系统,计算得出 2015—2016 年尚未有组织或个人宣称负责的 22 743 件恐怖袭击事件样本的得分值,并把其第一主成分分值按大小排列,得到各恐怖袭击事件的分值,见表 7。

表 7   各恐怖袭击事件的得分值

样品号	GTD 标志号	PRIN1	PRIN2
1	201412030034	3.513 569	1.643 69
2	201412220095	3.516 102	2.309 921
3	201501010001	3.483 74	−0.669 75
...	...	...	...
22741	201612310043	−0.504 7	−0.431 247
22742	201612310044	−1.416 961	−0.462 021
22743	201701270001	−1.428 31	−0.449 735

将 PRIN1 作为横轴,PRIN2 作为纵轴,绘出发生在 2015 年和 2016 年的、尚未有组织或个人宣称负责的 22 743 件恐怖袭击事件样本的分布平面图,如图 6 所示。

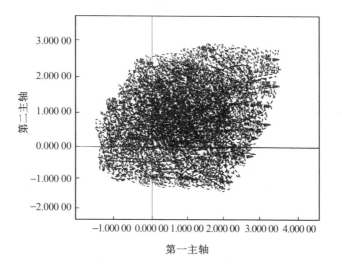

图 6　2015—2016 年尚未有组织或个人宣称负责的 22 743 件恐怖袭击事件样本的分布平面图

　　用 SPSS 统计分析系统把 2015 年和 2016 年的、尚未有组织或个人宣称负责的 22 743 件恐怖袭击事件进行聚类分析,得到如图 7 所示聚类分析图。

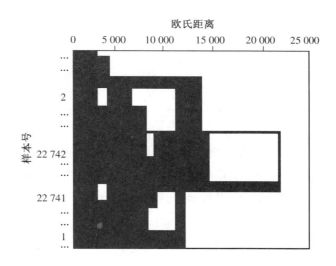

**图 7　2015—2016 年尚未有组织或个人宣称负责的 22 743 件恐怖袭击
事件样本的聚类分析**

　　按照上述聚类分析结果,可以把 22 743 个恐怖袭击事件划分为 3 752 个类型,分析认为,每个类型即认为该事件可能是同一组织或个人所为(表8)。

表8 2015—2016年尚未有组织或个人宣称负责的22 743件恐怖袭击事件样本的聚类分析结果

类型	恐怖袭击事件的GTD标志号
1类	201502180003，201506230046
2类	201511120051
……	…
335类	201610220007，201608050023，201501110053，201501260050，201606010039，201612160016，201612160017
……	…
597类	201504090006，201604210024，201610260019，201601020015，201610260023，201604290002，201610260020，201509180021，201512300022，201602230026，201603260001，201604250011，201503200017
……	…
1432类	201505210084，201602070029，201512250044，201605030032，201508250083，201508210093，201508050105，201508050106，201508050107
……	…
2213类	201602070020，201611290020，201609120019，201611280039，201601280038，201607030004，201501100085，201605160041，201609130030，201605120011，201507230038
……	…
2759类	201502240078，201510070026，201502010131，201503020037，201604180028，201607130037，201609250019，201504070027，201511290028，201608140044，201512170018
……	…
3751类	201503300083，201503300084，201504010112，201504030095，201504170084
3752类	201602040040

（3）危害性排序

为了分析上述不同类型恐怖袭击事件的危害性情况,将表8所示的3 752个类型进行危害性指标计算,列出各类恐怖袭击事件危害性指标对应的平均值,见表9。

表9 各类型恐怖袭击事件的危害性指标

	事件发生地点 $X1_{ij}$	事件信息 $X2_i$	攻击信息 $X3_i$	武器信息 $X4_{ij}$	目标/受害者信息 $X5_{ij}$	伤亡和后果 $X6_{ij}$	危害性平均值
1类	03045	1	3	0812	04031	3008	0.021
2类	08098	1	2	0923	14069	0001	0.007
……	…	…	…	…	…	…	…
335类	10095	1	6	0613	03021	0091	0.674
……	…	…	…	…	…	…	…
597类	10095	1	6	1317	14031	0111	0.817

第9篇 对恐怖袭击事件记录数据量化分析

（续表）

	事件发生地点 $X1_{ij}$	事件信息 $X2_i$	攻击信息 $X3_i$	武器信息 $X4_{ij}$	目标/受害者信息 $X5_{ij}$	伤亡和后果 $X6_{ij}$	危害性平均值
……	…	…	…	…	…	…	…
1432 类	10200	1	6	0612	14027	3082	0.781
……	…	…	…	…	…	…	…
2213 类	10095	1	6	0624	03021	4097	0.792
……	…	…	…	…	…	…	…
2759 类	11147	1	6	0618	04031	4065	0.698
……	…	…	…	…	…	…	…
3751 类	12014	1	7	0818	15086	3000	0.041
3752 类	12144	1	7	0819	02015	1000	0.073

根据表9得出的危害性指标数据,可以得出危害性最高的为597类、2 213类、1 432类、2 759类和335类,其危害性平均值分别高达0.817、0.792、0.781、0.698、0.674,根据问题2要求,分别将其视为1～5号,见表10。

表10　　　　　　　　　　　　危害性指标最高的五组

序号	类别	数量/件	各恐怖袭击事件的GTD标志号	危害性指标分值
1	597 类	13	201504090006,201604210024,201610260019,201601020015,201610260023,201604290002,201610260020,201509180021,201512300022,201602230026,201603260001,201604250011,201503200017	0.817
2	2213 类	11	201602070020,201611290020,201609120019,201611280039,201601280038,201607030004,201501100085,201605160041,201609130030,201605120011,201507230038	0.792
3	1432 类	9	201505210084,201602070029,201512250044,201605030032,201508250083,201508210093,201508050105,201508050106,201508050107	0.781
4	2759 类	11	201502240078,201510070026,201502010131,201503020037,201604180028,201607130037,201609250019,201504070027,201511290028,201608140044,201512170018	0.698
5	335 类	7	201610220007,201608050023,201501110053,201501260050,201606010039,201612160016,201612160017	0.674

（4）嫌疑人认定结果

针对问题 2 中表 10 所列出的恐怖袭击事件，对其事件的发生因素进行提取后，按嫌疑程度对 5 个嫌疑人排序，得到表 11 所示的结果。

表 11　　　　　　　　　　　　　　恐怖分子关于典型事件的嫌疑度

事件编号	1 号嫌疑人	2 号嫌疑人	3 号嫌疑人	4 号嫌疑人	5 号嫌疑人
201701090031	1	2	4		3
201702210037	3	2			1
201703120023				1	
201705050009				1	
201705050010				1	
201707010028				1	
201707020006	2	3	1		
201708110018				1	
201711010006					
201712010003	3	2			1

5.3　问题 3 模型的建立与求解

5.3.1　问题 3 模型的建立

（1）恐怖袭击风险事件数量与恐怖袭击风险指标

为保证研究结果有实时应用价值，本文选取 2015—2017 年全球恐怖袭击数据，共计 39 453 件，占所有统计数据的 34.6%。考虑到部分国家无数据或记录较少，根据恐怖袭击事件的数量排序，只选取前 50 名国家作为研究对象，见表 12。其中大部分恐怖袭击发生在伊拉克、印度、巴基斯坦和阿富汗等少数国家。排名前四的国家每年发生的恐怖袭击事件总数分别占到 2015 年、2016 年、2017 年的 45.5%、50.5% 和 51.1%。

表 12　　　　　　　　2015—2017 年恐怖袭击数量排名前 100 的国家名单

国家	2015 年		2016 年		2017 年	
	起数	排名	起数	排名	起数	排名
伊拉克	2 749	1	3 359	1	2 466	1
阿富汗	1 929	2	1 618	2	1 413	2
印度	883	4	1 026	3	966	3
……	…	…	…	…	…	…
乌克兰	637	9	61	27	61	25
尼日尔	41	32	25	39	13	49
乌干达	10	—	15	47	13	50
合计	10 897		13 592		10 897	

第9篇 对恐怖袭击事件记录数据量化分析

选取三年恐怖袭击事件总起数、三年总死亡人数、三年总受伤人数、三年总财产损失、亡人事件百分比、三年死亡人数超过10人的恐怖袭击事件数量以及三年平均每件恐怖袭击事件死亡人数共七个指标作为风险指标,并将其分为两个主因子。第一个主因子与五个指标相关:死亡人数大于10、总起数、总死亡人数、总受伤人数和总财产损失,主要反映了国家整体遭受恐怖袭击的风险,因此第一主因子可命名为基本风险因子;第二个主因子与剩下两个指标相关:亡人事件百分比和每起事件平均亡人数,主要反映了国家的应对恐怖袭击能力,命名为脆弱性因子[17]。GTD中关于财产损失以未知、一般损失等描述性词为主,为量化财产损失,给不同财产损失确定权重值,见表13。

表 13　　　　　　　　恐怖袭击财产损失权重值确定

权重	财产损失
0	未知
1	一般损失(<\$1 million)
2	较大损失(\$1 million<损失<\$1 billion)
3	巨大损失(>\$1 billion)

首先分析2015年数据,因子荷载采用主成分法得到,再进行因子旋转,因子个数确定原则为特征根大于1[6]。因子分析结果见表14,可见保留两个主因子是合适的,且累计方差分别为57.125%和82.023%,达到了降维目的。给两个主因子特定解释意义,通过最大方差做因子旋转,结果见表15。

表 14　　　　　　　　因子解释原变量总方差结果

因子	初始特征根			因子载荷平方和	旋转因子载荷平方和		
	总计	方差百分比	累计百分比	累计百分比	总计	方差百分比	累计百分比
1	4.132	60.92%	60.92%	61.92%	3.862	57.12%	57.12%
2	1.402	19.62%	82.02%	82.02%	1.774	25.56%	82.02%
3	0.748	10.54%	93.45%				
4	0.322	3.21%	95.78%				
5	0.170	2.52%	98.14%				
6	0.103	1.43%	99.63%				
7	0.019	0.40%	100%				

表 15　　　　　　　　旋转后因子荷载矩阵

指标	变量	因子	
		1	2
X_1	死亡人数≥10	0.892	0.284
X_2	总起数	0.984	0.094
X_3	总死亡人数	0.692	0.532

(续表)

指标	变量	因子 1	因子 2
X_4	总受伤人数	0.904	0.071
X_5	总财产损失	0.941	0.109
X_6	亡人事件百分比	0.172	0.735
X_7	每起事件平均死亡人数	0.039	0.931

根据表 15,建立恐怖袭击因子分析模型:

$$X_1 = 0.892f_1 + 0.284f_2 \tag{1}$$

$$X_2 = 0.984f_1 + 0.094f_2 \tag{2}$$

$$X_3 = 0.692f_1 + 0.532f_2 \tag{3}$$

$$X_4 = 0.904f_1 + 0.071f_2 \tag{4}$$

$$X_5 = 0.941f_1 + 0.109f_2 \tag{5}$$

$$X_6 = 0.172f_1 + 0.735f_2 \tag{6}$$

$$X_7 = 0.039f_1 + 0.931f_2 \tag{7}$$

2015 年恐怖袭击因子得分函数计算如下:

$$F_1 = 0.214x_1 + 0.279x_2 + 0.114x_3 + 0.257x_4 + 0.263x_5 - 0.076x_6 - 0.145x_7 \tag{8}$$

$$F_2 = 0.038x_1 - 0.113x_2 + 0.233x_3 - 0.105x_4 - 0.263x_5 + 0.453x_6 + 0.602x_7 \tag{9}$$

根据各个子方差贡献比重可计算因子综合得分:

$$F = 0.571\,25F_1 + 25.559F_2 \tag{10}$$

表 16 给出了各个国家因子得分结果。

表 16 因子得分及排名

国家	因子得分		综合得分	因子 1 排名	因子 2 排名	综合排名
	因子 1	因子 2				
印度	6.021	−0.171	3.391	1	42	1
以色列	5.201	−0.359	2.456	2	46	2
伊拉克	2.907	1.471	1.99	3	9	3
……	…	…	…	…	…	…
中非共和国	−0.750	1.551	0.214	48	8	25
……	…	…	…	…	…	…
也门	−0.337	−0.071	−0.140	28	40	49
埃塞俄比亚	−0.417	0.046	−0.143	32	35	50

第一主因子分析:第一主因子表示遭受恐怖袭击的基本风险指数,风险最高的前十位为:印度、以色列、伊拉克、俄罗斯、菲律宾、印度尼西亚、安哥拉、阿富汗、哥伦比亚、西班牙。从全球看,第一因子得分较高的国家集中在中东、北非、南亚和南美地区,且多为发展中国家。

第二主因子分析:脆弱性因子主要反映国家遭受恐怖袭击发生伤亡的风险高低,其方差贡献率为25.6%。表16中前十名国家为苏丹、安哥拉、突尼斯、刚果、摩洛哥、科特迪瓦、中非共和国、伊拉克、乌干达、布隆迪,绝大多数为非洲国家,表明非洲国家抵抗恐怖袭的能力较弱。不同国家抵抗恐怖袭击的能力相差较大,脆弱性指标能很好地反映一个国家遭受恐怖袭击时发生伤亡的风险水平。

综合因子分析:根据因子分析,采用自然区间分类,50个国家分为五级风险水平。得分越高表明恐怖袭击风险水平越高,得分为零表示处在平均风险水平,负得分表示恐怖袭击风险水平低于平均值[14]。2015年高风险区间六个国家(得分1.045~3.249)为恐怖袭击风险最高的国家,分别为印度、以色列、伊拉克、俄罗斯、美国、哥伦比亚。其排名和综合得分见表17。

表17   **2015年高风险区间六个国家及综合得分**

排名	国家	综合得分
1	印度	3.391
2	以色列	2.456
3	伊拉克	1.99
4	俄罗斯	1.467
5	美国	1.132
6	哥伦比亚	1.045

5.3.2 问题3模型的求解及分析

(1)恐怖袭击事件发生的原因时空特性及蔓延特性分析

根据附件1以及互联网相关信息得知,近三年的恐怖活动中影响最严重的因素是民族型极端恐怖主义;贸易、国外直接投资以及有价证券投资与恐怖袭击之间并没有直接的正相关性,然而恐怖袭击起数降低,全球经济发展形势就好转;政治自由度与恐怖袭击之间具有非单调的相关关系,中等政治自由度的国家与高度政治自由或专制的国家相比,倾向于发生更多的恐怖袭击,说明恐怖袭击在一个国家从独裁走向民主的转变过程中发生的概率较大。

由因子分析结果可知,恐怖袭击呈蔓延趋势。由表17可知,从2015年开始,恐怖袭击风险逐渐从北美和西欧转移到南亚和中东,呈现出一定的聚集性。2015年,得分较高的国家较多,说明高风险国家分布普遍。

(2)2018年全球及国内反恐态势分析研判

从恐怖袭击风险分布图来看,2018年的恐怖袭击风险水平还会不断地聚集,呈恶化的地区为中东、南亚和非洲国家,而欧洲和北美的恐怖袭击风险表现出好转的趋势。

中国在2015年得分为0.064,在2016年和2017年,得分分别为0.051和0.032,虽然综合得分逐年下降,但还是高于平均水平。这一结果警示我们,恐怖袭击离我们并不远,2013年北京金水桥事件,2014年昆明火车站砍杀事件均说明恐怖袭击并未远离我们。中国当局应及时作出部署,提高应对恐怖袭击的能力,并提高公众的反恐和自我保护意识。

（3）对反恐怖斗争的建议

通过以上问题所建模型对当前国际反恐形势做出的分析预测,对当前国际社会越来越严峻的反恐态势提出五点建议:①国际社会之间应开展全球性的反恐合作;②制定统一的国际反恐公约;③继续发挥联合国的主导地位和核心作用;④打击国际恐怖主义与保护人权兼顾;⑤解决国际恐怖主义的根源问题,做到标本兼治。

5.4 问题4模型的建立与求解

5.4.1 利用方法一及相关模型介绍

GTD的恐怖袭击事件涉及犯罪事件的地域、国家、受害者的类型以及恐怖袭击者使用的手段武器等多个参量,且其样本数足够多,因此,本文可借用 BP 神经网络在恐怖袭击事件发生的各个因素的不规律性中找出可以研究的方面。BP 神经网络结构如图 8 所示。

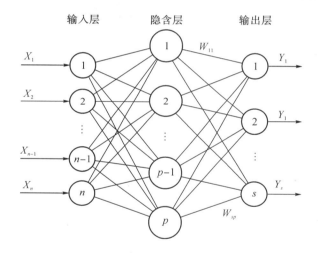

图 8　BP 神经网络结构

基于 BP 神经网络的算法原理,将每个恐怖袭击事件的九大类因素作为输入样本,以恐怖袭击危害值分值、发生地点、受害目标的类型及后果三个因素作为输出样本,使用附件 1中的数据建立样本数据集,利用 MATLAB 的人工神经网络工具箱建立基于 BP 神经网络的恐怖袭击事件预测系统的网络模型对其进行样本训练,从而实现对恐怖袭击事件的预测。在预测时,只需要输入该起恐怖袭击事件的几个已知参数,即可预测该恐怖袭击事件的危害值分值、发生地点、受害目标的类型及后果等信息,进而便于分析其状况并迅速采取应急措施,从而实现危害最小化[18, 19]。

5.4.2 利用方法二及相关模型介绍

利用 GTD 数据,可以筛选出恐怖袭击事件发生量少的地区或国家,深入分析其反恐防恐的政策及措施,以供国际社会参考,从而减少恐怖袭击事件的发生。

5.4.3　利用方法三及相关模型介绍

利用GTD数据,一方面可以建立模型评估某个国家的社会经济情况,从而给政府提供参考来制定经济政策以及给外界投资商来评估投资风险,另一方面也可以获得更好的反恐效果[6]。该模型主要是将世界银行各种的社会经济数据相结合,通过对经济发展、教育水平、人口变迁、行业变化、进出口贸易、国际收益等数据预处理,以经济发展、教育水平、人口变化和就业率四个指标为自变量,利用SAS软件与恐怖袭击数据进行相关性分析,将相关性较高的自变量纳入多元回归模型进行实验,从中找到与恐怖袭击密切相关的因素。政府可以在这些因素上加大投入,从根源上打击恐怖主义,给外界投资者以信心。

6　模型评价

6.1　模型优点

(1) 对于问题1所建模型,每一起恐怖袭击事件 i,其特征点 $M_i(D_i, S_i)$ 的计算过程和所有参数记录过程可通过判别式 $\Delta(D, S)$ 来判断其异常性。通过在危害度图上的分布可以直接判断出该起恐怖袭击事件 i 的危险等级(I—V级)和主导类型(MAD或MAS),这对分析研究恐怖袭击事件的危害性与特征点、主导型之间的关联大有裨益。

(2) 在问题1所建模型中,纳入考量的所有参数均是以数值形式参与处理计算,难以数值化的必要参数通过关联度计算、特殊赋值化等方法进入后续的加权调和等过程,使得整个计算过程对计算系统来说极其简便,尽可能地降低主观影响和人为判断参与的可能。

(3) 在问题1模型的建立与求解过程中,所建模型不仅解决了参数复杂的恐怖袭击事件的危害性评估和分级的任务,模型还将危害进行维度分离,在分离考量一次恐怖袭击事件的直接危害和次生危害的同时完成了对事件的特征化、可视化。简言之,模型通过维度分离对事件的危害性实现了计算结果的可视化。

(4) 模型在实现可视化后,在危害度图上的分布图像提供了超出原始数据本身的研究价值,如前文所述,正常区($\Delta < 0$)和异常区($\Delta \geqslant 0$)的划分,有利于直接判断统计、计算过程可能的异常或错误疑似性,MAD区($D \geqslant S$)和MAS区($D < S$)有利于直观判断灾害主导类型。分析同一时间、空间的恐怖袭击事件特征点分布图,可以挖掘危害性与主导性关联情况,从而指导救灾等活动;分析不同时间、空间特征的分布图,可以判断该时段、地区的时间危害性特征,研究恐怖袭击事件的组织化或独立化趋势,从而指导预防打击活动。

(5) 在问题2模型的建立与求解过程中,本文创新性地研究了基于主成分聚类分析的恐怖袭击事件的分类,为全球恐怖袭击事件的分类及分类方法的评价提供了新的视角和方法。

(6) 模型所用数据源包括GTD提供的恐怖袭击事件数据库和全球宏观经济数据库等的数据,关于事件的特征项共有135项,样本量高达114 183件。列入建立模型的四级指标(直接参数)通过赋值化和特殊赋值化处理的指标56项,考虑因素远多于传统的简单的分析方法,对危害性分析的全面程度较高。此外,采用的所有特征项回避了主观臆断和模棱两可的危害性因素可能造成的对参数准确性不利的影响,数据参考指标丰富。

6.2 模型不足及改进方向

（1）由于本文中所有模型的建立和求解是在理想假设的条件下进行的，未考虑的实际因素较多，如当地的文化差异、自然条件等因素难以列入量化指标，因此分析结论与实际情况可能存在一定偏差。

（2）问题 1 的模型在维度分离选取二级指标时单纯根据实际情况主观判断，分离出直接危害 D 和次生危害 S，二者存在变化和时空上的关联性，其关联性值得进一步探究。另外，其他分离维度的指标亦可作尝试，并探究多维度指标间的复杂关联情况。

（3）探究发生恐怖袭击事件的影响因素是一个复杂、系统的过程，本文对恐怖袭击事件给出的九大类因素可能存在分析不全面或者不妥的地方，这一点值得进一步研究。

（4）对于问题 2 模型的建立与求解，虽然本文创新性地研究了基于聚类分析法的恐怖袭击事件的分类评价，但在对各类恐怖袭击事件实施评价时，由于受时间等因素的限制，并未对各类事件分类的结果评价展开详细的探讨和系统的分析。因此基于问题 2 的分析过程在未来的研究工作中可以从以下几方面展开：①借鉴统计学研究成果，设计更为合理的恐怖袭击事件分类评价的衡量方法；②探讨不同的统计方法对恐怖袭击事件分类评价的影响。主成分分析法及聚类分析法虽然对恐怖袭击事件的分类评价提供了新的视角和方法，但是由于现有研究仍存在一定的局限性，因此，在未来需要进一步进行研究和探索。

（5）碍于时间有限，针对问题 4 提出的新的方法和模型，本文并未进行实际验证，因而今后的工作应该针对 BP 神经网络预测等方法做进一步的实际检验，并针对模型的缺点和存在问题进行改进。

参考文献

［1］胡良平. 主成分分析应用（Ⅱ）——主成分聚类分析［J］. 四川精神卫生，2018(2)：133-135.

［2］陆慧琴，高月红. 主成分聚类分析法在大学生综合测评中的应用［J］. 科技信息，2010(26)：80-81.

［3］王转建，黄攸立. 层次分析法在岗位价值评估中的应用［J］. 价值工程，2004，23(1)：47-49.

［4］傅立. 灰色系统理论及其应用［M］. 上海：上海科学技术文献出版社，1992.

［5］胡永宏，贺思辉. 综合评价方法［M］. 北京：科学出版社，2000.

［6］郭文月. 基于全球恐怖主义数据库的社会安全事件时空关联分析方法研究［D］. 郑州：解放军信息工程大学，2015.

［7］姚若松，凌文辁，方俐洛. 工作评价中的若干问题及其解决方法［J］. 湘潭大学学报（哲学社会科学版），2003，27(3)：77-80.

［8］李艳双，曾珍香. 主成分分析法在多指标综合评价方法中的应用［J］. 河北工业大学学报，1999，28(1)：94-97.

［9］岳田利，彭帮柱，袁亚宏，等. 基于主成分分析法的苹果酒香气质量评价模型的构建［J］. 农业工程学报，2007，23(6)：223-227.

［10］岳育英，杜光斌，刘兴祥. 多元函数条件极值计算的一种方法［J］. 延安大学学报（自然科学版），2011，30(3)：39-41.

［11］解素雯. 基于主成分分析与因子分析数学模型的应用研究［D］. 济南：山东理工大学，2016.

［12］Ackerman G. Review of World at Risk：The Report of the Commission on the Prevention of WMD Proliferation and Terrorism［J］. Journal of Homeland Security & Emergency Management，2009，6

(1):17-26.

[13] Abadie A. Poverty, Political Freedom, and the Roots of Terrorism[J]. American Economic Review，2006，96(2)：50-56.

[14] 张铃,张钹. 人工神经网络理论及应用[M]. 杭州:浙江科学技术出版社，1997.

[15] Jones J W. Why does religion turn violent? A psychoanalytic exploration of religious terrorism[J]. Psychoanalytic Review，2006，93(2)：167-180.

[16] Keeney G L，Winterfeldt D V. Identifying and Structuring the Objectives of Terrorists[J]. Risk Analysis，2010，30(12)：1803-1816.

[17] Lech M. New security strategies and development of international cooperation against terrorism in the light of the legal order of the United Nations[J]. 2015(1)：12-31.

[18] Lafree G，Xie M，Singh P. Spatial and Temporal Patterns of Terrorist Attacks by ETA 1970 to 2007 [J]. Journal of Quantitative Criminology，2012，28(1):7-29.

[19] 郑卫燕. 基于遗传算法的BP网络优化研究及其应用[D],哈尔滨：哈尔滨工程大学，2008.

附录(略)

陈雄达

这篇论文通过分析恐怖袭击时间的相关信息建立了多个模型，对恐怖主义事件进行危害等级的分类和判断，对不同的事件进行了关联度分析和嫌疑程度排序，评估了未来的恐怖主义事件的风险，最后尝试对恐怖主义事件进行预测。

对于恐怖事件的危害等级分类，论文首先建立了危害等级的指标体系，并进行了一定的关联度和可视化分析，给出了十大恐怖主义事件。在论文中，指标体系的各个指标的重要性程度对比缺少定量的分析。论文对恐怖主义的成因进行了主成分分析，进行了事件的聚类，提出了恐怖主义事件的危害性定量计算方法，并给出了危害程度最高的五组事件，并认定了主要嫌疑人的嫌疑度。这个模型有一定的合理性，但对于这些结果的解读应该更好地结合实际，以便读者更好地体会这些方法如何运用。关于恐怖事件的风险，论文按照恐怖事件的数量对不同地区时段进行了排名，并结合财产损失和人员伤亡等要素进行综合评估，分析了恐怖主义事件的时空蔓延特性。这个模型的结论显得更加定性而非定量。而对于最后一个问题，论文中仅是提出了模型和方法，没有给出最后的计算结果。

因此，该论文的模型还是有不少的地方值得改进提高。

第10篇

恐怖袭击事件记录数据量化分析

经维维　严　妍　傅佳楠

同济大学交通运输工程学院

摘要　自20世纪90年代以来,世界恐怖主义活动日益严重,已经成为影响世界稳定和地区安全的首要威胁,当前恐怖活动呈现大规模和复杂化的发展趋势。通过对历史恐怖袭击数据进行深入量化分析,有助于加深人们对恐怖主义的认识,为反恐防恐提供有价值的信息支持。

首先,建立基于混合类型数据聚类和层次分析法的恐怖袭击事件危害程度分级模型,主要将危害程度影响因素分为三个层面:人员伤亡、社会影响和财产损失。采取无监督的聚类算法,挖掘同类型事件之间的关联性。但是传统的经典聚类算法仅适用于单一变量,为解决这一问题,本文引入一种适用于混合类型数据聚类的算法——K-Prototypes聚类算法。对于聚类得到的五个类簇及中心点,根据层次分析法建立用于评价恐怖袭击时间危害程度的层次分析结构,得到各个因素对于危害程度的权重,从而对各个类簇进行危害程度等级划分。

其次,建立基于贝叶斯网络学习算法的恐怖袭击嫌疑人识别模型,在事件危害程度等级划分的基础上,选取世界上五大危害程度最高的恐怖组织。本文进一步提出一种基于贝叶斯网络学习算法的恐怖袭击嫌疑人识别模型,选取与嫌疑人高度相关的变量,利用贝叶斯网络学习已知事件制造者的恐怖袭击事件特征,基于历史事件中未知制造者的事件特征,对五大恐怖袭击组织嫌疑程度进行预测。

再次,对未来反恐态势进行分析。基于基尼系数和洛伦兹曲线建立恐怖袭击事件的空间聚集性模型,评价恐怖袭击的空间聚集性,并根据洛伦兹曲线与范围界限找出热点因素和热点地区。基于ArcGIS软件进行空间自相关分析,进一步验证上述结果的有效性,并理解恐怖袭击空间聚集模式和空间相关性等信息。从空间分布角度进一步分析恐怖袭击的变化趋势及演变规律,为当今国际联合反恐提供更加坚实可靠的依据。

最后,对恐怖袭击事件报道关键词的时间演变进行分析,结合GTD数据中对每个恐怖袭击事件的概述,对关键词出现的频数进行可视化。结果发现,媒体报道热衷于在标题中展示恐怖袭击制造者、人员伤亡人数情况以及恐怖袭击方式,而伊拉克问题一直是近十年来的高频词汇,与恐怖袭击事件有着不可分割的联系。

通过本文的研究,不仅可以对恐怖袭击事件进行合理的危害程度分级,同时可以根据事件特征对恐怖袭击事件制造者进行预测,不仅为反恐工作提供有效的态势分析,而且可以向公众展示当前的反恐形势。

关键词　恐怖袭击,混合类型数据聚类,贝叶斯网络,基尼系数,空间自相关

1　问题重述

恐怖袭击是指极端分子人为制造的针对但不仅限于平民及民用设施的不符合国际道义的攻击方式。恐怖袭击从 20 世纪 90 年代以来,有在全球范围内迅速蔓延的严峻趋势。恐怖袭击威胁评估作为反恐活动的重要组成部分,是对恐怖袭击进行有效预警、控制和处理的基础。本文对恐怖袭击威胁进行综合评估,从而为反恐决策者提供决策支持。基于某组织搜集整理的 GTD 中 1998—2017 年恐怖袭击事件的记录,本文主要解决了以下四个问题。

1.1　依据危害性对恐怖袭击事件分级

对灾难性事件进行分级是社会管理中的重要工作[1~3]。恐怖袭击事件的危害性不仅取决于人员伤亡和经济损失这两个方面,还与发生的时机、地域、针对的对象等诸多因素有关,因而采用上述分级方法难以形成统一标准。本文建立了量化分级模型,将数据给出的事件按危害程度从高到低分为一至五级,列出了近二十年来危害程度最高的十大恐怖袭击事件并分级。

1.2　依据事件特征发现恐怖袭击事件制造者

全球恐怖主义数据库中有多起恐怖袭击事件尚未确定作案者。如果将可能是同一个恐怖组织或个人在不同时间、不同地点多次作案的若干案件串联起来统一组织侦查,有助于提高破案效率。本文针对在 2015 年和 2016 年发生的、尚未有组织或个人宣称负责的恐怖袭击事件,运用贝叶斯网络进行预测[4,5],将可能是同一个恐怖组织或个人在不同时间、不同地点多次作案的若干案件归为一类,按嫌疑程度对五类嫌疑人排序。

1.3　对未来反恐态势的分析

对未来反恐态势的分析评估有助于提高反恐斗争的针对性和效率。本文依据数据并结合其他相关信息,基于基尼系数和洛伦兹曲线,以及 ArcGIS 的空间自相关分析[6~8],研究近三年恐怖袭击事件发生的主要原因、空间分布特性等规律,进而分析研判 2018 年全球或某些重点地区的反恐态势,提出对反恐斗争的见解和建议。

1.4　恐怖袭击事件报道关键词演变分析

本文最后对数据的进一步利用进行了讨论,结合 GTD 数据中对每个恐怖袭击事件的概述,对关键词出现的频数进行可视化,对恐怖袭击事件报道关键词的时间演变进行分析。

2 数据处理

原始 GTD 数据中共包含 134 个变量,变量类型包括数值变量、分类变量和文本变量。其中事件编号(eventID)是唯一识别各个事件的变量。在对恐怖袭击事件危害度的分级过程中,影响因素不仅取决于人员伤亡和经济损失这两个方面,还与发生的时机、地域、针对的对象等诸多因素有关。在本文的模型中,参考已有文献中事件分级的考虑因素,将恐怖袭击事件危害性的影响因素主要定为三个方面:人员伤亡因素、社会影响因素和财产损失因素(图 1)。

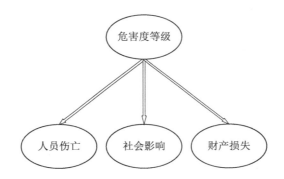

图 1 恐怖袭击事件严重程度影响因素

从原始数据中首先剔除文本类型的数据,再根据剩余变量的完整度(很多数据有的值为空),选取以下可能影响各个因素的变量。根据各个变量之间的相关性以及数据质量,对变量进行合并和再处理。

最终确定 9 个相关的变量用于对恐怖袭击事件危害性的评价,各个变量的含义说明见表 1。其中"nkill & nwound"为民众的总伤亡人数(不包括恐怖组织伤亡人员),由"nkill""nkillter""nwound"和"nwoundter"四个变量计算得到。

$$\text{nkill \& nwound} = \text{nkill} - \text{nkillter} + \text{nwound} - \text{nwoundter} \qquad (1)$$

但是,数据中存在部分事件的伤亡人员为负值,因此,删除这部分事件的数据。通过筛选共有七条,事件编号分别为:201411190055,201603120011,201603120012,201604180067,201702120045,201705290050,201609300047。

表 1　　　　　　　　　　　恐怖袭击事件分级模型变量说明

变量	变量取值	变量说明	变量类型
nkill&nwound	0～9 569	总伤亡人数(不包括恐怖组织人员;0=无伤亡或未知伤亡人数	连续变量
nhostkid	−99 或 0～5 350	总绑架和挟持人数:−99=未知;0=无被绑架和挟持人员	连续变量
propextent	0,1,2,3,4	财产损失程度:0=未知;1=无财产损失;2=(<100 万美元);3=(100 万～1 亿美元);4=(>1 亿美元)	有序分类变量

（续表）

变量	变量取值	变量说明	变量类型
success	0,1	袭击是否成功:0＝未成功;1＝成功	无序分类变量
suicide	0,1	是否是自杀式袭击:0＝不是;1＝是	无序分类变量
extended	0,1	是否是持续事件:0＝持续时间小于 24 小时;1＝持续事件大于 24 小时	无序分类变量
attacktype1	1,2,3,4,5,6,7,8,9	主要攻击类型:1＝暗杀;2＝武装袭击;3＝轰炸/爆炸;4＝劫持;5＝劫持人质(路障事件);6＝劫持人质(绑架);7＝设施/基础设施攻击;8＝徒手攻击;9＝未知	无序分类变量
targtype1	1～22	攻击目标:1＝商业;2＝政府;3＝警察;4＝军事;5＝流产有关;6＝机场和飞机;7＝政府(外交);8＝教育机构;9＝食物或水供应;10＝新闻记者;11＝海事(包括港口和海上设施);12＝非政府组织(NGO);13＝其他;14＝公民自身和私有财产;15＝宗教人物/机构;16＝电信;17＝恐怖分子/非州立民兵组织;18＝游客;19＝运输(航空除外);20＝未知;21＝公用事业;22＝暴力政党	无序分类变量
weaptype1	1～13	武器类型:1＝生物武器;2＝化学武器;3＝放射性武器;4＝核武器;5＝轻武器;6＝爆炸物/炸弹/炸药;7＝假武器;8＝燃烧武器;9＝致乱武器;10＝交通工具;11＝破坏设备;12＝其他;13＝未知	无序分类变量

3　模型的建立与求解

3.1　恐怖袭击事件分级模型

3.1.1　K-Prototypes 聚类

将共 114 176 条事件数据,利用 9 个变量(其中 2 个连续变量,1 个有序分类变量,6 个无序分类变量),进行 K-Prototypes 聚类。由于"nkill&nwound"和"nhostkid"两个变量的取值范围较大,为了保证较好的聚类效果,对这两个连续变量进行标准化来消除量纲的影响。标准化的方法如下:

$$标准化数据 ＝ (数据 － 均值)/ 标准差 \tag{2}$$

各个类簇的大小和聚类中心见表 2。

表 2   聚类结果

聚类中心	nkill&nwound	nhostkid	propextent	success	suicide	extended	attacktype1	targtype1	weaptype1	类簇大小
第 1 类	0.033 7	0.044 1	0.955 0	1	0	0	2	14	5	33 266
第 2 类	0.000 1	−0.019 0	1.355 9	1	0	0	3	4	6	39 915
第 3 类	0.095 4	−0.025 2	1.049 4	0	0	0	2	4	5	22 905
第 4 类	0.101 7	0.012 4	0.205 9	1	0	0	3	14	6	94 828
第 5 类	−0.057 7	−0.023 2	1.921 1	1	0	0	7	2	6	48 265

五个类簇对应于各个变量的分布,如图 2 所示。

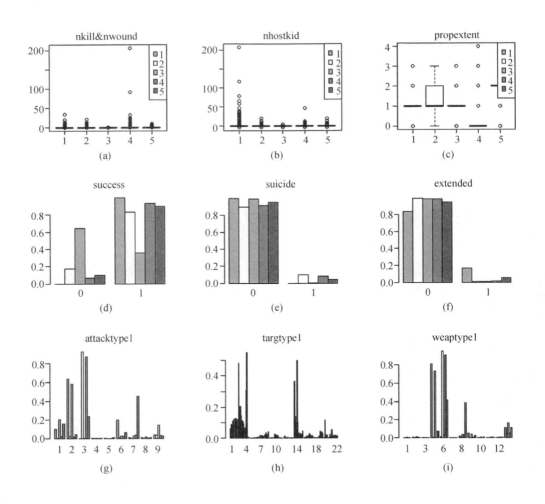

图 2   各个类簇在各个指标中的分布

3.1.2 层次分析法确定指标权重与类簇等级

根据前文中选取的相关指标,对应前文中聚类得到的五个类簇中心,利用层次分析法进行分级。

(1)建立层次结构

建立了如图 3 所示的层次分析法的层次结构。其中目标层为恐怖袭击时间等级划分;将准则层分为民众伤亡、社会影响和财产损失三个准则,分别用 B1,B2 和 B3 表示;每个准则对应相应的影响变量作为因素层;方案层为聚类得到的五个类簇中心,分别用 C1,C2,C3,C4 和 C5 表示。

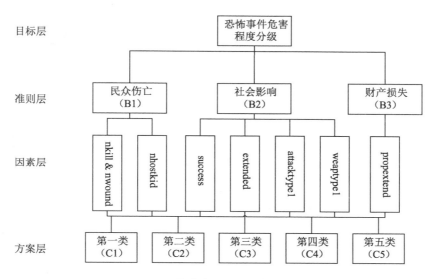

图 3 聚类中心评价层次结构

各个类簇、影响层面和影响因素的值见表 3,通过层次分析法获得各个影响因素的权重即可计算得到各个类簇中心的危害程度。

表 3   类簇中心和影响因素对应表

影响层面	影响因素	类簇中心				
		1	2	3	4	5
人员伤亡	nkill&nwound	3.81	5.37	0.95	10.09	2.70
	nhostkid	1.58	0.04	0.20	0.13	−0.15
	targtypel	14	4	14	14	14
	suicide	0	0	0	0	0
社会影响	success	1	1	1	1	1
	extended	1	0	0	0	0
	attacktypel	6	9	3	2	2
	weaptypel	5	13	6	5	5
财产损失	propextent	0.99	0.83	1.03	0.67	2.02

(2) 构造判断矩阵与一致性检验

在确定各层次各因素之间的权重时,如果只是定性的结果,则常常不容易被别人接受。层次分析法采用相对尺度,尽可能减少性质不同的诸因素相互比较的困难,提高准确度。如对某一准则,对其下的各方案进行两两对比,并按其重要性程度评定等级。a_{ij} 为要素 i 与要素 j 重要性比较结果,其中 $a_{ji} = 1/a_{ij}$。判断矩阵元素 a_{ij} 的标度方法[9]见表 4。

表 4　　　　　　　　　　　　　　　　比例标度

因素 i 比因素 j	量化值
同等重要	1
稍微重要	3
较强重要	5
强烈重要	7
极端重要	9
两相邻判断的中间值	2,4,6,8

通过一致性检验的判断矩阵见表 5 至表 8,根据各个判断矩阵可以得到相应的权重。最终各个影响因素的权重见表 9。

表 5　　　　　　　　　　目标层与准则层判断矩阵与一致性检验

危害度分级	民众伤亡	社会影响	财产损失	权重
民众伤亡	1.00	7.00	5.00	0.744 817
社会影响	0.14	1.00	2.00	0.149 394
财产损失	0.20	0.50	1.00	0.105 789
		CR=0.098 5	对总目标的权重	1

表 6　　　　　　　　　　准则层与因素层判断矩阵与一致性检验(民众伤亡)

民众伤亡	nkill&nwound	nhostkid	targtype1	suicide	权重
nkill&nwound	1	3	4	3	0.507 54
nhostkid	0.33	1	2	3	0.249 769
targtype1	0.25	0.5	1	0.33	0.085 782
suicide	0.33	0.33	3	1	0.156 909
			CR=0.092 2	对总目标的权重	0.744 817

表 7　准则层与因素层判断矩阵与一致性检验（社会影响）

社会影响	success	extended	attacktype1	weaptype1	
success	1	0.25	3	2	0.231 564
extended	4	1	4	2	0.511 374
attacktype1	0.333 333	0.25	1	1	0.108 916
weaptype1	0.5	0.5	1	1	0.148 146
			CR＝0.089 9	对总目标的权重	0.149 394

表 8　财产损失权重

财产损失	propextent	对总目标的权重	0.105 789

表 9　影响因素权重

影响因素	nkill&nwound	nhostkid	propextent	success	suicide
权重	0.378 0	0.186 0	0.063 9	0.116 9	0.034 6
影响因素	extended	attacktype1	targtype1	weaptype1	
权重	0.076 4	0.016 3	0.022 1	0.105 8	

3.1.3　危害度等级评定

由于对每一个变量赋予了一个权重，对于多分类变量不能直接乘以权重。因此，对多分类变量（attacktype1，targtype1，weaptype1）的各个类别的含义进行了严重程度等级划分（表10，表11）。

表 10　多分类变量等级重划分

变量	等级划分	变量说明
attacktype1	4＝2，3 3＝4，5，6 2＝7 1＝1，8，9	1，2，3，4 严重程度递增
targtype1	5＝14，18 4＝2，3，4，7，10 3＝1，5，8，9，21 2＝6，11，16，19 1＝12，13，15，17，20，22	1，2，3，4，5 严重程度递增
weaptype1	4＝4 3＝1，2，3，6 2＝5，8，9 1＝7，10，11，12，13	1，2，3，4 严重程度递增

表 11　　　　　　　　　　　　　　　　类簇等级划分

聚类中心	nkill&nwound	nhostkid	propextent	success	suicide	extended	attacktype1	targtype1	weaptype1	危害程度	危害等级划分
1	3.811 1	1.576 7	1	0	1	1	1	1	0.994 5	2.052 5	3
2	5.372 0	0	0	0	1	0	0	0	0.828 5	2.153 0	2
3	0.953 1	0	1	0	1	0	2	2	1.034 3	0.645 0	5
4	10.089 7	0.125 7	1	0	1	0	2	2	0.673 2	4.062 0	1
5	2.702 8	0	1	0	1	0	2	1	2.017 1	1.388 3	4

危害等级由 1～5 依次降低,对第四类簇中的所有事件再根据因素权重计算其危害程度,得到近二十年来危害程度最高的十大恐怖袭击事件。

表 12　　　　　　　　　　　　　　　十大恐怖袭击事件

事件编号	事件摘要
200109110004	09/11/2001:美国"9·11"事件
199808070002	08/07/1998:美国驻肯尼亚和坦桑尼亚大使馆自杀式恐怖袭击
200409010002	09/01/2004:俄罗斯的车臣分离主义武装分子恐怖劫持事件
201603080001	03/08/2016:"ISIL"在伊拉克北部城市塔扎实施的芥子气化学袭击
200802010006	02/01/2008:乍得和苏丹首都遭武装分子袭击
200708150005	08/14/2007:伊拉克北部地区接连遭到 4 起自杀式汽车炸弹袭击
201710010018	10/01/2017:美国拉斯维加斯赌场自杀式枪击事件
201710140002	10/14/2017:索马里首都酒店袭击事件
200509140001	09/14/2005:巴格达发生连环汽车炸弹爆炸事件
201404150089	04/15/2014:南苏丹反政府武装清真寺屠杀平民

3.2　恐怖袭击事件制造者识别

3.2.1　贝叶斯网络

本文提出用贝叶斯网络进行恐怖袭击嫌疑人危险等级预测[4~5,10]。基于搜索的贝叶斯网络结构学习算法核心主要包含两块:一是确定评分函数,用以评价网络结构的好坏;二是确定搜索策略以找到最好的结果[11]。

（1）评分函数

对网络结构的学习可以归结为求给定数据 D 下具有最大后验概率的网络结构 B_s,即求 B_s 使 $P(B_s \mid D)$ 最大。而 $P(B_s \mid D) = P(B_s, D) / P(D)$,分母 $P(D)$ 与 B_s 无关,所以最终的目标是求使 $P(B_s, D)$ 最大的 B_s,通过一系列推导,可得:

$$P(B_s, D) = P(B_s) \prod_{i=1}^{n} \prod_{j=1}^{q_i} \frac{(r_j - 1)!}{(N_{ij} + r_j - 1)!} \prod_{k=1}^{r_j} N_{ijk}! \tag{3}$$

其中 $P(B_s)$ 是关于 B_s 的先验概率，也就是在不给定数据的情况下，给每种结构设定的概率。可以假设每种结构的概率服从均匀分布，即概率都是相同的常数 c。令 Z 是一个包含 n 个离散随机变量的集合，每个变量 X_i 有 r_i 种可能的取值 $(V_{i1}, V_{i2}, \cdots, V_i r_i)$。令 D 是一个数据库，包含 m 个 case，每个 case 是对所有 Z 中随机变量的实例化。用 B_s 表示一个正好包含 Z 中随机变量的信念网络。变量 X_i 在 B_s 中的父节点表示为 π_i。W_{ij} 表示 π_i 的第 j 种实例化。π_i 共有 q_i 种实例化。比如变量 X_i 有 2 个父变量，第一个父变量有 2 种取值，第二个父变量有 3 种取值，那么 q_i 最多为 $2 \times 3 = 6$。N_{ijk} 表示数据 D 中 X_i 取值为 V_{ik} 且 π_i 被实例化为 W_{ij}。同时，

$$N_{IJ} = \sum_{k=1}^{r_i} N_{ijk} \tag{4}$$

第一个连乘符号通过 i 遍历每个随机变量 X_i，n 为随机变量的个数。第二个连乘符号通过 j 遍历当前变量 X_i 的所有父变量实例，q_i 表示变量 X_i 父变量实例的种类数。最后一个连乘符号变量遍历当前变量 X_i 的所有可能取值，r_i 为可能取值的个数。用常数代替 $P(B_s)$ 后：

$$P(B_S, D) = c \prod_{i=1}^{n} \prod_{j=1}^{q_i} \frac{(r_j - 1)!}{(N_{ij} + r_j - 1)!} \prod_{k=1}^{r_j} N_{ijk}! \tag{5}$$

目标是寻找 B_s 使后验概率最大：

$$\max [P(B_S, D)] = c \prod_{i=1}^{n} \max \left[\prod_{j=1}^{q_i} \frac{(r_j - 1)!}{(N_{ij} + r_j - 1)!} \prod_{k=1}^{r_j} N_{ijk}! \right] \tag{6}$$

当找到一个最好的网络结构时，把该结构下的 N_{ijk} 数据代入上式可以得到最大值。只要最大化每个变量的局部最大，就能得到整体最大。将每个变量的部分提出来作为新的评分函数：

$$g(i, \Pi_i) = \prod_{j=1}^{q_i} \frac{(r_j - 1)!}{(N_{ij} + r_j - 1)!} \prod_{k=1}^{r_j} N_{ijk}! \tag{7}$$

（2）搜索策略

恐怖事件数据集包含了多维变量。本文基于相关性分析首先进行初步筛选，将与嫌疑人可能相关的信息筛选出来，进一步在初筛的结果中，通过相关性系数的计算筛选出与嫌疑人显著相关的因素，筛选过程与结果如图 4 所示。

根据上文筛选与嫌疑人相关指标的结果，最终确定的指标共 9 个。贝叶斯网络学习的输入变量处理过程如下：

第 1 步，提取确定是恐怖袭击事件的样本；

第 2 步，根据所获得的情报信息提取所需属性；

第 3 步，将含有缺失数据的样本剔除；

第 4 步，部分属性离散化；

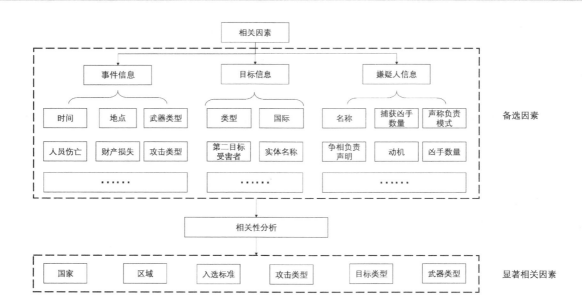

图 4　嫌疑人相关因素筛选

第 5 步,属性取值连续化。由于第 3 步的操作中的国家属性编号并不连续,需要处理成连续的,如国家编号为 1,3,4,处理成 1,2,3。

经过以上整理,最后得到具有 54 682 条样本量的完整数据集,其中有嫌疑人名称 1 个类节点和 8 个属性节点,对应的节点编号、节点名称、节点大小等信息见表 13。

表 13　　　　　　　　　　　　　　贝叶斯网络节点属性

节点编号	节点名称	节点大小
1	country_txt	144
2	region	12
3	crit1	2
4	crit2	2
5	crit3	2
6	attacktype1	9
7	targtype1	22
8	gname	1 582
9	weaptype1	13

贝叶斯网络的参数学习实质上就是在已知网络结构的条件下,学习每个节点的概率分布表。记一个贝叶斯网为:$N = \{Y, \vartheta\}$,其中 Y 表示贝叶斯网模型(DAG),ϑ 表示贝叶斯网模型参数(CPT)。考虑节点 $X_i(i = 1, \cdots, n)$,其父节点 $\pi(X_i)$ 的取值组合为 $j(j = 1, \cdots, q_i)$,节点状态取值为 $k(k = 1, \cdots, r_i)$。那么网络的参数 ϑ 记为:

$$\vartheta = \{\theta_{ijk} = P(X_i = K) \mid n(X_i) = j\} \tag{8}$$

所以一个贝叶斯网共有 $\sum_{i}^{n} q_i \times r_i$ 个参数,由于某个节点状态概率和恒为 1,故需要学习

的独立参数为 $\sum_{i}^{n} q_i \times (r_i - 1) r_i$。对于一个贝叶斯网 $N = \{Y, \vartheta\}$，在完整数据 $D = (D_1, D_2, \cdots, D_m)$ 下采用贝叶斯估计对其进行参数估计的流程，如图 5 所示。

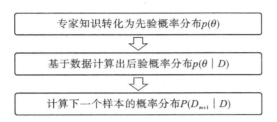

图 5　参数估计流程

3.2.2　模型求解

使用已经构建好的贝叶斯网络及学习参数，可以在部分变量作为证据的前提下，推断得出各个嫌疑人是凶手的概率。本文列举的十个事件中除了嫌疑人名称未知以外，其余均可以作为证据推断其嫌疑人是凶手的概率。证据见表 14。

表 14　证据列表

country_txt	region	crit1	crit2	crit3	attacktype1	targtype1	gname	weaptype1
伊拉克	10	1	1	1	3	14	—	6
阿富汗	6	1	1	1	9	3	—	13
南苏丹	11	1	1	1	7	4	—	8
南苏丹	11	1	1	1	2	19	—	5
南苏丹	11	1	1	1	2	19	—	5
中非共和国	11	1	1	1	9	14	—	13
叙利亚	10	1	1	1	3	4	—	6
阿富汗	6	1	1	1	3	14	—	6
阿富汗	6	1	1	1	3	19	—	6
伊拉克	10	1	1	1	3	14	—	6

根据表 14 提供的证据，可以获得每起事件中，1 582 名嫌疑人各自的概率。根据所有事件的严重程度，评估出威胁最大的五类嫌疑人，通过这五类嫌疑人的概率得到他们的排序，结果见表 15，其中空白表示该嫌疑人对该事件影响极小。

表 15　结果

	Taliban	Islamic State of Iraq and the Levant（ISIL）	Al-Shabaab	Communist Party of India - Maoist（CPI-Maoist）	Boko Haram
201701090031	3	1	2		4
201702210037		1	4	2	3

(续表)

	Taliban	Islamic State of Iraq and the Levant (ISIL)	Al-Shabaab	Communist Party of India - Maoist (CPI-Maoist)	Boko Haram
201703120023	2	4	3	5	1
201705050009	2	4	3	5	1
201705050010	2	4	3	5	1
201707010028	1	—	—	2	3
201707020006	4	5	1	2	3
201708110018		1	4	2	3
201711010006		1	4	2	3
201712010003	3	1	2	—	4

3.3 未来反恐态势分析

3.3.1 基于基尼(Gini)系数和洛伦兹曲线(Lorenz)的空间聚集性与热点分析

下面分析恐怖袭击频率在不同因素中的空间聚集特征,包括国家(Country)、区域(Region)、袭击方式(Attacktype1)、袭击目标(Targtype1)和武器(Weaptype1)。首先,以区域为例给出基尼系数的计算过程。选用数据为全球恐怖袭击 12 个区域的频数数据。把不同区域的频数按照升序排列,并给每个区域编号。计算每个区域的袭击频数占总体频数的比例,以及单个区域在 12 个区域中的占比,并给出各自的累计占比,结果见表 16。计算可得区域的基尼系数为 0.717。

表 16   "区域"的基尼系数计算过程

编号	区域	区域累计占比	频数	频率	累计频率	基尼系数
1	中美洲和加勒比海	0.083	8	0.000	0.000	
2	中亚	0.167	34	0.001	0.001	
3	澳大拉西亚和大洋洲	0.250	36	0.001	0.002	
4	东亚	0.333	43	0.001	0.003	
5	北美	0.417	234	0.006	0.009	
6	南美	0.500	507	0.013	0.022	
7	西欧	0.583	897	0.023	0.045	0.717
8	东欧	0.667	928	0.024	0.068	
9	东南亚	0.750	3169	0.080	0.148	
10	撒哈拉以南的非洲	0.833	6 011	0.152	0.301	
11	南亚	0.917	11 654	0.295	0.596	
12	中东和北非	1.000	15 931	0.404	1.000	

同样,以此类推可以得到其他因素的基尼系数。各因素的洛伦兹曲线如图 6 所示,基尼系数最小值为 0.618(Attacktype1),最大值为 0.870(Country)。基尼系数越大说明分布越不均衡,即聚集性越明显。

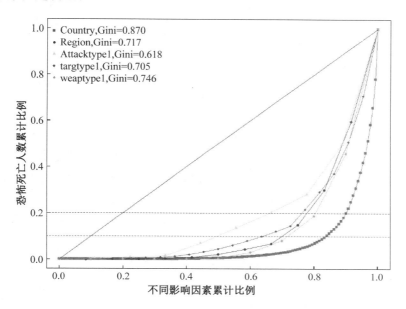

图 6　不同因素的恐怖袭击频率的洛伦兹曲线

经济学家把基尼系数等于 0.4 作为收入差距过大的警戒值,如果基尼系数大于 0.5,收入属于极端不均衡。将此借鉴到恐怖袭击事件的分析中,可以得到恐怖袭击在五个因素中均存在严重的分布不均现象,即具有很高的聚集性,特别是国家因素存在十分明显的聚集现象。这一结果也表明恐怖袭击事件从国家层面来说可能存在热点;尽管武器因素相对基尼系数最小,但依然大于 0.5,表明仍具有较强的空间聚集性。

除此之外,图 6 所示的洛伦兹曲线共分为三个区间:A 区(累计频率为 20%～100%),B 区(累计频率为 10%～20%),C 区(累计频率为 0～10%)。其中 A 区间为主要因素,即恐怖袭击热点;B 区间为次要因素;C 区间为不重要因素。可见,通过基尼系数和洛伦兹曲线可以分析出空间聚集程度以及热点因素。图 6 中,"国家"的洛伦兹曲线在 x 轴的 0～0.9 缓慢增长,到 0.9 之后频率迅速增长到 1,可以得到仅 10% 国家的恐怖袭击次数就占全球总次数的 80%,而 16% 国家的恐怖袭击次数占全球总次数的 90% 以上。通过图 6 的 A 区间可以很容易得到每个因素的热点,见表 17。

表 17　　　　　　　　　　　不同因素下恐怖袭击事件发生的热点

因素	热点	基尼系数
国家	伊拉克、阿富汗、印度、巴基斯坦、菲律宾、尼日利亚、索马里、也门、埃及、叙利亚、利比亚、土耳其、泰国、乌克兰	0.870
区域	中东 & 北非、南亚、撒哈拉以南的非洲	0.717
袭击方式	轰炸/爆炸、武装突击、劫持人质(绑架)	0.618

（续表）

因素	热点	基尼系数
袭击目标	普通公民和财产、军队、警察、政府（一般意义）、商业、宗教人物/机构	0.705
武器	爆炸物/炸弹/炸药、轻武器	0.746

接下来分析恐怖袭击下的死亡总数在不同因素中的空间聚集特征，同样包括国家（Country）、区域（Region）、袭击方式（Attacktype1）、袭击目标（Targtype1）和武器（Weaptype1），并给出了各自的洛伦兹曲线和基尼系数。基尼系数最小值为 0.658（Attacktype1），最大值为 0.904（Country），该结果与恐怖袭击发生频率分析的结果类似，"国家"因素聚集度最大，"袭击方式"因素聚集度最小。

对比袭击频率和死亡总数的基尼系数可知，在相同因素下，死亡总数的基尼系数均大于袭击频率，说明死亡总数比袭击频率的聚集性更强。死亡总数越高，则相对来说越会引起国际社会关注，因此，在制定政策时应重点考虑死亡总数。

图 7 中，尽管袭击频率与死亡总数的聚集度类似，但热点因素并不相同。例如，印度的袭击发生频率排第三位，而死亡总数却没有排进前十；同样，利比亚和乌克兰也有类似的状况。除此之外，"区域""袭击方式""袭击目标"和"武器"的情况类似，具体见表 18。

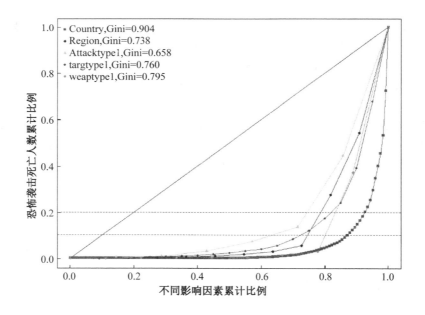

图 7　不同因素的恐怖袭击死亡总数的洛伦兹曲线

表 18 不同因素下恐怖袭击的死亡总数的热点

因素	热点	基尼系数
国家	伊拉克、阿富汗、尼日利亚、叙利亚、巴基斯坦、索马里、也门、埃及、土耳其、菲律宾	0.904
区域	中东 & 北非、南亚、撒哈拉以南的非洲	0.738
袭击方式	轰炸/爆炸、武装突击	0.658
袭击目标	普通公民和财产、军队、警察、商业	0.760
武器	爆炸物/炸弹/炸药、轻武器	0.795

最后,分析恐怖袭击下的受伤总数在不同因素中的空间聚集特征,同样包括国家 (Country)、区域 (Region)、袭击方式 (Attacktype1)、袭击目标 (Targtype1) 和武器 (Weaptype1),并给出了各自的洛伦兹曲线和基尼系数。基尼系数最小值为 0.720 (Attacktype1),最大值为 0.894(Country),该结果依旧没有变化,即"国家"因素聚集度最大,"袭击方式"因素聚集度最小,但是受伤总数的各基尼系数均大于 0.7,相对来说总体上聚集性更高。

对比袭击频率和受伤总数的基尼系数可知,相同因素下,受伤总数的基尼系数也均大于袭击频率,说明受伤总数比袭击频率的聚集性更强。因此,在制定联合反恐政策时同样应重点考虑受伤总数。另外,通过图 8 的 A 区间可以很容易得到每个因素的受伤总数热点,见表 19。

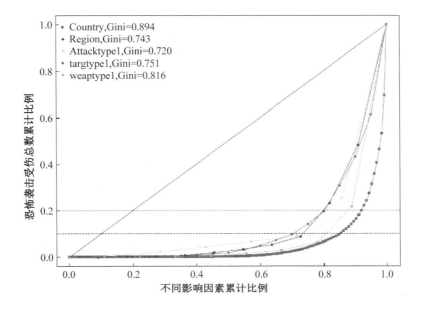

图 8 不同因素的恐怖袭击受伤总数的洛伦兹曲线

表 19 不同因素下恐怖袭击的受伤总数的热点

因素	热点	基尼系数
国家	伊拉克、阿富汗、叙利亚、巴基斯坦、尼日利亚、也门土耳其、索马里、埃及、菲律宾、印度	0.894
区域	中东 & 北非、南亚、撒哈拉以南的非洲	0.743
袭击方式	轰炸/爆炸、武装突击	0.720
袭击目标	普通公民和财产、军队、警察、商业、政府(一般意义)	0.751
武器	爆炸物/炸弹/炸药、轻武器	0.816

3.3.2 基于 ArcGIS 的空间自相关和热点分析

(1)空间全局自相关分析

通过前文计算的基尼系数和绘制的和洛伦兹曲线可以分析并得到恐怖袭击的空间聚集性及热点,为进一步验证上述结果的有效性,并理解恐怖袭击空间聚集模式和空间相关性等,利用空间自相关理论对恐怖袭击空间数据展开分析。

根据各个国家恐怖袭击的频数、死亡总数和受伤总数发现,伊拉克在恐怖袭击频数、死亡总数和受伤总数三方面均是最多的,其次是阿富汗。众所周知,2003 年 3 月 20 日,美国发动伊拉克战争,其原因是以伊拉克藏有大规模杀伤性武器并暗中支持恐怖分子为由,绕开联合国安理会,单方面对伊拉克实施军事打击。2001 年 10 月 7 日,美国发动阿富汗战争,其原因是该战争是美国对"9·11"事件的报复,同时也标志着反恐战争的开始。种种的原因,让这两个国家常年动乱不安。

运用 ArcGIS 进行空间全局自相关分析,采用的空间相关性的统计量为Moran's I,得出的具体结果见表 20。其中,袭击频数、死亡总数、受伤总数的 Moran's I 值均为正值,且统计量的 z 值均远大于 1.96,说明在 0.05 显著性水平上具有较强的空间正自相关性。上述结果表明,恐怖袭击时间在空间分布上不是随机的,相同观测值(频数、死亡总数、受伤总数等)在相邻国家空间上表现出聚集性。

表 20 空间全局自相关分析结果

因素	Moran's I 指数	方差	z 值	p 值
袭击频数	0.053 032	0.000 218	3.868 163	0.000 110
死亡总数	0.039 687	0.000 200	3.095 723	0.001 963
受伤总数	0.043 240	0.000 173	3.595 882	0.000 323

(2)空间局部自相关分析

全局空间自相关可表征整个空间的自相关性,但由于空间非同质性,不能给出具体哪些国家具有相关性。而局部空间自相关分析可确定空间自相关所在国家,以及国家间的聚集模式,可得到直观的局部聚类。

聚类模式图共分五类:高—高、高—低、低—高、低—低和不显著。

通过袭击频数、死亡总数、受伤总数的空间局部自相关分析结果发现:伊拉克、阿富汗、印度、巴基斯坦、伊朗等中东和南亚国家以及埃及等北非国家均为黑色的高—高型聚类模式,即这些国家发生恐怖袭击的频数较高,死亡总数和受伤总数均较多,与此同时,这些国家附近(邻接)的国家也同样有较大的可能发生恐怖袭击,因此需要重点防范和联合打击恐怖主义。除此之外,结果发现没有低—低类型的聚类,说明几乎没有国家可以远离恐怖袭击,打击恐怖主义仍旧任重而道远。

3.4　延伸分析

本文对恐怖袭击事件报道关键词时间演变分析。首先在 GTD 文件中提取 1998—2017 年所有恐怖袭击事件报道的文本生成主题词云图,可以看到出现频数最高的为"claimed",说明媒体报道时一般关注于恐怖袭击事件是由哪一恐怖组织制造的。其次是攻击方式(explosive、vechile、bomb 等)、人员损伤(people、killed、injured 等)。在高频词汇中,一直遭受战乱的伊拉克(Iraq)和由问题 2 中得到的五大恐怖组织之一"Taliban"也出现在其中(图 9)。

图 9　1998—2017 年恐怖袭击事件主题词云图

从近十年的恐怖袭击事件媒体报道主题词云图中可以比较看出,媒体的报道习惯没有太大的变化,喜欢用"claimed""attack""assailants"等词。而伊拉克近十年来也一直作为热频词之一,伊拉克问题也一直与恐怖袭击事件有着不可分割的联系。

4　模型评价

4.1　模型创新点与不足

传统的灾害分级方法具有较强的主观性,或是考虑因素的局限,对于恐怖袭击事件而言,会存在除人员伤亡和经济损失之外的诸多潜在因素。首先,面对历史数据中大量的混合类型的变量,本文主要将危害程度影响因素分为三个层面:人员伤亡、社会影响和财产损失,对候选变量进行相关性分析并基于数据质量对变量进行合并处理。其次,针对无标签的恐怖袭击事件特征,本文采取无监督的聚类算法,挖掘同类型事件之间的关联性。但是传统的经典聚类算法仅适用于单一变量,为解决这一问题,本文引入一种适用于混合类型数据聚类的算法——K-Prototypes 聚类算法。

贝叶斯网络作为一种新型的概率网络预测模型,能很好地表示各变量之间的不确定性和相关性,为恐怖袭击嫌疑人的识别提供了一种新的思路。恐怖袭击事件的关键因素在于事件特性与嫌疑人特性,其信息具有不确定性。从本质上讲,恐怖袭击事件嫌疑人的预测就是根据与嫌疑人相关联的因素具有的不确定性来进行预测。本文通过对与恐怖袭击事件嫌疑人相关联的因素进行分析,采用贝叶斯网络理论建立恐怖袭击嫌疑人识别模型。

通过建立恐怖袭击各个因素之间的贝叶斯网络,解析各因素与恐怖袭击发生与否之间的关联,从而对未来恐怖袭击的态势进行分析,做到主动预防。

本文考虑到恐怖袭击独有的地域特征,采用空间统计理论,引入经济学领域的基尼系数,结合洛伦兹曲线建立了恐怖袭击事件的聚集性评估模型。利用空间自相关理论分析恐怖袭击的空间自相关性,包括全局自相关和局部自相关,获取恐怖袭击热点地区和国家,得到恐怖袭击空间聚类模式,把数值研究结果融合到 ArcGIS 中,建立聚类模式图。最后,分析了近三年恐怖袭击的时间演变规律,得到了一定的结果。

但是仍存在以下不足:本文采用贝叶斯网络结构学习算法中的 K2 算法,节点的初始排序对 K2 学习算法的效果影响较大,直接影响到最后的结果,因此还应研究贝叶斯网络最终的效果如何,并对初始矩阵进行筛选。本文中初始矩阵随机生成,在随机生成的 50 个矩阵中选择较好的一个,但未必是最好的一个,对模型预测结果的影响仍然未知。

4.2 模型适用性

本文从四个方面对恐怖袭击事件记录数据进行了量化分析:首先,恐怖袭击事件分级模型,能够在事件发生后帮助决策者判断事态的严重性,从而及时地提供应急救援措施。同时该模型也可应用于灾害或意外事件分级问题。其次,恐怖袭击嫌疑人识别模型,能够为反恐工作提供参考依据。同时也可用于刑事侦查案件中对惯犯的嫌疑程度判断。再次,本文对未来反恐态势从时空演变的角度进行了分析,并对未来反恐态势进行了预测,该方法适用于存在时空特性的诸多事物。最后,恐怖袭击事件媒体报道主题词云不仅可以帮助研究者深入了解恐怖袭击事件,也可以应用于教育、舆情分析等诸多领域。

参考文献

[1] 吕欣驰.论城市火灾与灾害事故等级划分和灭火救援力量出动预案编制[J].消防科学与技术,2003,22(4):276-277.

[2] 龚鹏飞.道路交通突发事件分类与分级[J].灾害学,2013,28(1):45-49.

[3] 石先武,刘钦政,王宇星.风暴潮灾害等级划分标准及适用性分析[C].海洋防灾减灾学术交流会,2014.

[4] 傅子洋,徐荣贞,刘文强.基于贝叶斯网络的恐怖袭击预警模型研究[J].灾害学,2016,31(3);

184-189.

［5］魏静.基于贝叶斯网络的恐怖袭击威胁评估及预警的研究[D].北京:中国科学院大学,2014.

［6］隋晓妍.我国恐怖袭击时空变化特征与影响因素研究[D].大连:大连理工大学,2017.

［7］郝蒙蒙,陈帅,江东,等.中南半岛恐怖袭击事件时空演变特征分析[J].科技导报,2018,36(3): 62-69.

［8］柴瑞瑞,刘德海,陈静锋.恐怖袭击事件的时空差异特征分析及内生性 VAR 模型[J].中国管理科学, 2016(s1):281-288.

［9］邓雪,李家铭,曾浩健,等.层次分析法权重计算方法分析及其应用研究[J].数学的实践与认识,2012, 42(7):93-100.

［10］赵雁,王宏刚.基于贝叶斯网络理论的交通事件预测模型[J].电脑与信息技术,2011,19(3):21-23.

［11］韩磊,吴树芳,王子贤.贝叶斯网络[J].电脑知识与技术,2009,5(21):5867-5867.

杨筱菡

这篇竞赛论文完成的是 2018 年中国研究生数学建模 C 题,获得二等奖。

我们从两个方面来看这篇论文。

第一,结构。全文以问题为导向组织,对每个问题的讨论循序渐进,结构规范完整,思路清晰,语言流畅,撰写规范。文章一共分为五部分:问题重述、数据处理、模型的建立和求解、模型评价和参考文献。如果作者可以稍微再浓缩一下摘要的内容及表述,使得评阅人能快速抓住文章重点,能给评阅人留下一个很好的印象。

第二,内容。文章研究恐怖袭击事件的记录数据。首先,采用常用的聚类和层次分析法进行恐怖袭击事件的分级预测;其次,建立了基于贝叶斯网络学习算法的恐怖事件嫌疑人识别模型;最后,考虑了基于基尼系数和洛伦兹曲线的空间聚集性模型分析恐怖事件在空间上的发展趋势。不足的是,最后在数据的进一步利用这个问题的讨论中,内容略显苍白,不够深入。

整体来说,文章有些许不足和缺点,但瑕不掩瑜,主体完成得不错,可以认为是一篇优秀论文。如果作者再花少许时间在文章的表述和润色上,将会给论文添色不少。

第 11 篇

对恐怖袭击事件记录数据的量化分析

方 刚[1] 郑 冕[2] 史佳晨[1]

1. 同济大学交通运输工程学院 2. 同济大学经济与管理学院

摘要 随着全球化的不断加速,恐怖袭击造成的影响已不仅仅局限于目标国,全球各国应该通力合作,打击恐怖主义。对恐怖袭击事件相关数据的深入分析有助于加深人们对恐怖主义的认识,为反恐、防恐提供有价值的信息支持。

首先,本文依托全球恐怖主义数据库中的记录数据,选择人员死亡(nkill)、人员受伤(nwound)、财产损失(propextent)等九个指标作为事件分级评价体系的数据来源,采用主成分分析计算变量权重,并进行相关性检验。通过权重得到事件的分值,以方差控制构建了量化分级模型,对给定的事件进行分级。

其次,从恐怖组织角度考虑,筛选袭击发生的国家(country_txt)、袭击发生的区域(region_txt)等九个指标作为数据来源。采用 Apriori 算法进行关联规则分析,得到其他项与犯罪人(gname)项集中项关联的置信度,进而计算出作案者未知的事件与犯罪人(gname)项集中项关联的置信度。通过比较犯罪人(gname)项的置信度大小对作案者未知事件的作案者进行初步判断及分类,并据此对给定的具体事件的实施者情况进行判断。

再次,将基尼系数和洛伦兹曲线应用于恐怖袭击发生的主要原因、时空特性、蔓延特性、级别分布分析。对不同国家的恐怖袭击次数、不同国家因恐怖袭击而造成的死亡人数的聚集性进行分析,发现在这两方面恐怖袭击具有明显的聚集性。进而通过对恐怖袭击蔓延趋势分析,发现世界范围蔓延趋势呈现收缩状态,但是进一步呈现空间聚集现象,区域化聚集明显,未来的反恐重心大概率会落在中东伊拉克区域内。

最后,基于遗传算法设计了考虑安全性的环游世界最佳路线;采用聚类分析对部分世界范围内的景点进行分类,共分为五类,结果与主观认识基本一致;建立了基于有序 Logistic 模型的恐怖袭击死亡人数影响因素分析模型,发现恐怖袭击发生时间(月份)、攻击类型、目标类型和武器类型对恐怖袭击死亡人数均有显著影响。文章的最后对模型的优缺点进行了分析和探讨。

本文对"恐怖袭击事件危害性的分级""恐怖袭击事件制造者的事件特征""未来反恐态势的分析"和"恐怖袭击事件数据的拓展利用"四个问题采用不同的数学模型进行评价,将复杂的模型简化到可以清晰理解判定的程度,并研究了其相应的特征规律,与客观现实比较契合,具有一定的学术价值和现实借鉴意义。

关键词　恐怖袭击，主成分分析，关联规则分析，基尼系数，洛伦兹曲线，遗传算法，有序 Logistic 模型

1　问题重述

随着世界一体化进程的加深，恐怖袭击造成的影响已不仅仅局限于目标国，全球各国应该通力合作，打击恐怖主义。对恐怖袭击事件相关数据的深入分析有助于加深人们对恐怖主义的认识，为反恐、防恐提供有价值的信息支持。本文基于全球恐怖主义数据库（GTD）中 1998—2017 年世界上发生的恐怖袭击事件的记录，主要分析以下几个问题：

问题 1：依据危害性对恐怖袭击事件分级。恐怖袭击的危害性不仅取决于人员伤亡和经济损失，还与发生的时机、地域、针对的对象等因素有关，因而难以形成统一标准。依据 GTD 中的数据以及其他有关信息，借助数学建模方法建立基于数据分析的量化分级模型，并根据该模型判断典型事件危害级别。

问题 2：发现恐怖袭击事件制造者。针对在 2015 年和 2016 年发生的、尚未有组织或个人宣称负责的恐怖袭击事件，运用数学建模方法将可能是同一个恐怖组织或个人在不同时间、不同地点多次作案的若干案件归为一类，并按该组织或个人的危害性从大到小选出其中的前 5 个，记为 1～5 号，并判断嫌疑人关于典型事件的嫌疑度。

问题 3：对未来反恐态势的分析。建立适当的数学模型，研究 2015—2017 年来恐怖袭击事件发生的主要原因、时空特性、蔓延特性、级别分布等规律，进而分析研判 2018 年全球或某些重点地区的反恐态势，提出对反恐斗争的见解和建议。

问题 4：分析恐怖袭击数据的进一步价值，建立适当的数学模型拓展恐怖袭击数据的利用价值。

2　问题分析

对于问题 1：建立基于数据分析的恐怖袭击事件危害程度量化分级模型。首先，需要筛选出与事件危害程度具有较高关联度的指标，找出指标间的相互关系，以及各指标与恐怖袭击事件危害程度的关联性。采取合适的客观赋权方法，对恐怖袭击事件危害程度进行量化评分。本文应用主成分分析法构造恐怖袭击事件危害程度评价函数，根据量化评分结果进行合理分级。

对于问题 2：寻找事件特征与恐怖袭击事件制造者之间的关联。本文利用 Apriori 算法挖掘袭击者与其他时间特征的关联规则，并根据关联规则及其置信度，将可能是同一个恐怖组织或个人犯下的案件归为一类，并且判断出针对特定事件嫌疑度较高的恐怖分子。

对于问题 3：分析恐怖袭击事件的时空特性、蔓延特性、级别分布等规律和态势。2015—2017 年来恐怖袭击热点地区发生的事件数和死亡人数的变化规律；利用基尼系数和洛伦兹曲线分析恐怖袭击发生国家和地区的集聚度；利用 MATLAB 绘制恐怖袭击事件地理位置分布地图等，总结其规律并有针对性地提出建议。

对于问题4：利用GTD寻找适合数学建模的问题并求解。问题分别是基于遗传算法的考虑安全性的环游世界最佳路线,基于聚类分析的热门旅游国家安全性分析,以及基于有序Logistic模型的恐怖袭击死亡人数影响因素分析。

3 问题1:依据危害性对恐怖袭击事件分级

3.1 分析与建模

问题1要求建立量化分级模型,将恐怖袭击事件的危害程度分为五级。首先,筛选出与事件危害程度关联度较高的指标[1]。人员伤亡(nkill、nwound)和财产损失(propextent)是事件危害程度最直接的体现;袭击发生的地域(region)与事件造成的经济、社会后果高度相关;是否为持续事件(extend)表明事件的持续时间,持续时间越长表明事件的影响范围越大;疑似恐怖主义(doubtterr)与事件组的一部分(multiple)表明事件与恐怖主义或连环恐怖袭击事件组的相关程度;成功的攻击(succcess)与恐怖袭击事件造成的伤亡、损失后果密切相关;自杀式袭击(suicide)比一般的恐饰袭击更能对普通民众心理构成强烈的冲击力。基于此,建立由上述九个指标构成的恐怖袭击事件危害程度评价指标体系(图1)。

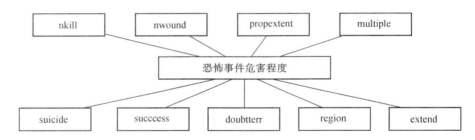

图1 恐怖袭击事件危害程度评价指标体系

为了尽可能地反映原始数据中的信息,本文采取客观赋权法中的主成分分析法[2]。主成分分析法所确定权重主要根据数据自身特征确定,能够较充分地反映评价指标体系中各项基础指标对最终综合评价结果的贡献。

得到权重后加权计算,得到恐怖袭击数据库中恐怖袭击事件的得分,再依据得分数据特点以及各得分范围的事件数量,将恐怖袭击事件危害程度划分为五个等级。数据处理过程通过SPSS Statistics 19实现[8]。

3.2 求解与结果

3.2.1 主成分分析法的模型建立

(1)设有 n 个样本,每个样本有 p 个变量,原始数据表达为 $n \times p$ 阶矩阵:

$$\boldsymbol{X} = \begin{bmatrix} x_{11} & \cdots & x_{1p} \\ \vdots & & \vdots \\ x_{n1} & \cdots & x_{np} \end{bmatrix} \tag{1}$$

（2）利用下式将原始数据标准化：

$$x_i^* = \frac{x_i - \overline{x_i}}{\sqrt{s_{ii}}}(i = 1, 2, \cdots, p) \tag{2}$$

式中，$\overline{x_i}$ 为 x_i 的均值，s_{ii} 为样本离差阵 $\boldsymbol{S}$ 的元素，$\boldsymbol{S}$ 为数据样本离差阵。

（3）设矩阵 $\boldsymbol{X}$ 已标准化。计算变量 x_i^* 的相关系数矩阵：

$$\boldsymbol{R} = \begin{bmatrix} r_{11} & \cdots & r_{1p} \\ \vdots & & \vdots \\ r_{n1} & \cdots & r_{np} \end{bmatrix} \tag{3}$$

式中，r_{ij} 为原变量的 x_i 与 x_j 之间的相关系数，其计算公式为

$$r_{ij} = \frac{\sum_{k=1}^{n}(x_{ki} - \overline{x_i})(x_{kj} - \overline{x_j})}{\sqrt{\sum_{k=1}^{n}(x_{ki} - \overline{x_i})^2 \sum_{k=1}^{n}(x_{kj} - \overline{x_j})^2}} \tag{4}$$

$\boldsymbol{R}$ 是实对称矩阵，所以只须计算上三角元素或下三角元素即可。

（4）求特征方程 $|\lambda \boldsymbol{I} - \boldsymbol{R}| = 0$ 的特征根 $\lambda_i(i = 1, 2, \cdots, p)$ 以及相应的特征向量 $\boldsymbol{y} = (y_1, y_2, \cdots, y_m)$。

（5）计算主成分方差贡献率及累计贡献率。主成分 α_i 的方差贡献率为

$$\frac{\lambda_i}{\sum_{k=1}^{p} \lambda_k}(i = 1, 2, \cdots, p) \tag{5}$$

累计贡献率为

$$\frac{\sum_{k=1}^{i} \lambda_k}{\sum_{k=1}^{p} \lambda_k}(i = 1, 2, \cdots, p) \tag{6}$$

（6）保留累计贡献率达到 85% 的前 K 个主成分，确定主成分个数和线性表达式。若该系统只有一个主成分（第一主成分），则第一主成分的线性表达式中各项基础指标前的系数即为基础指标所对应的权重。若该系统有多个主成分，则需要按比例对各主成分中的系数进行加权，每个主成分的权重为该主成分所对应的方差贡献率。

（7）基于得到的各指标权重与原始数据标准化后的标准化值，利用公式计算恐怖袭击事件危害程度得分 H。

$$H = \sum_{j=1}^{n} \omega_j x_j' \tag{7}$$

式中，ω_j 为基础指标的权重，x_j' 为原始指标数据的标准化值。

3.2.2　求解过程

（1）数据预处理

从恐怖袭击数据库中筛选出模型需要的九个指标。其中，对"地域"（region）指标根据经

济发展程度排序,以经济最发达的北美地区为最大值,经济最不发达的撒哈拉以南非洲地区为最小值。对"财产损失程度"(porpextent)和"疑似恐怖主义"(doubtterr)指标进行正向化处理。对正向化处理后的所有指标进行 Z-score 标准化处理,见表 1。

表 1 恐怖袭击事件危害程度指标标准化数据(部分)

事件编号	是否为持续事件	地域	事件组的一部分	成功的攻击	自杀式袭击
…	…	…	…	…	…
199801010001	−0.254	−1.354	−0.433	0.380	−0.246
199801010002	−0.254	1.679	−0.433	0.380	−0.246
…	…	…	…	…	…

事件编号	疑似恐怖主义	死亡人数	受伤人数	财产损失程度	
…	…	…	…	…	
199801010001	2.276	8.358	0.064	0.820	
199801010002	−0.439	−0.201	−0.013	0.820	
…	…	…	…	…	

(2)KMO 和 Bartlett 的检验

KMO 检验用于检查变量间的相关性和偏相关性,取值为 0~1。KMO 统计量越接近于 1,变量间的相关性越强,偏相关性越弱。Bartlett 球形检验用于检验各个变量是否各自独立,当 Sig.<0.05(即 p 值<0.05)时,说明各变量间具有相关性,因子分析有效。

本文数据的 KMO 和 Bartlett 的检验结果见表 2。KMO 取值为 0.505,处于可接受范围内;Bartlett 的球形度检验 Sig.<0.05,由此认为各指标间存在显著的相关性,可进行下一步因子分析。

表 2 KMO 和 Bartlett 的检验结果

取样足够度的 Kaiser-Meyer-Olkin 度量		0.505
Bartlett 的球形度检验	近似卡方	55 702.089
	df	36
	Sig.	0.000

(3)提取前 7 个主成分

主成分的特征值、方差贡献率和累计方差贡献率见表 3,成分矩阵见表 4。

表 3 解释的总方差

成分	初始特征值			提取平方和载入		
	特征值	方差贡献率	累计贡献率	特征值	方差贡献率	累计贡献率
1	1.612	17.90%	17.90%	1.612	17.90%	17.90%
2	1.247	13.86%	31.76%	1.247	13.86%	31.76%
3	1.150	12.78%	44.54%	1.150	12.78%	44.54%

（续表）

成分	初始特征值			提取平方和载入		
	特征值	方差贡献率	累计贡献率	特征值	方差贡献率	累计贡献率
4	1.020	11.33%	55.87%	1.020	11.33%	55.87%
5	0.968	10.76%	66.63%	0.968	10.76%	66.63%
6	0.960	10.66%	77.30%	0.960	10.66%	77.30%
7	0.904	10.04%	87.34%	0.904	10.04%	87.34%
8	0.691	7.67%	95.01%			
9	0.449	4.98%	100.00%			

表 4　　　　　　　　　　　　　　　　成分矩阵

成分	1	2	3	4	5	6	7
是否为持续事件	−0.029	−0.036	0.751	−0.102	0.015	0.346	0.443
地域	0.007	0.075	−0.538	0.135	−0.504	0.505	0.419
事件组的一部分	0.089	−0.286	−0.247	−0.375	0.551	0.608	−0.181
成功的攻击	0.149	−0.683	0.261	0.416	0.003	0.058	0.137
自杀式袭击	0.357	0.130	−0.275	−0.030	0.491	−0.336	0.649
疑似恐怖主义	0.006	0.297	−0.040	0.816	0.353	0.225	−0.150
死亡人数	0.854	0.117	0.115	0.000	−0.065	0.039	−0.100
受伤人数	0.836	0.115	0.061	−0.049	−0.185	0.073	−0.163
财产损失程度	−0.158	0.748	0.270	−0.092	0.078	0.202	0.023

　　成分矩阵表表示的是因子载荷矩阵而非主成分的系数矩阵，因此还需要将成分矩阵表中的第 i 列的每个元素分别除以第 i 个特征根的平方根 $\sqrt{\lambda_i}$，就可以得到主成分分析的第 i 个主成分的系数。主成分的系数矩阵见表 5。

表 5　　　　　　　　　　　　　　主成分系数矩阵

	成分						
	1	2	3	4	5	6	7
是否为持续事件	−0.023	−0.032	0.701	−0.101	0.015	0.353	0.466
地域	0.005	0.067	−0.502	0.133	−0.512	0.516	0.441
事件组的一部分	0.070	−0.256	−0.230	−0.372	0.560	0.621	−0.190
成功的攻击	0.117	−0.612	0.244	0.412	0.003	0.059	0.144
自杀式袭击	0.281	0.116	−0.256	−0.030	0.499	−0.343	0.682
疑似恐怖主义	0.004	0.266	−0.037	0.808	0.359	0.230	−0.158
死亡人数	0.673	0.105	0.107	0.000	−0.067	0.040	−0.105
受伤人数	0.659	0.103	0.057	−0.049	−0.188	0.074	−0.171
财产损失程度	−0.124	0.670	0.252	−0.091	0.079	0.207	0.024

由此可以写出各个主成分用标准化后的原始变量表示的表达式,以 F_1 为例,$F_2 \sim F_7$ 的表达形式相同。

$$F_1 = -0.023 \times \text{Zextended} + 0.005 \times \text{Zregion} + 0.070 \times \text{Zmultiple}$$
$$+ 0.117 \times \text{Zsuccess} + 0.281 \times \text{Zsuicide} + 0.004 \times \text{Zdoubtterr}$$
$$+ 0.673 \times \text{Znkill} + 0.659 \times \text{Znwound} - 0.124 \times \text{Zpropextent} \tag{8}$$

(4)用主成分得分对数据进行排序

目前常用的方法是利用主成分 F_1,F_2,$\cdots$,F_m 作线性组合,并以每个主成分 F_k 的方差贡献率作为权数构造一个综合评价函数(命名为恐怖袭击事件危害程度得分 H),依据计算出的综合评价函数值大小进行排序或分类划级。

$$H = 0.179 \times F_1 + 0.139 \times F_2 + 0.128 \times F_3 + 0.113 \times F_4$$
$$+ 0.108 \times F_5 + 0.107 \times F_6 + 0.100 \times F_7 \tag{9}$$

3.2.3 评价结果

通过以上方法得到近二十年内恐怖袭击事件危害程度得分。得分以 0 为均值,分布于 $-0.490 \sim 37.342$。绝大多数恐怖袭击事件得分为 $-0.490 \sim 0$(69.7%),而极个别事件的得分高达两位数,危害大、后果严重。根据得分分布特点,将恐怖袭击事件危害程度划分为五类,见表 6。

表 6　　　　　　　　　　　恐怖袭击事件危害程度量化分级

恐怖袭击事件危害程度	得分	近二十年内发生数量
一级(极高)	>3.5	27
二级(很高)	1.0~3.5	1 249
三级(较高)	0~1.0	33 322
四级(中等)	-1.0~0	33 042
五级(低)	<-1.0	46 543

列出近二十年来危害程度最高的十大恐怖袭击事件,见表 7。

表 7　　　　　　　　　近二十年来危害程度最高的十大恐怖袭击事件

排名	事件编号	得分
1	200109110005	37.742
2	200109110004	37.734
3	201406150063	18.537
4	199808070002	13.527
5	201408090071	10.923
6	201710140002	7.560
7	201406100042	7.203
8	200409010002	6.640
9	201408200027	6.502
10	200403210001	5.961

按照要求,给出事件的分级,见表 8。

表 8　　　　　　　　　　典型事件危害级别

事件编号	得分	危害级别
200108110012	3.098	二级
200511180002	1.381	二级
200901170021	4.149	一级
201402110015	0.269	三级
201405010071	−0.039	四级
201411070002	−0.200	五级
201412160041	1.612	二级
201508010015	−0.057	四级
201705080012	1.195	二级

4　问题 2:依据事件特征发现恐怖袭击事件制造者

4.1　问题分析

问题 2 是若干恐怖袭击事件之间的关联规则分析。通过以往数据,分析恐怖组织与攻击信息、武器信息、目标及受害者信息等之间的置信度,确定某个恐怖组织与具体的案件特征之间的置信度。在置信度确定后,对于尚未确定作案者的袭击事件,通过置信度矩阵计算未知事件与恐怖组织的置信度大小,初步进行作案人员判断,实现同一个恐怖组织在不同时间、不同地点多次作案的若干案件归类等问题[3]。

为了保证关联规则的合理性,从恐怖袭击数据库的字段中进行筛选。对于恐怖袭击的组织或个人,其利益诉求是固定的,故在一段时间内选择的恐怖袭击地区存在一定的固定性;从其行为习惯角度分析,其声称负责模式、目标、攻击方式等手段存在一定的继承性和稳定性。故选择字段"country_txt""region_txt""claimmode_txt""attacktype1_txt""targtype1_txt""natlty1_txt""gname2""motive""weaptype1_txt"与字段"gname"进行关联规则分析。

4.2　模型建立

4.2.1　基于 Apriori 算法的关联规则分析

根据问题 2 的分析,首先对字段进行关联规则分析。使用 Apriori 算法进行分析[4],其基本思想是:首先找出所有的频级,这些项集出现的频繁性至少和预定义的最小置信度一样,然后由频集产生强关联规则,这些规则必须满足最小支持度和最小可信度。最后使用第一步找到的频集产生期望的规则,产生只包含集合的项的所有规则,其中每一条规则的右部只有一项,这里采用的是中规则的定义。一旦规则生成,那么只有大于用户给定的最小可信度的规则才被保留。使用递归的方法生成所有频级。项集即上文所述关联规则，下文对两概念将不作区分。

本题目是对未知作案人员的恐怖袭击案件进行分类，分类原则是将可能由同一恐怖组织作案的案件分为一类。故本问题的核心是计算未知作案人员事件与已知的恐怖组织的置信度，置信度高者即为可能的作案人员，进而进行分类[5]。

针对问题 2，本节所用符号含义见表 9。

表 9   问题 2 中符号含义

符号	含义
E_{know}	已知作案人员的恐怖袭击事件
E_{unknow}	未知作案人员的恐怖袭击事件
\$ → &.	项 \$ 与项 &. 的关联规则
$S_{f_i n}$	项集（特征）f 取 i 值时与恐怖组织 n 之间的支持度
$C_{f_i n}$	项集（特征）f 取 i 值是与恐怖组织 n 之间的置信度
S_{En}	未知作案人员的恐怖袭击事件与恐怖组织或个人 n 之间的支持度
C_{En}	未知作案人员的恐怖袭击事件与恐怖组织或个人 n 之间的置信度
n	恐怖组织或个人，取值为恐怖袭击数据库中所列
f_i	对于项集（特征）f 中的第 i 个项
f	恐怖袭击事件的特征（字段）
i	对于特征 f 中类型的序号，最大值随特征变化
P	事件发生的概率
count( )	包含括号内项的恐怖袭击事件计数

首先计算恐怖组织或个人 n 与特征 f 中的第 i 个取值 f_i 之间的支持度。

$$S_{f_i n} = P(n \bigcup f_i) = \frac{count(n \bigcup f_i)}{count(E_{know})} \tag{10}$$

$$C_{f_i n} = P(n \mid f_i) = \frac{count(n \bigcup f_i)}{count(f_i)} \tag{11}$$

式中，$S_{f_i n}$ 表示确定规则 $f_i → n$ 频繁程度，而置信度 $C_{f_i n}$ 确定 n 在包含 f_i 的恐怖袭击中出现的频繁程度。

部分计算结果见表 10。

表 10   支持度及置信度计算结果（部分）

关联规则	支持度	置信度
South Asia→Taliban	14.17%	49.09%
South Asia→Tehrik-i-Taliban Pakistan (TTP)	1.45%	5.03%
Afghanistan→Taliban	14.14%	92.36%
Yemen→Houthi extremists (Ansar Allah)	3.29%	63.94%
Police→Taliban	5.29%	33.90%

4.2.2 恐怖事件与恐怖组织或个人置信度计算

根据上步,已经计算出项集(恐怖袭击事件特征)中每个项与每个已知的恐怖组织支持度及置信度,其中置信度 $C_{f_i n}$ 可用于度量出现项 f_i 的恐怖袭击事件中恐怖组织或个人 n 出现的频繁程度。故对于作案者未知但其他项已知的恐怖袭击事件 E_{unknow},可以计算其与恐怖组织的置信度,见式(12)。

$$C_{En} = \sum_f C_{f_i n} \tag{12}$$

算例见表11。

表 11 恐怖事件与恐怖组织或个人置信度计算示例

关联规则	项集	项	置信度
201512050002 →ISIL	袭击发生的国家	伊拉克	96.69%
	袭击发生的区域	中东 & 北非	46.24%
	袭击声明	—	
	攻击类型	炸弹/爆炸	27.78%
	目标类型	公民 & 财产	23.77%
	犯罪国籍	伊拉克	63.76%
	犯罪人二	—	
	袭击动机		
	袭击武器	爆炸	25.43%
总计			$\Sigma = 283.67\%$

注:在列"项"中"—"表示原始数据中无此项;列"置信度"中"—"表示无此关联规则,有置信度低于最小置信度及原始数据中本恐怖袭击事件中无此项两种情况

通过上例可以计算出编号为"201512050002"的 E_{unknow} 与恐怖组织"ISIL"之间的置信度为 283.67%。依据此计算方法依次计算本事件与其他恐怖组织或个人之间的置信度,比较后选取最大值即为可能的造成本恐怖袭击事件的凶手。对编号为"201512050002"的作案者未知的恐怖袭击事件,经计算后与恐怖组织"ISIL"之间的置信度最大,故认为此事件最可能是该恐怖组织所为。

4.3 恐怖组织或个人及典型事件嫌疑度排序

通过恐怖事件与恐怖组织或个人置信度比较分析,可将事件分为 19 类,计算结果见表12。

表 12 分类及类内事件数统计

类型名称(恐怖组织或个人)	类内事件数	累计置信度
Tripoli Province of the Islamic State	79	276.919 7%
Tehrik-i-Taliban Pakistan（TTP）	56	196.524 2%

(续表)

类型名称(恐怖组织或个人)	类内事件数	累计置信度
Taliban	2 655	9 261.23%
Sinai Province of the Islamic State	320	1 115.643%
Palestinian Extremists	736	2 567.482%
New People's Army (NPA)	451	1 573.363%
Muslim extremists	0	1.238 6%
Maoists	253	881.513 5%
Kurdistan Workers' Party (PKK)	630	2 198.634%
Khorasan Chapter of the Islamic State	31	107.367 3%
Islamic State of Iraq and the Levant (ISIL)	2 376	8 288.672%
Houthi extremists (Ansar Allah)	483	1 684.576%
Fulani extremists	250	871.668 9%
Donetsk People's Republic	507	1 768.489%
Communist Party of India - Maoist (CPI-Maoist)	51	178.791 7%
Boko Haram	999	3 484.961%
Al-Shabaab	2 420	8 443.127%
Al-Qaida in the Arabian Peninsula (AQAP)	68	238.300 8%

根据表 12,以类内的事件作为危害性评价标准,危害性排在前五位的分别为:Taliban(1号)、Al-Shabaab(2 号)、Islamic State of Iraq and the Levant (ISIL)(3 号)、Boko Haram(4号)、Palestinian Extremists(5 号)。根据 4.2.2 中算法进行计算,恐怖分子关于典型事件的嫌疑度见表 13。

表 13 恐怖分子关于典型事件的嫌疑度

	1号嫌疑人	2号嫌疑人	3号嫌疑人	4号嫌疑人	5号嫌疑人
样例XX	4	3	1	2	5
201701090031	2	3	1	4	
201702210037	1		2		
201703120023	2	3	1		
201705050009	1	2	4	3	
201705050010	1	2	4	3	
201707010028	1	2	3		
201707020006	2	3	1	4	
201708110018	1	3	2	4	
201711010006	1	3	2	4	
201712010003	2	3	1	4	

5　问题3:对未来反恐态势的分析

5.1　问题3分析

问题3研究的是2015—2017年恐怖袭击事件发生的主要原因、时空特性、蔓延特性、级别分布等规律,同时依据此规律分析2018年全球或某些重点地区的反恐态势。查阅相关资料可知,恐怖袭击具有空间聚集现象,比如中东 & 北非、南亚和南美三个地区恐怖袭击数占全球55.8%,同时不同袭击目标间也有明显的空间差异。为更好地分析恐怖袭击的空间聚集性规律,本文选择将基尼系数和洛伦兹曲线应用到恐怖袭击空间聚集性的规律研究中。

5.2　模型建立——基于基尼系数和洛伦兹的规划模型

基尼系数可以表征极端事件在总体事件中所占的比例,和洛伦兹曲线一样,最初是被经济学家用来研究收入分配差距的问题。本文将此理论应用到恐怖袭击研究中,构建洛伦兹曲线,首先将不同国家对应的恐怖袭击频率从低到高排序,再计算各个国家对应事件累计占比,然后将累计占比作为 y 轴,从而得到不同国家恐怖袭击频率的洛伦兹曲线。

5.2.1　不同国家恐怖袭击次数基尼系数计算

以2015年不同国家恐怖袭击次数为例给出基尼系数的计算过程,表14把不同国家发生恐怖袭击的频率按照升序排列,此处列举排序前99位发生恐怖袭击事件的国家。计算每个国家发生恐怖袭击事件的频率在总体频率中的占比,并给出各自的累计占比,计算出基尼系数为0.832。

表 14　　　　　　　不同国家恐怖袭击次数基尼系数计算过程

序号	国家	发生恐怖袭击次数	累计占比	频率占比	累计频率占比	基尼系数
1	佐治亚洲	1	0.01	0.00	0.00	0.832
2	黑山共和国	1	0.02	0.00	0.00	
...	......	...	...	...	...	
92	奈及利亚	638	0.93	0.04	0.41	
93	埃及	647	0.94	0.04	0.45	
94	也门	664	0.95	0.04	0.50	
95	菲律宾	722	0.96	0.05	0.55	
96	印度	883	0.97	0.06	0.60	
97	巴基斯坦	1244	0.98	0.08	0.69	
98	阿富汗	1929	0.99	0.13	0.82	
99	伊拉克	2750	1.00	0.18	1.00	

基尼系数越大说明分布越不均匀,即聚集性越明显,经济学家把基尼系数0.4作为收入差距过大的警戒值,如果基尼系数大于0.5,收入属于极端不平衡,由此可以发现不同国家的恐怖袭击事件存在严重的分布不均匀现象,即具有聚集性。而2015年不同国家恐怖袭击次数的基尼系数为0.832,远大于0.4,这一结果也表明恐怖袭击在国家层面上可能存在热点,即具有很强的空间聚集性。

同样可以得到2016年、2017年的基尼系数分别为0.843,0.830。

5.2.2 不同国家恐怖袭击次数洛伦兹曲线

如果恐怖袭击事件在不同研究对象上均匀分布,则洛伦兹曲线在图2中与对角线$y=x$重合,说明在分析对象上恐怖袭击不存在聚集性或热点。但是从图2曲线来看,恐怖袭击频率洛伦兹曲线在x轴0～0.85间缓慢增长,到0.85之后曲线迅速增长到1,可以得到15%的国家的恐怖袭击数量占全球的85%,而22%的国家恐怖袭击数量占全球90%以上。

通过以上分析可知洛伦兹曲线和基尼系数能够有效地分析恐怖袭击的聚集性和热点。大部分恐怖袭击发生在少数国家,热点国家为伊拉克,阿富汗,巴基斯坦,印度和菲律宾等。

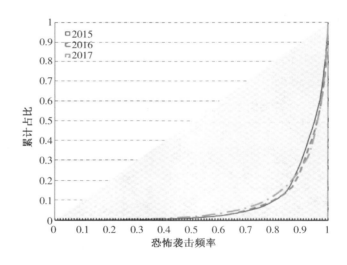

图 2 不同国家恐怖袭击频率洛伦兹曲线

5.2.3 不同国家恐怖袭击死亡人数基尼系数计算

以2015年恐怖袭击死亡人数为例,给出不同国家恐怖袭击死亡人数基尼系数的计算过程,见表15,最后计算得基尼系数为0.891,远大于0.4,即死亡人数存在严重的分布不均匀现象,具有聚集性,这表明恐怖袭击死亡人数在国家层面上存在热点,即具有很强的空间聚集性。

同样可以得到2016年、2017年的基尼系数分别为0.90,0.96。

表15   不同国家恐怖袭击死亡人数基尼系数计算过程

序号	国家	死亡人数	累计占比	频率占比	累计频率百分比	基尼系数
1	尼泊尔	0	0.01	0.00	0.00	0.891
2	爱尔兰	0	0.02	0.00	0.00	
...	......	...	...	...	...	
92	喀麦隆	931	0.93	0.02	0.23	
93	索马里	1 447	0.94	0.04	0.26	
94	巴基斯坦	1 611	0.95	0.04	0.31	
95	也门	2 374	0.96	0.06	0.37	
96	叙利亚	3 924	0.97	0.10	0.47	
97	奈及利亚	5 559	0.98	0.14	0.61	
98	阿富汗	6 221	0.99	0.16	0.77	
99	伊拉克	8 883	1.00	0.23	1.00	

5.2.4 不同国家恐怖袭击死亡人数洛伦兹曲线

通过洛伦兹曲线可以分析出空间聚集程度。由图3可知,恐怖袭击频率洛伦兹曲线在 x 轴0~0.90间缓慢增长,到0.90之后曲线迅速增长到1,可以得到10%的国家的恐怖袭击数量占全球的85%,而14%的国家恐怖袭击数量占全球90%以上。

通过以上分析可知大部分恐怖袭击死亡人数发生在少数国家,热点国家为伊拉克,阿富汗等。

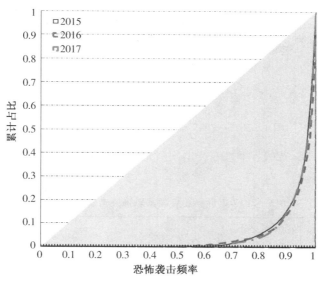

图3 不同国家恐怖袭击死亡人数洛伦兹曲线

5.2.5 基尼系数与洛伦兹曲线结果综述

洛伦兹曲线和基尼系数能够有效地分析恐怖袭击的聚集性和热点。由表16可以发现,不同国家的恐怖袭击次数和死亡人数的基尼系数远大于0.4,即存在严重的分布不均匀现象,具有聚集性,这表明恐怖袭击次数和死亡人数在国家层面上存在热点,即具有很强的空间聚集性,在某一些特定的国家恐怖袭击特别多,少部分国家不存在恐怖主义活动。

表 16 基尼系数表

	2015 年	2016 年	2017 年
不同国家恐怖袭击次数	0.832	0.842	0.830
不同国家恐怖袭击死亡人数	0.891	0.900	0.893

同时,本文对地区恐怖袭击次数进行了数据统计分析,如图 4 所示。

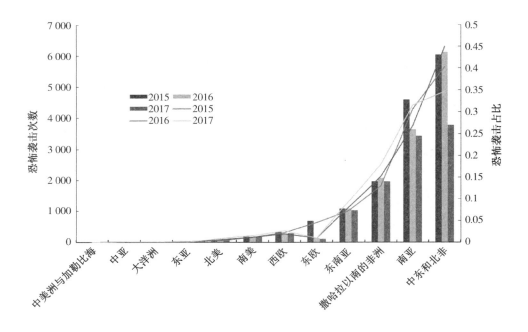

图 4　2015—2017 年各地区恐怖袭击次数及占比

最后,本文对 2015—2017 年恐怖袭击次数最多的前 20 个国家进行了数据统计分析,见表 17。

表 17　2015—2017 年世界热点国家恐怖袭击次数和死亡数

序号	国家	恐怖袭击次数	死亡人数	序号	国家	恐怖袭击次数	死亡人数
1	伊拉克	8 576	27 566	11	利比亚	1 155	1 612
2	阿富汗	4 960	18 455	12	土耳其	1 145	1 718
3	印度	2 875	1 319	13	泰国	786	308
4	巴基斯坦	2 827	3 800	14	乌克兰	759	853

（续表）

序号	国家	恐怖袭击次数	死亡人数	序号	国家	恐怖袭击次数	死亡人数
5	菲律宾	2 046	1 360	15	孟加拉国	598	187
6	奈及利亚	1 655	9 529	16	约旦河西岸和加沙地带	486	257
7	奈马里	1 634	4 942	17	刚果民主共和国	455	1 499
8	也门	1 415	4 653	18	苏丹	437	474
9	埃及	1 247	2 315	19	哥伦比亚	362	240
10	叙利亚	1 207	8 760	20	马里	361	811

上述图表进一步反映了大部分恐怖袭击次数和死亡人数发生在少部分国家和地区,空间集聚性很强,以伊拉克、阿富汗、印度、巴基斯坦和菲律宾为典型代表。

5.3 恐怖袭击目标类型分析

由图5可以发现,以目标14(公民自身和私有财产)、目标4(军事)和目标3(警察)为袭击目标的恐怖袭击发生的最多,这说明恐怖袭击活动主要针对公民、军事以及警察,针对性明显,袭击目标比较明确。

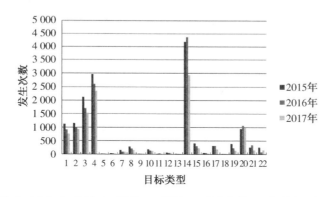

注:1—商业,2—政府,3—警察,4—军事,5—流产有关,6—机场和飞机,7—政府,8—教育机构,9—食物或水供应,10—新闻记者,11—海事,12—非政府组织,13—其他,14—公民自身和私有财产,15—宗教人物,16—电信,17—恐怖分子,18—游客,19—运输,20—未知,21—公用事业,22—暴力政党

图5 2015—2017年恐怖袭击目标类型统计

5.4 恐怖袭击蔓延趋势

采用MATLAB进行数据统计分析,进一步可以发现,2015—2017年世界范围内恐怖袭击活动得到一定的遏制,蔓延趋势呈现收缩状态,但是进一步呈现空间聚集现象,区域化聚集明显,且部分地区有向外扩张的趋势。中东地区恐怖袭击活动仍是最多,以其为中心,向

周边有渗透趋势。东亚北美地区恐怖活动有减少趋势,袭击范围也进一步缩小。

5.5 2018 年恐怖袭击预测分析

因只基于三年数据,数据量略少,代表性不足,所以对 2015—2017 年恐怖袭击次数进行简单线性回归分析,进而可以得到 2018 年热点国家、热点地区的预测恐怖袭击次数,如图 6 所示,数据见表 18,表 19。

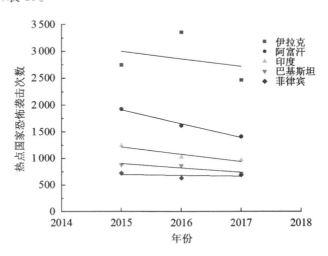

图 6　2018 年热点地区恐怖袭击次数预测分析

表 18　　　　　　　　　　　　2018 年热点国家恐怖袭击次数预测数据

	2015 年	2016 年	2017 年	2018 年(预测)
伊拉克	2 750	3 360	2 466	2 547
阿富汗	1 929	1 618	1 413	1 137
印度	1 244	1 026	966	812
巴基斯坦	883	864	719	658
菲律宾	722	632	692	652

表 19　　　　　　　　　　　　2018 年热点地区恐怖袭击次数预测数据

	2015 年	2016 年	2017 年	2018 年(预测)
中东和北非	6 034	6 116	3 780	2 876
南亚	4 586	3 641	3 429	2 728
撒哈拉以南非洲	1 964	2 079	1 968	2 008
东南亚	1 073	1 077	1 020	1 085
东欧	683	134	110	90(修正)

从图表数据分析来看,世界范围内恐怖袭击数量在减少,这是由于在伊拉克和叙利亚战场,俄罗斯、美国各为一方的反恐阵营,军事打击"ISIL"取得重大进展,"ISIL"已基本没有重

新集结、在伊叙疆土内东山再起的可能性,从而恐怖袭击事件减少了。但是2016年局部地区恐怖袭击数量甚至增加了,比如中东伊拉克区域,相当于出现了一个拐点。这个现象不得不引人深思,查阅相关资料可知,2016年,战场溃败的"ISIL"开始有计划地转移力量,这意味着"ISIL"残余力量转移会形成更多乱点,进而造成更多的恐怖袭击事件。进一步查阅资料发现,目前在阿富汗北部山区有约万名极端组织成员,大部分是从伊、叙战场撤出来的。阿富汗或将成为"ISIL"新的集结、生存地域,这些区域恐怖组织得到"ISIL"人员充实后,恐怖活动表现十分活跃。这与上述图表分析情况保持一致。

总体来看,2018年国际恐怖活动将得到一定程度的遏制,重大恐怖活动发生的数量有可能少于2017年,但从整体上讲,国际反恐形势不会明显好转,国际恐怖活动呈区域性活跃态势,并且有向周边蔓延趋势,恐怖袭击活动的针对目标也比较明确,不确定因素进一步增多。

从宏观看,当前世界正处在大发展大变革、从失序到有序的历史时期,局部地区政治、经济和安全形势的不稳定甚至呈紧张状态,让国际恐怖势力仍能获得较多的生存空间;从具体看,由于产生、助长恐怖活动的根源性问题难以解决,复杂的大国关系和地缘政治博弈掣肘着国际反恐合作,虽然"ISIL"在正面战场走向末路,但外围扩散仍会持续,恐怖主义威胁远未消失。针对上述情况,提出以下建议:①大国加强合作,团结一致,减少内部纠纷;②对局部地区,例如中东地区,加强反恐;③世界范围内宣传反恐;④建立公平公正的国际秩序;⑤个人加强防范意识;⑥减少贫富差距,正视种族宗教问题;⑦加强枪支管控;⑧联合国加强监督管控。

6　问题4:数据的进一步利用

6.1　基于遗传算法的环游世界最优路线

此处危险系数的判定选用旅行长度和恐怖袭击次数占全球恐怖袭击次数的比例作为两个指标,然后计算每一区域的危险系数,进而确定最优线路,从而得到环游世界最优路线。

6.1.1　模型建立——基于遗传算法

遗传算法(Genetic Algorithm)是模拟达尔文生物进化论的自然选择和遗传学机理的生物进化过程的计算模型,是一种通过模拟自然进化过程搜索最优解的方法[6]。

6.1.2　遗传算法求解过程

编码如下:

1-North America;2-Central America & Caribbean;3-South America;4-East Asia;5-Southeast Asia;6-South Asia;7-Central Asia;8-Western Europe;9-Eastern Europe;10-Middle East & North Africa;11-Sub-Saharan Africa;12-Australasia & Oceania

A-1,B-2,C-3,D-4,E-5,F-6,G-7,H-8,I-9,J-10,K-11,L-12,M-0

因工作量大,故大致估计各个区域间相对距离,见表20。

表 20 各区域估计距离

地区	A	B	C	D	E	F	G	H	I	J	K	L	M
A	0	300	100	1 100	1 000	900	800	700	600	800	900	800	0
B	300	0	500	600	700	500	1 000	1 100	400	600	300	900	0
C	100	500	0	400	500	800	900	1 000	1 100	100	200	300	0
D	1 100	600	400	0	400	600	800	900	1 000	700	700	800	0
E	1 000	700	500	400	0	500	300	600	900	600	300	600	0
F	900	500	800	600	500	0	200	800	600	1 000	500	100	0
G	800	1 000	900	800	300	200	0	400	1 100	1 000	700	900	0
H	700	1 100	1 000	900	600	800	400	0	800	200	500	700	0
I	600	400	1 100	1 000	900	600	1 100	800	0	500	700	300	0
J	800	600	100	700	1 000	1 000	200	500	0	600	100	0	
K	900	300	200	700	300	500	700	500	700	600		200	0
L	800	900	300	800	600	100	900	700	300	100	200	0	0
M	0	0	0	0	0	0	0	0	0	0	0	0	0

此外,根据 2015—2017 年三年平均恐怖袭击次数所占百分比确定恐怖袭击次数的影响因子大小,见表 21。

表 21 2015—2017 年恐怖袭击次数占比

地区	2015 年	2015 年	2016 年	2016 年	2017 年	2017 年
中美洲和加勒比海	1	0.01%	3	0.02%	4	0.04%
中亚	10	0.07%	17	0.13%	7	0.06%
澳大利亚和大洋洲	14	0.09%	10	0.07%	12	0.11%
东亚	28	0.19%	8	0.06%	7	0.06%
北美	62	0.41%	75	0.55%	97	0.89%
南美	176	1.18%	159	1.17%	172	1.58%
西欧	333	2.23%	273	2.01%	291	2.67%
东欧	683	4.56%	134	0.99%	110	1.01%
东南亚	1 073	7.17%	1 077	7.92%	1 020	9.36%
撒哈拉以南的非洲	1 964	13.12%	2 079	15.30%	1 968	18.06%
南亚	4 586	30.65%	3 641	26.79%	3 429	31.47%
中东和北非	6 034	40.32%	6 116	45.00%	3 780	34.69%

得到各区域影响因子大小见表 22。

表 22　　　　　　　　　　　　　　各区域影响因子

区域	影响因子	区域	影响因子
A	0.006 188	H	0.023 014
B	0.000 218	I	0.021 865
C	0.013 081	J	0.400 03
D	0.001 034	K	0.154 935
E	0.081 516	L	0.28
F	0.296 34	M	0
G	0.000 924		

然后将旅行长度乘以相应的影响因子即可得出每个区域的危险系数,见表 23。

表 23　　　　　　　　　　　　　　各区域的危险系数

地区	1	2	3	4	5	6	7	8	9	10	11	12	13
1	0	0.066	1.308	1.133	81.52	266.706	0.736	16.107	13.122	320.024	139.446	224	0
2	1.857	0	6.54	0.618	57.064	148.17	0.92	25.311	8.748	240.018	46.482	252	0
3	0.619	0.11	0	0.412	40.76	237.072	0.828	23.01	24.057	40.003	30.988	84	0
4	6.809	0.132	5.232	0	32.608	177.804	0.736	20.709	21.87	280.021	108.458	224	0
5	6.19	0.154	6.54	0.412	0	148.17	0.276	13.806	19.683	240.018	46.482	168	0
6	5.571	0.11	10.464	0.618	40.76	0	0.184	18.408	13.122	400.03	77.47	28	0
7	4.952	0.22	11.772	0.824	24.456	59.268	0	9.204	24.057	400.03	108.458	252	0
8	4.333	0.242	13.08	0.927	48.912	237.072	0.368	0	17.496	80.006	77.47	196	0
9	3.714	0.088	14.388	1.03	73.368	177.804	1.012	18.408	0	200.015	108.458	84	0
10	4.952	0.132	1.308	0.721	48.912	296.34	0.92	4.602	10.935	0	92.964	28	0
11	5.571	0.066	2.616	0.721	24.456	148.17	0.644	11.505	15.309	240.018	0	56	0
12	4.952	0.198	3.924	0.824	48.912	29.634	0.828	16.107	6.561	40.003	30.988	0	0
13	0	0	0	0	0	0	0	0	0	0	0	0	0

至此相当于一个 TSP 问题,即求环游世界一周(每个地方只去一次)的最小危险系数,这里采用遗传算法解决。

程序进行了 200 代进化,大约在 50 代以后收敛,如图 7 所示,得到近似最优方案的最小路程代价为 140.640。

最优染色体为:

$[3-11-5-13-10-12-6-9-7-8-4-2-1]$。

解码得到世界旅行最佳方案为:

南美→撒哈拉以南的非洲→东南亚→中东和北非→澳大利亚和大洋洲→南亚→东欧→中亚→西欧→东亚→中美洲和加勒比海→北美。

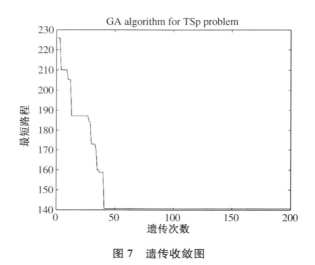

图 7 遗传收敛图

6.2 基于聚类分析的热门出境目的地危险性分析

依托现有数据,对部分出境热门目的地进行危险程度分类,可作为出境人员进行目的地规划的参考。

考虑到在国外,生命财产最为重要,因此选择伤亡和后果中的死亡总数(nkill)、受伤总数(nwound)两字段,以及恐怖袭击事件发生的次数作为境外国家的关键字段。初始数据见表 24。

表 24 热门境外旅游国家基础数据

国家(地区)	发生恐怖袭击次数	死亡总人数	受伤总人数
日本	44	19	27
马来西亚	62	18	21
……	…	…	…
巴西	29	12	11
以色列	1 195	1 012	4 904

注:数据为 1998—2017 年统计记录

通过三个字段进行聚类分析后可得如图 8 所示结果。

从图中可以看出,境外国家大致可以分为五类,见表 25。

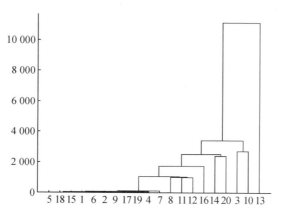

图 8　类簇之间的平均距离

表 25　聚类结果

类别	国家
第一类	美国
第二类	泰国、菲律宾、埃及、以色列
第三类	尼泊尔
第四类	法国、西班牙、英国
第五类	日本、马来西亚、韩国、越南、澳大利亚、意大利、马尔代夫、新西兰、荷兰、瑞士、巴西

从表中可以看出,聚类结果大致符合日常认知情况。危险程度从第一类至第五类逐渐降低。通过聚类方法可以实现对恐怖袭击事件数据的再利用,为大众居民的安全出行尽一份力。

6.3　基于有序 Logistic 模型的恐怖袭击死亡人数影响因素分析

Logistic 回归是一种广义线性回归(generalized linear model),常用于数据挖掘、疾病自动诊断、经济预测等领域。本节引入该方法,研究多因素与恐怖袭击死亡人数之间的关系,找出最有可能导致高水平死亡人数的因素,以期为制定反恐政策、遏制恐怖势力提供一定的参考[7]。

6.3.1　模型建立

首先,参考我国有关分级标准,将数据集中的死亡人数划分为四个不同等级。0 人死亡、1~10 人死亡、11~30 人死亡、30 人以上死亡所对应的死亡人数水平分别为 1、2、3、4。鉴于模型因变量为有序分类变量,采用 Logistic 回归中的有序 Logistic 模型。有序 Logistic 模型可表示如下:

$$y^* = X\beta + \varepsilon \tag{13}$$

式中,y^* 是一个无法观测的潜变量,它是与因变量对应的潜变量;X 为一组自变量;β 为相应的待估参数;ε 为服从逻辑分布的误差项。y^* 与 y 的关系如下:

$$\begin{cases} y = 1, y^* \leqslant \mu_1 \\ y = 2, \mu_1 < y^* \leqslant \mu_2 \\ \vdots \\ y = j, \mu_{j-1} < y^* \end{cases} \tag{14}$$

式中，$\mu_1 < \mu_2 < \cdots < \mu_{j-1}$，表示通过估计获得的临界值或阈值参数。给定 X 时，因变量 y 取每一个值的概率如下：

$$\begin{cases} P(y = 1 \mid X) = P(y^* \leqslant \mu_1 \mid X) = P(X\beta + \varepsilon \leqslant \mu_1 \mid X) = \Lambda(\mu_1 - X\beta) \\ P(y = 2 \mid X) = P(\mu_1 < y^* \leqslant \mu_2 \mid X) = \Lambda(\mu_2 - X\beta) - \Lambda(\mu_1 - X\beta) \\ \vdots \\ P(y = j \mid X) = P(\mu_{j-1} < y^* \mid X) = 1 - \Lambda(\mu_{j-1} - X\beta) \end{cases} \tag{15}$$

式中，$\Lambda(x)$ 为分布函数。有序 Logistic 模型的参数估计采用极大似然估计法，这是由于模型假设残差和因变量都要服从二项分布。二项分布对应的是分类变量，所以不是正态分布，进而不是用最小二乘法，而是用极大似然估计法来解决方程估计和检验问题。

模型变量说明见表 26。

表 26   **Logistic 回归模型变量说明**

变量名称	类型	含义	赋值
fatalities	有序分类变量	死亡人数水平	1~4
imonth	无序分类变量	事件发生月份	1~12
attacktype	无序分类变量	攻击类型	1~9
targtype	无序分类变量	目标类型	1~22
weapsubtype	无序分类变量	武器类型	1~31

6.3.2 模型求解

(1) 模型拟合程度检验

针对模型拟合程度，SPSS 提供了似然比检验结果和拟合优度检验结果，后者包括皮尔逊相关系数(Pearson)和偏差(Deviance)两种拟合优度检验，结果见表 27 和表 28。

表 27   **模型拟合信息**

模型	−2 对数似然值	卡方	df	显著性(P(Sig.))
仅截距	68 418.421			
最终	33 164.627	35 253.794	70	0.000

拟合函数：Logit

似然比检验的原假设是模型中所有自变量的偏回归系数全为零，检验结果 P(Sig.) = 0.000，说明至少有一个变量系数不为零，且具有统计学显著性，也就是模型整体有意义。

表 28   拟合度

	卡方	df	显著性(P(Sig.))
皮尔逊相关系数	72 000.947	22 568	0.000
偏差	21 133.034	22 568	1.000
		拟合函数:Logit	

Pearson 检验和偏差检验结果也都表明拟合程度良好。

（2）平行线检验

有序多分类 Logistic 回归的原理是将因变量的多个分类分为多个二元 Logistic 回归。平行线假设是有序多分类 Logistic 回归模型的重要假设，即假设拆分后的各个二元 Logistic 回归的自变量系数相等，仅常数项不等。模型的平行线检验结果见表 29，P(Sig.)=0.039，即拒绝原假设。但有关研究表明，有序 logistic 模型对此适用条件有一定的耐受性，当条件被轻微违反时，参数的估计仍然是较为稳定的，对此问题，国内的学者还进行过深入的研究。因此，本研究仍认为参数估计是稳定的。

表 29   平行线检验ᶜ

模型	一2 对数似然值	卡方	df	显著性(P(Sig.))
零假设	33 164.627			
广义	26 838.845ᵃ	6 325.782ᵇ	140	0.039
	零假设规定位置参数(斜率系数)在各响应类别中都是相同的			

注：① 在达到最大步骤对分次数后，无法进一步增加对数似然值；
② 卡方统计量的计算基于广义模型最后一次迭代得到的对数似然值。检验的有效性是不确定的；
③ 拟合函数:Logit

（3）参数估计

对于每个自变量所对应的若干个哑变量，分别按照参数估计值排序，调整后的参数估计见表 30。

表 30   参数估计表

		估计	标准误	Wald	df	显著性(P(Sig.))
阈值	[fatalities=1.00]	1.598	0.337	22.422	1	0.000
	[fatalities=2.00]	5.125	0.338	230.294	1	0.000
	[fatalities=3.00]	6.835	0.339	407.351	1	0.000
位置	[imonth=6]	0.079	0.033	5.862	1	0.015
	...	...	...	...	...	...
	[imonth=2]	−0.128	0.034	14.113	1	0
	[imonth=9]	0ᵃ	0	0	0	0
	[attacktype=2]	−0.971	0.059	271.542	1	0
	...	...	...	...	...	...

（续表）

		估计	标准误	Wald	df	显著性（P(Sig.)）
位置	[attacktype＝7]	−3.674	0.088	1 738.292	1	0
	[attacktype＝9]	0ᵃ	.	.	0	.
	[targtype＝17]	1.731	0.214	65.395	1	0
	[targtype＝14]	1.513	0.21	52.03	1	0
	…	…	…	…	…	…
	[targtype＝21]	−1.131	0.225	25.145	1	0
	[targtype＝9]	0ᵃ	.	.	0	.
	[weapsubtype＝13]	4.696	0.258	331.407	1	0
	[weapsubtype＝15]	3.576	0.256	194.775	1	0
	[weapsubtype＝20]	0.252	0.319	0.624	1	0.43
	…	…	…	…	…	…
	[weapsubtype＝31]	−1.169	0.367	10.129	1	0.001
	[weapsubtype＝9]	0ᵃ	.	.	0	.

表中数值为 0 的参数为每个自变量组的参照值，以月份为例，"imonth＝2"系数估计值为−0.128，意味着在仅改变月份的情况下，2 月份相比于 9 月份，发生在该月的恐怖袭击事件死亡人数水平至少高一个等级的可能性是 exp(−0.128)＝0.88 倍。其他系数的解释以此类推。

在月份上，由表中数据可知，发生在 5 月至 9 月的恐怖袭击事件往往危害程度更大、死亡人数更多，这可能与宗教传统有关（5 月和 7 月不显著，因此着重关注 6 月和 8 月）。

在攻击类型上，除类型 9（未知）以外，与事件死亡人数正向相关程度最高的依次是 2（武装袭击）、1（暗杀）、5（劫持人质—路障事件）、3（轰炸/爆炸）、6（劫持人质—绑架）、8（徒手攻击）、4（劫持）、7（设施/基础设施攻击）。该分析结果与常识相符。武装袭击和轰炸/爆炸通常影响范围大，可能导致死亡人数众多；暗杀和劫持人质事件由于其目的明确，也比较容易造成人员死亡；而徒手攻击、劫持和设施/基础设施攻击的威胁程度相对而言较低。攻击类型的 P 值均为 0，表明结果高度显著。

在目标类型上，恐怖分子/非州立民兵组织、公民自身和私有财产、军事、宗教人物/机构和警察是 22 类目标类型中死亡人数水平最高的，这与恐怖组织间冲突以及恐怖主义的目的有关，恐怖主义事件多以军事、宗教、政治等目的为导向，因此以军事、宗教和警察为目标的恐怖袭击事件更加危险，而针对公用事业、电信、食物或水供应的恐怖袭击造成的死亡人数水平相对是最低的。

在武器类型上，危害程度排名最高的武器为自杀（由人体携带）和车辆，表明反恐组织需要高度防范自杀式袭击。窒息、绳或其他抑制装置、手枪、自动武器（包括半自动）、刀或其他尖锐物体、地雷、步枪/枪（非自动）紧随其后。可见致乱武器和轻武器与死亡人数水平的关联程度要普遍高于爆炸物/炸弹/炸药,主要是由于致乱武器和轻武器易直接对人员造成致命伤害。武器类型的分析结果也基本上均为高度显著。

7 模型评定

本文根据题目要求,对"依据危害性对恐怖袭击事件分级""依据事件特征发现恐怖袭击事件制造者""对未来反恐态势的分析"和"数据的进一步利用"四个问题采用了不同的数学模型进行评价,将复杂的模型简化到可以清晰了解判定的程度,并研究了其相应的特征规律,与客观现实比较契合。

但是由于本文做了一些简化模型的假设,因此建立的模型也存在以下问题。

在问题1中,最后只选择了9个主要变量,对9个变量进行主成分分析,认为9个变量能够基本满足恐怖袭击危害等级的判定,判定效果也比较精确;但是没有考虑恐怖袭击犯罪的动机和恐怖袭击的目标等其他可以影响危险等级判定的变量,一旦对目标连续进行恐怖袭击却没造成伤害,事情本质是很危险的,但是本文的评价体系却不能够精确地评判。

在问题3中,采用基尼系数和洛伦兹曲线进行数据分析,在一定程度上反映了恐怖袭击区域性分布、国家聚集性分布等规律,但是有些因素在分析的时候,却未考虑,比如是否跨界的恐怖袭击活动,本文为简化工作量,对这些没有计算。还有就是分析预测2018年恐怖袭击活动,采用的样本只有三年,回归分析准确度不够高,而且恐怖袭击受政策影响波动比较大,人为主观因素很难被考虑。

在问题4中,采用了遗传算法对世界最佳旅游路径进行计算,算法和思路清晰,计算的结果也比较准确,但是由于工作量的原因,危险系数判定的指标选得不够多,区域之间的距离也没有准确统计,对实际最优旅游路径选择可能会有一些偏差。

参考文献

[1] 柴瑞瑞,刘德海,陈静锋. 恐怖袭击事件的时空差异特征分析及内生性VAR模型[J]. 中国管理科学,2016,24(S1):281-288.

[2] 李国辉. 全球恐怖袭击时空演变及风险分析研究[D]. 合肥:中国科学技术大学,2014.

[3] 隋晓妍. 我国恐怖袭击时空变化特征与影响因素研究[D]. 大连:大连理工大学,2017.

[4] 苗苗苗,王玉英. 基于矩阵压缩的Apriori算法改进的研究[J]. 计算机工程与应用,2013,49(1):159-162.

[5] 黄常海,高德毅,胡甚平,等. 基于Apriori算法的船舶交通事故关联规则分析[J]. 上海海事大学学报,2014,35(3):18-22.

[6] 杜明,王江晴. 一个基于遗传算法的TSP问题解决方案[J]. 中南民族大学学报(自然科学版),2007(1):77-79.

[7] 陈雨生,房瑞景,尹世久,等. 超市参与食品安全追溯体系的意愿及其影响因素——基于有序Logistic模型的实证分析[J]. 中国农村经济,2014(12):41-49.

[8] 张文彤. SPSS统计分析高级教程[M]. 北京:高等教育出版社,2013.

杨筱菡

这篇竞赛论文是做的是 2018 年中国研究生数学建模 C 题,获得二等奖。

我们从两个方面来看这篇论文。

第一,结构。这篇论文的结构规范完整,思路清晰,语言流畅,撰写规范。全文以问题为导向组织,对每个问题的讨论循序渐进,文章一共分为八个部分:问题重述、问题分析、问题1、问题2、问题3、问题4、模型评定和参考文献。如果作者可以将问题重述和问题分析合并,增加一个假定和变量定义的段落,将会使结构更完整。美中不足的是表格在整个论文中的篇幅偏多了些,可以适当压缩或调整表达的形式。

第二,内容。文章研究恐怖袭击事件的记录数据,采用主成分分析方法对恐怖袭击事件进行分级预测;采用关联规则分析方法确定恐怖事件嫌疑人;考虑了基于基尼系数和洛伦兹曲线的规划模型研究恐怖袭击在时空上的发展趋势;不足的地方是,最后在数据的进一步利用这个问题的讨论中,"创新性"地将恐怖袭击与环游路线相结合,创意有先驱性,由于两个主题的关联性不大,而且环游世界的最优路线这个主题目标太大,因此分析略显仓促和牵强。

整体来说,本文尽管有一些不足和缺点,但作为在有限的时间内完成的建模竞赛论文,可以认为是一篇优秀论文。

第 12 篇

基于 GTD 数据的恐怖组织行为风险评估与预测

韦　锦[1]　王舒颖[2]　俞　璐[1]

1. 同济大学交通运输工程学院　2. 同济大学经济与管理学院

摘要　近年来,恐怖主义已经成为威胁世界稳定、地区安全和和平发展的首要因素。本文基于世界恐怖组织数据库(GTD)对全球恐怖组织的行为进行一系列的数据挖掘,建立了恐怖组织行为危害分级评估、共案侦查、风险预测、态势分析的数据模型,并对该数学模型进行分析和讨论。本文对数据库进行深度的挖掘,旨在为未来的反恐态势提出一些见解和建议。

首先,定义了恐怖袭击事件具有目的性、剧烈性和实际脆弱性这三个主属性,提出并整理了 12 个评价指标。基于熵值法确定了指标权重,并以此为依据,给出近二十年来危害程度最高的十大恐怖袭击事件。基于结合权值核模糊 C 均值方法聚类,获得给出的事件加权后的分级。

其次,针对 2015—2017 年,从恐怖组织自身实施恐怖行为出发选取 9 个指标,采用 SOM 自组织神经网络分类出 960 类恐怖分子,利用前文所得的危险评估模型求得前五名嫌疑人,为"ISIL""Boko Haram""Taliban""Fulani extremists"和"unknown"。最后利用九维欧式距离计算案件与嫌疑人间的距离,采用神经网络所给定的权值,求出恐怖分子关于典型事件的嫌疑度的排序。

再次,通过数理统计等方法,分析了恐怖袭击事件发生的时空特性、蔓延特性、级别分布等规律。基于贝叶斯网络搭建恐怖袭击预警模型,针对 2018 年重点地区的主要攻击目标、死亡人数和经济损失程度以及连环事件组发生的概率等作出预测。结合当前的发展态势和预测结果,对反恐斗争给出相应建议。

最后,针对战乱频发的中东地区,从 1998 年至 2017 年,对若干同一恐怖组织跨国进行恐怖主义的扩散态势进行分析,利用莫兰指数分析其蔓延规律,并构建具有空间选择的扩散网络。恐怖主义蔓延网络具有空间负相关的特性,中东地区普遍呈现近似重复,大多数扩散出现在自身扩散对中,H-H 扩散是整个时期发生的最流行的类型,L-L 发生的可能性最小。

关键词　恐怖袭击,GTD,熵值法,核模糊 C 均值聚类,SOM 神经网络,贝叶斯网络,莫兰指数

1 引言

近年来,恐怖主义已经成为威胁世界稳定、地区安全与和平发展的首要因素,越来越受到重视。即使目前全球对其进行了联合打击,但是其仍然呈现出明显的蔓延趋势。因此,对已有恐怖主义事件的特征分析能够帮助我们对恐怖主义事件进行预测、规避和打压。本文利用全球恐怖主义数据库(GTD)中 1998—2017 年世界上发生的恐怖袭击事件的记录,研究了如下问题:

(1)定义恐怖事件的危害性评价体系,并依据危害性对具体案例分级。

(2)对恐怖主义事件的特征进行分析,以推断袭击事件制造者。

(3)结合已有数据库和网上数据,对恐怖主义事件特征进一步分析,以预测未来恐怖主义态势,提出反恐建议。

(4)结合已有数据库,描述事件高发地区的恐怖主义扩散网络。

2 数据处理

GTD 又称为全球恐怖主义数据库,是一个开源数据库,收集了 1970 年以来在世界范围内发生的恐怖主义事件信息,至今已超过 14 万件。数据包括发生时间、地区、袭击目标、手段及所造成的死伤人数等。

为了方便后文的研究,数据处理部分选取 GTD 部分指标数据进行处理。目的性反映了恐怖组织袭击计划,受害者类型反映了恐怖袭击对于事件受害人的选择,"multiple"表示事件相关性,即事件本身是有组织有计划的,选择"targetype""multiple""country"和"INT"属性。执行手段和执行过程反映了事件剧烈性,选取"crit""attacktype""weaptype"和"extended"属性。执行结果反映了脆弱性,选取"success""nkill""nwound"和"property"属性。

本文主要研究暴力恐怖活动带来的危害,所以需要的死亡人数和受伤人数中不包括恐怖分子,因此新增列为"updatenkill""updatenwound"。将数据中四类条件的任意一个值规定为 1,即确定为跨国行为的,则提取主属性为 1,建立 INT 为主属性。将财产损失程度保留"propextent"为主属性。符合满足袭击的标准越多,袭击越严重。用"sumcrit"表示满足标准的情况。袭击地点以"country"代表地区,以发达程度(updatecountry)进行划分,发达国家为 3,发展中国家为 2,最不发达国家为 1。"attackype"(攻击类型)越多攻击力越强。将"targetype1"分为三级,伤害最高的评分为 3,中等为 2,微弱为 1。对于"weaptype",先将攻击力分出强弱,强为 2,弱为 1,接着武器类型越多攻击力也更强,将"weaptype1、3"叠加(表 1)。

表1

主属性表

目的性	剧烈性	脆弱性
targetype	attacktype	success
multiple	weaptype	updatenkill
updatecountry	extended	updatenwound
INT	sumcrit	propextent

3　模型的建立与求解

3.1　恐怖袭击事件的危害性评价体系

恐袭事件主要由恐怖组织的意识形态作为先决条件，执行手段和过程为主导，并以恐袭事件的执行结果为危害性的主断依据。三者作为袭击发生前提下的意识形态导向率、袭击发生后损失程度以及期望损失值，共同定义恐怖袭击的危害性。

3.1.1　熵值法确定权值

二十个年份内的有效事件为评价对象 M，选取 12 个评价指标 D 和评价对象构成数据矩阵。由于指标计量单位不统一，因此先要标准化处理，归一化的范围为[−1,1]。12 个评价指标均为越大越优型指标。

运用熵值法通过 MATLAB 运算得到评价对象的权重，见表2。

表2

评价指标权重

评价指标	权重	评价指标	权重	评价指标	权重
extended	0.012 3	success	0.079 3	INT	0.025 3
updatecountry	0.155 3	updatenkill	0.233 8	attacktype	0.012 7
sumcrit	0.000 037	updatenwound	0.037 8	targetype	0.063 9
multiple	0.025 3	propextent	0.328 7	weaptype	0.025 6

运行得到近二十年来危害程度最高的十大恐怖袭击事件及其得分见表3。

表3

TOP10 恐怖事件

事件编号	得分	事件编号	得分
201406150063	0.000 247 04	201612100011	0.000 170 74
200109110004	0.000 202 18	200704240002	0.000 168 05
200109110005	0.000 202 18	201309210001	0.000 166 92
199808030008	0.000 183 61	201708030004	0.000 166 45
201407170017	0.000 182 91	200811260006	0.000 165 71

3.1.2 基于核模糊C均值聚类的事件分级

结合权值采用核模糊C均值聚类获得各个加权后的分级。核函数对数据进行隐性的非线性映射,计算内积,使算法更为高效。算法开始之前必须给定一个由 N 个 L 维向量组成的数据集 X 以及所要分得的类别个数 C,C 取值为 5。选取相应的核函数替代 FCM 算法中的欧氏距离,目标函数为

$$J_m = \sum_{i=1}^{C} \sum_{k=1}^{N} u_{ik}^m \parallel \Phi(X_k) - \Phi(V_i) \parallel^2 \tag{1}$$

约束条件为

$$\sum_{c=1}^{C} u_{ic} = 1, \qquad \forall i = 1,2,\cdots N, u_{ic} \geqslant 0 \tag{2}$$

其中,Φ 指的是特征映射,根据核方法中的转换技巧,作如下转换:

$$\parallel \Phi(X_k) - \Phi(V_i) \parallel^2 = (\Phi(X_k) - \Phi(V_i))^T (\Phi(X_k) - \Phi(V_i))$$
$$= K(X_k,X_k) + K(V_i,V_i) - 2K(X_k,V_i) \tag{3}$$

$$K(x,y) = e^{\frac{-\parallel x-y \parallel^2}{\sigma^2}} \tag{4}$$

$$K(x,y) = (1+\langle x,y \rangle)^d \tag{5}$$

$$K(x,x) = 1 \tag{6}$$

则目标函数可转化为

$$J_m = \sum_{i=1}^{C} \sum_{k=1}^{N} u_{ik}^m (1 - K(X_k,V_i)) \tag{7}$$

为了最小化目标函数,求得聚类中心和隶属度矩阵的更新公式分别为

$$u_{ik} = \frac{(1-K(X_k,V_i))^{-1/(m-1)}}{\sum_{j=1}^{C} (1-K(X_k,V_j))^{-1/(m-1)}} \tag{8}$$

$$V_j = \frac{\sum_{k=1}^{n} u_{ik}^m K(X_k,V_i) X_k}{\sum_{k=1}^{n} u_{ik}^m K(X_k,V_i)} \tag{9}$$

根据上述公式不断迭代求出满足条件的隶属度以及聚类中心从而最小化目标函数,保证算法收敛,具体的算法流程如图1所示。

按危害程度从高到低分级,进行危害等级识别,结果见表4。

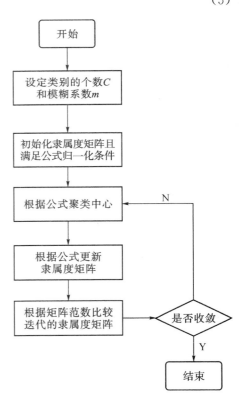

图 1　熵值法算法流程

表 4   危害等级识别

事件编号	危害级别	事件编号	危害级别
200108110012	一	201411070002	四
200511180002	一	201412160041	二
200901170021	一	201508010015	五
201402110015	四	201705080012	四
201405010071	四		

3.2　恐怖袭击事件的特征分析并确定恐怖袭击事件制造者

依据事件特征发现恐怖袭击事件制造者,换言之,即本文需要从犯罪心理和习惯出发选出指标。因此,本文选择自组织特征映射神经网络来完成对并案侦查的案件的聚类。自组织竞争神经网络算法性能优越,对微小差异的分辨能力强,在解决分类与聚类问题上,有比较好的效果。

3.2.1　指标选取

恐怖分子的特征从其自身实施恐怖行为出发,对所造成的结果不具有掌控能力。因此选择了由恐怖分子主动选择的因素,如下:"reigon""country""multiple""suicide""attacktype""targetype""gname""weaptype""ishostkid"。

3.2.2　基于 SOM 网络的恐怖案件聚类分析

3.2.2.1　SOM 网络简述[1]

自组织特征映射网络(SOM)也称为 Kohonen 网络,SOM 网络根据其学习规则,对输入模式进行自动分类,即在无监督的情况下,通过对输入模式的反复学习,捕捉各个输入模式所含的模式特征,并对其进行自组织,在竞争层将分类结果表现出来。网络结构上,自组织竞争神经网络只包含两层神经元,第一层为输入层,第二层为竞争层,两层之间神经元间实现全互连。SOM 网络是无监督学习算法的代表,能够自动找出输入数据之间的类似度,将相似的输入在网络上就近配置,因此是一种可以构成对输入数据有选择地给予反应的网络。本文利用 SOM 的学习算法步骤归纳如下:

(1) 网络初始化:指派任意值作为权值的初始参量赋给输入层和映射层。

(2) 输入初始数据:输入向量 $X = (x_1, x_2, \cdots, x_m)^T$,指派给输入层。

(3) 利用欧式距离计算公式计算映射层的权值与输入层的距离。

(4) 权值的学习:修正输出神经元 j^* 及其"邻接神经元"的权值。选择硬限幅函数作为竞争神经元的传递函数,获胜神经元的输出为 1,其他神经元输出均为 0。对于第 k 次迭代,相应的权值根据下式进行调整,权值调整公式为

$$\omega_j^*(k+1) = \omega'_{j^*}(k) + \eta(X'(k) - \omega'_{j^*}(k))\omega_j(k+1) = \omega'_j(k) \ (j \neq j^*) \tag{10}$$

(5) 是否达到预先设定的要求:如达到要求则结束,否则进行下一轮学习。

3.2.2.2 SOM 网络学习算法的应用

对于 2017 年的 10 个案件,本文通过大量训练样本对神经网络进行自组织训练,从而将样本分为不同类型,同时训练好的网络将记忆所有的训练样本模式;当输入一个新的测试样本后就会激发对应神经元,实现对待测样本的自动分类。

在多次尝试后将 2015 年、2016 年的数据的恐怖分子分为 1 600 个神经元,因此其拓扑结构为 40×40,迭代次数为 500。运用相关程序,运行结果如图 2 和图 3 所示。

图 2　神经元聚类事件个数　　　　图 3　近邻神经元之间权值的距离

如图在 1 600 个神经元中,有 640 个死神经元,因此本文得到了分开的 960 类。存在 1 400 多件事件的严重程度和小于少数事件的叠加,因此,本文采用前文所用的计算分值的方法,将同一类别得分相加,得出危害性最大的前五名嫌疑人,见表 5。

表 5　　　　　　　　　　　　　危害性最大的前五名嫌疑人排序

嫌疑人	类别	得分	gname	gname_txt
1 号	9	0.122 6	178	ISIL
2 号	83	0.099 8	104	Boko Haram
3 号	693	0.057 4	400	Taliban
4 号	166	0.040 8	140	Fulani extremists
5 号	95	0.020 9	441	Unknown

5 号嫌疑人共有 1 457 件恐怖主义事件,聚类结果发现,其主要在伊拉克实行恐怖主义活动,不会同时在不同地实施,不采取自杀式袭击,不绑架,采用爆炸物进行轰炸,袭击目标为平民及财物。

对于 10 个案件与 5 名嫌疑人的匹配,本文进行九维度欧式距离计算每个案件与每个嫌疑人(取其所有事件的聚类中心)的距离,利用 SOM 神经网络给定的权值,求出关联度的排序。训练后的自组织神经网络竞争层的权值向量见表 6。

表 6　　　　　　　　　　　　　　　　权值向量

编号	crime	嫌疑人 1	嫌疑人 2	嫌疑人 3	嫌疑人 4	嫌疑人 5
a_1	reigon	94.052 44	94.062 75	94.040 35	94.082 28	94.084 11
a_2	country	9.945 70	9.943 28	9.945 51	9.945 61	9.945 39

（续表）

编号	crime	嫌疑人 1	嫌疑人 2	嫌疑人 3	嫌疑人 4	嫌疑人 5
a_3	multiple	0.013 63	0.013 70	0.012 68	0.013 28	0.012 63
a_4	suicide	0.005 831 8	0.005 260	0.006 441	0.007 129	0.005 831 1
a_5	attacktype	3.058 005	3.064 126	3.058 85	3.061 860	3.059 62
a_6	targettype	13.899 51	13.886 61	13.904 11	13.898 55	13.900 21
a_7	gname	430.441 4	430.496 0	430.545 0	430.535 5	430.538 0
a_8	weaptype	6.077 75	6.081 388	6.066 41	6.070 14	6.068 52
a_9	ishostkid	0.005 203	0.008 863	0.007 18	0.005 53	0.008 739

所以,总式为

$$d_{ij}(x,y) = \sqrt{\sum_{n=1}^{9} a_{in} (x_{in} - y_{jn})^2} \tag{11}$$

式中,$d_{ij}(x,y)$ 是嫌疑人 i 与典型案例 j 之间的距离;a_{in} 是嫌疑人 i 关于指标 n 的权值;x_{in} 表示嫌疑人 i 的指标 n 的值;y_{jn} 表示典型案例 j 的指标 n 的值。

计算关联度得分结果见表 7。

表 7　　　　　　　　　　　　　　　　关联度得分

案例	嫌疑人	得分
201701090031	1 号	98.287 38
201701090031	2 号	133.237 16
201701090031	3 号	124.032 177
201701090031	4 号	284.229 3
201701090031	5 号	38.926 728
…	…	…

对于得分大于 300 的,认为关联度较低,或者无关联,结果见表 8。

表 8　　　　　　　　　　　　　　　　所给事件嫌疑度

事件编号	1 号嫌疑人	2 号嫌疑人	3 号嫌疑人	4 号嫌疑人	5 号嫌疑人
201701090031	2	4	3	5	1
201702210037	2	3	1	4	
201703120023	3	1	4	2	
201705050009	3	1	4	2	
201705050010	3	1	4	2	
201707010028	3	1	4	2	5
201707020006	1	4	3	5	2
201708110018	3	4	1		2
201711010006	2	3	1		4
201712010003	2	4	3	5	1

3.3 预测未来恐怖主义态势,提出反恐建议

本文研究近三年来恐怖袭击事件发生的主要原因、时空特性、蔓延特性、级别分布等规律。采用贝叶斯网络模型描述人类思维推理过程的标准,研判 2018 年全球或某些重点地区的反恐态势,并给出结果和反恐斗争的见解和建议。

3.3.1 现状及特征分析

(1)时空特征

根据恐袭事件发生的经纬度,可以看到中东地区事件密度在全世界范围内十分高,而亚洲和北美洲的密度较小。

经过对事件发生地点的统计,各个地区事件的分布不均,但普遍表现在发展中和最不发达国家的占比较高。

在时间分布上,首先按照月份进行统计。全年恐袭事件在月份的分布上较为平均,可以说在实施恐怖主义行为上,对于月份的选择是较为随机的。

在日期选择上,本文筛选出五大高频日期,具体频次见表 9。

表 9　　　　　　　　　　　　　　　频次统计

日期	20150301	20150814	20150615	20160921	20150815
频次	179	165	153	152	151

其中,3 月 1 日是国际民防日,8 月 14 日是巴基斯坦独立日,9 月 21 日为国际和平日,8 月 15 日为日本第二次世界大战"终战纪念日"。可见,恐怖袭击事件带有强烈的政治性目的。

(2)主要原因

经由政治原因、经济原因、纯破坏原因和宗教原因以及其他原因统计出来的事件发生频率知,恐袭事件发生的主要原因是政治原因和经济原因。

(3)蔓延特性

在蔓延特征上主要从"multiple""INT_LOG"出发。"NT_LOG"指出一个犯罪集团是否越过边界来攻击。当该地带的攻击增多时,从边界开始的不稳定很可能渗透到境外。而"multiple"表明一些袭击事件是关联的,通过统计这两个指标近三年发生的频数,即"Multiple"和"INT"值中出现 1,可以看出在缅甸和印度东部以及巴基斯坦、阿富汗地区发生的恐袭事件具有较强的相关度,逐渐形成由印度东西两部向印度中心方向渗透的趋势。

(4)级别分布

由于级别的判定是利用熵值法判定权重并通过聚类计算分级,从权重中可以看出其与财产损失和死亡人数呈现强相关,但在时间上没有体现。经统计,五级恐怖每年占比最大,等级分布构成随时间增长变化不显著,但总体来说,恐怖等级较低的事件比例增长,发展态势转好。

3.3.2 基于贝叶斯网络的恐怖袭击预警模型

贝叶斯网络中的节点代表随机变量,节点间的有向边代表节点之间的相互依赖关系,并用条件概率表示具体的依赖程度。贝叶斯网络可以用一个二元 $BN = (G, \theta)$ 组来表示,其

中 $G=(N,E)$ 为贝叶斯网络结构。$N=\{X_1,X_2,X_3,\cdots,X_n\}$ 代表图形中所有的节点集合,而 E 则代表有向连接的线段的集合。贝叶斯网络的结构用数学符号表示如下:

$$P(X_1|X_2,X_3,\cdots,X_{i-1})=P(X_i|p(X_i)), \qquad i=1,2,3,\cdots,n \qquad (12)$$

其中,$p(X_i)$ 为节点 X_i 的父节点。每一个网络结构中的节点都有一个与之相对应的变量,两个节点之间如果无有向边相互连接,则表示这两个节点是条件独立的,可以得到 X 的联合概率分布,并用公式表示如下:

$$P(X_1,X_2,X_3,\cdots,X_n)=\prod_{i=1}^{n}P(X_i|p(X_i)) \qquad (13)$$

3.3.2.1 制定规则

结合 GTD 中记录的事件信息,制定以下规则:

(1)选取的数据确定为恐怖袭击事件,提取建立贝叶斯网络模型所需要的属性,保证样本数据完全,删除数据不完整的样本。

(2)部分属性离散化,在提取所需要的属性后,对数据库中的属性进行整理,并根据贝叶斯网络结构学习需要对数据属性进行离散化。

(3)部分数据连续化处理,数据集中出现某些属性取值不连续的现象时必须找到相关属性,使之连续化。

(4)根据指标的权重,计算得到受恐怖袭击最严重的 TOP10 国家,并对此作出恐怖袭击预警,见表 10。

表 10 TOP10 国家统计

序号	国家	序号	国家	序号	国家
1	伊拉克	5	菲律宾	9	埃及
2	阿富汗	6	尼日利亚	10	叙利亚
3	印度	7	索马里		
4	巴基斯坦	8	也门		

贝叶斯网络结构中的节点变量说明与部分原始样本见附录 1。

3.3.2.2 贝叶斯网络模型的建立

恐袭事件爆发突然、破坏性强、极具复杂性。为了便于研究,本文选取了 9 个比较有代表性作用的节点作为研究的切入点,使在建立基于贝叶斯网络的恐袭事件模型的过程中,能够具有更明确的方向和相对更准确的数据。

在传统的贝叶斯网络建模过程中,利用数据样本进行贝叶斯网络结构学习,通常采取打分搜索方法或者依赖分析方法。就本文而言,节点变量较少,清晰明了,故采用打分搜索中的 K2 算法来建立贝叶斯网络。K2 算法需要指定节点的先验顺序。这个顺序主要依靠领域专家知识或者节点编序指定的约束,这会造成有向五环图的拓扑顺序并不唯一。贪婪算法作为一种贪婪搜索的典型算法,能够在求解的过程中,总是选择在当前情况下看起来最后的选择的方法。虽然它在运算的过程中能够选取到局部最优解,对整体的考虑略有欠缺,但是,合理利用贪婪算法进行求解,通常都能得到整体最优解的近似解,适用于下步计算。因此,可以利用贪婪算法先行计算获得贝叶斯网络节点的拓扑序。

利用获得的训练样本集,利用 K2 算法通过 MATLAB 得到相应的网络结构图以及 dag 矩阵,作为 python 节点顺序识别的输入。在获得建立贝叶斯网络模型的训练样本集和贝叶斯网络节点拓扑序之后,利用 MATLAB 建立贝叶斯网络。

3.3.2.3　模型检验与预测

在建立了基于贝叶斯网络的恐袭事件模型之后,利用 GTD 统计所得的近三年恐袭事件时间数据,引入贝叶斯网络模型可得到恐袭事件威胁的后验概率。通过利用实例对恐袭事件模型进行检验,确定该模型可以比较准确地推理出恐袭事件的威胁。

事件 1:2015 年 1 月 1 日,在伊拉克巴格达省巴格达市的一个停车场,爆炸装置被引爆。在爆炸中有 1 人死亡,6 人受伤。没有任何组织声称对这起事件负责。根据该事件的表述,对其提取相关节点属性作为贝叶斯网络证据,即 evidence{x3}=1;evidence{x5}=1;evidence{x7}=3;evidence{x2}=14;evidence{x6}=6;evidence{x4}=2;evidence{x8}=2。通过将这些证据信息输入到贝叶斯网络模型中,获取贝叶斯网络相关的节点的最大后验概率,见表 11。

表 11　　　　　　　　　　　　　　　　事件 1 人员死亡概率

人员死亡程度	后验概率
1=1~3 人死亡	0.926 9
2=3~10 人死亡	0.057 5
3=10~30 人死亡	0.011 9
4=30 人以上死亡	0.003 7

通过对实际发生的恐袭事件进行模型检测,可以发现后验概率显示结构基本符合实际发生结果,这说明模型在一定程度上符合实际发生的结果。

(1) 袭击目标预测

一般来说,恐怖分子会选取具有象征意义的目标来表示该袭击的所需要传达的信息。因此,如果能够预测出 2018 年袭击目标的概率显得格外重要。本文对 TOP10 的国家分别进行了预测,并横向对比。选取了 evidence{x8}=2,evidence{x9}=4,即"success"选取成功,死亡人数程度为最高,预测结果见表 12。

表 12　　　　　　　　　　　　　　　　袭击目标预测概率

攻击目标	国家									
	1	2	3	4	5	6	7	8	9	10
1	0.097 2	0.016 3	0.065	0.025 3	0.025 3	0.004 5	0.035 2	0.024 1	0.032 8	0.016 5
2	0.021 3	0.020 2	0.000 2	0.000 1	0.000 1	0.006 2	0.045 7	0.006 6	0.029 5	0.024 5
3	0.029 7	0.010 5	0.053 1	0.001	0.001	0.010 1	0.036 8	0.033 3	0.028 4	0.002 9
4	0.012 1	0.025 4	0.022 5	0.000 8	0.000 08	0.003 8	0.025 1	0.031	0	0.006 5
5	0.037 8	0.048 7	0.108 8	0.002 1	0.002 1	0.006 6	0.018 9	0.022 8	0.209	0.005 9

（续表）

攻击目标	国家									
	1	2	3	4	5	6	7	8	9	10
6	0.079 5	0.033 2	0.201 5	0.000 9	0.000 9	0.003 8	0.013 3	0.026 1	0.191 4	0.022 7
7	0.076 1	0.025 4	0.054 1	0.070 3	0.070 3	0.061 1	0.061	0.084 6	0.176	0.059 1
8	0.312 8	0.024 4	0.223 9	0.001	0.001	0.015	0.042 8	0.146 9	0.279 7	0.125 3
9	0.197 3	0.431 8	0.190 7	0.314 4	0.314 4	0.400 3	0.420 9	0.300 4	0.011 8	0.408 4
10	0.077 2	0.144 9	0.000 2	0.138 7	0.138 7	0.281	0.228	0.053 9	0.002 5	0.147 5
11	0.004 7	0.055	0.012 6	0.045 7	0.045 7	0.020 6	0.019 5	0.027 6	0.003 7	0.013
12	0.005 6	0.064 4	0.000 2	0.277 3	0.277 3	0.083 7	0.001 5	0.101 2	0.012 5	0.013 7
13	0.000 7	0.009 5	0.011 8	0.009 4	0.009 4	0.000 3	0.001 6	0.002 2	0.004 3	0.004 2
14	0.000 6	0.003 8	0.000 2	0	0	0	0.004 5	0	0	0
15	0.020 5	0.029 2	0.017 5	0.039 6	0.039 6	0.009 1	0.009 4	0.063 3	0.013 7	0.030 5
16	0.017 1	0.033 1	0.000 2	0.017 6	0.017 6	0.044 1	0.000 1	0.068 6		0.096
17	0.007 2	0.018 9	0.037 5	0.055 7	0.055 7	0.003 4	0.035 3	0.007 4	0.004 5	0.009 6
18	0.002 7	0.005 4	0.000 2			0.041 8	0.000 1	0	0	0.013 7

从表 13 中可以看出,遭受攻击的概率前十名分别为阿富汗、印度、叙利亚、尼日利亚、巴基斯坦、菲律宾的食物/水供应,伊拉克的教育机构、也门的食物/水供应,尼日利亚的新闻记者和埃及的教育机构。

表 13　　　　　　　　　　　　　　事件 1 攻击目标概率

名次	概率	(国家,目标类型)	国家,目标类型	名次	概率	(国家,目标类型)	国家,目标类型
1	0.431 8	(2,9)	阿富汗,食物/水供应	6	0.314 4	(5,9)	菲律宾,食物/水供应
2	0.420 9	(7,9)	印度,食物/水供应	7	0.312 8	(1,8)	伊拉克,教育机构
3	0.408 4	(10,9)	叙利亚,食物/水供应	8	0.300 4	(8,9)	也门,食物/水供应
4	0.400 3	(6,9)	尼日利亚,食物/水供应	9	0.281	(6,10)	尼日利亚,新闻记者
5	0.314 4	(4,9)	巴基斯坦,食物/水供应	10	0.279 7	(9,8)	埃及,教育机构

由于最易发生恐怖袭击的国家分布在中东等地区,多为不发达国家,因此,恐怖袭击的高发概率目标集中在政治领域和民生领域。以上数据说明了未来在政治、食物和水供应领域发生恐怖袭击的概率远大于袭击目标,且其成功概率相对较高,是国际反恐的主要关注对象。

（2）人员死亡及财产损失程度预测

恐怖袭击的主要危害在于大量的人员伤亡和财产损失,因此计算恐怖袭击预警的主要内容,实际就是对恐怖袭击带来破坏性结果进行鉴定和评估的过程。人员伤亡和财产损失是衡量一起恐怖袭击事件最直接、有力、基础的两个节点变量。通过上文对恐怖袭击建立的贝叶斯网络模型,可计算出在恐怖袭击发生后,人员伤亡和财产损失的后验概率,从而为决策者在发布预警信息和进行防控暴力恐怖活动过程提供相关依据。选取了 evidence{x8}＝2;evidence{x7}＝3,即"success"选取成功,攻击方式为轰炸/爆炸,预测结果见表14。

表 14 事件 1 财产损失程度、人员死亡程度预测概率

事件 1 财产损失程度概率				事件 1 人员死亡程度概率				
国家 财产损失概率	1	2	3	国家 人员死亡程度概率	1	2	3	4
1	0.28	99.13	0.59	1	5.85	92.53	1.24	0.39
2	6.45	88.03	5.52	2	11.15	86.06	2.5	0.29
3	16.02	32.83	51.16	3	10.11	88.52	1.32	0.05
4	0.19	99.17	0.65	4	3.66	95.58	0.64	0.12
5	0.74	97.42	1.85	5	1.9	97.53	0.34	0.23
6	3.57	90.37	6.06	6	24.61	64.28	8.89	2.22
7	1.78	95.38	2.84	7	9.24	88.97	1.39	0.4
8	0.4	98.97	0.62	8	15.23	80.11	3.99	0.66
9	0.85	97.46	1.69	9	4.75	94.65	0.39	0.21
10	2.19	94.67	3.14	10	19.63	68.86	9.1	2.4

通过结果可以发现,未来的经济损失可能主要集中在小于 100 万美元的范围,死亡人数在 3～10 人,态势较为平稳,但仍然要做好战后的急救和保障措施。

(3)事件组袭击预测

从国际恐怖主义的活动规律看,恐怖主义活动正在形成网络化格局,一些恐怖袭击事件相互关联。匿名手机和电子邮箱等现代通信工具可以使恐怖分子隐蔽而快捷地进行沟通,同时较好地隐匿行踪,因为这些通信设备往往是一次性使用。这种轻易可以跨越国境的联络方式,给各国政府反恐行动带来了极大的困难。"Multiple"和"INT_LOC"的值在远期也将不断增加,形成恐怖主义的网络。由表 15 可以看出,未来连环事件组的发生会逐渐成为一种趋势。

表 15 事件 1 跨国程度预测概率

国家编号	1	2	国家编号	1	2
1	0.451 8	0.548 2	6	0.375 1	0.624 9
2	0.406 3	0.593 7	7	0.442 5	0.557 5
3	0.481 1	0.518 9	8	0.422 2	0.577 8
4	0.278 7	0.721 3	9	0.470 6	0.529 4
5	0.408 9	0.591 1	10	0.501 2	0.498 8

3.3.3 态势分析

要对 2018 年全球反恐态势作出预测,首先要研究当代恐怖袭击的特点。本节将从恐怖

袭击目标的选择、所采用的袭击方式和策略三方面对城市恐怖袭击的特点进行归类,这三方面的特点之间具有较高相关度。如对于不同的袭击目标,恐怖分子会采取不同的袭击手段以及袭击策略,其采用该袭击手段或策略的最直接目的即为达到最大成功率。

（1）袭击目标

一般来说,恐怖分子会选取具有象征意义的目标来表示该袭击所需要传达的信息。为此,目标划分见表 16。

表 16　　　　　　　　　　　　目标分类

目标类型	政治目标	平民目标	基础设施目标	经济目标	无确定目标
目标描述	2—政府(一般性质),3—警察,4—军事,7—政府(外交),22—暴力政党	5—流产有关,10—新闻记者,14—公民自身私有财产,18—游客,12—非政府组织(NGO),9—食物/水供应	16—电信,19—运输21—公用事业,6—机场和飞机,11—海事(包括港口和海上设施),8—教育机构	1—商业	13—其他,17—恐怖分子/非洲立民兵组织,15—宗教人物/机构,20—未知

对 2015—2017 年数据进行分析可知,政治目标和平民目标占比显著,以政治破坏为目的的恐怖行为成为主要关注对象。

（2）袭击方式

在全球恐怖主义事件中,2015—2017 年内的自杀式袭击案件数分别为 922,985,844,其占比分别为 6.16%,7.25%,7.74%。可以看出,三年来自杀式袭击比例逐年上升。在自杀式袭击中,主要的前四种袭击方式区分显著。最多的自杀式袭击为爆炸式自杀和暗杀式自杀。

（3）袭击策略

任何形式的恐怖袭击,无论是组织还是个人,都需要进行秘密策划。恐怖分子会考虑袭击目标的暴露程度和武器的可获取程度,并据此而制定有效的实施策略。

通过对近些年发生的恐怖事件的分析,恐怖袭击在策略层面有以下三个主要特点:本土化、草根化和地域化。本土化是指没有和跨境组织建立联系;草根化是指为平民个人行为,由"individual"体现;地域化则是由相同地域的交叉案件体现。

3.3.4　反恐建议

（1）政策调控

由分析可以看出,政治因素永远是引起恐怖主义的第一要素。缓和政权关系,强力联合世俗化国家,重新培育维护世俗化社会的政治强人。紧密靠拢、组建全面打击"ISIL"的盟国阵营有利于在政策上进行调控,从根源上减少恐袭事件的发生。

（2）网络化反恐

目前恐怖主义逐渐形成网络化的蔓延趋势,因此需要形成全民反恐的社会治理格局。恐袭事件发生前通常隐藏在普通人当中,很难通过侦察手段及时发现。而且情报机构的人力、物力资源是有限的,单纯依靠情报机构的力量,不仅难以收集到全面、可靠的线索和信息,也很难在第一时间向公众提供预警信息。各级政府应加强反恐科普宣传,充分利用电视、广播、报纸、微博、微信等传统媒体和新媒体,多渠道全方位地宣传报道国家反恐政策与反恐基本常识,增强全民防恐意识,增强公众自我防范能力。

(3)武器控制

在目前分析中,爆炸作为最主要的一种武器模式,成为恐怖主义事件的主要手段。对此,加强对炸药的实名制管控,真正和积极地行动起来切断对"ISIL"的幕后财政和武器援助,配合西方国家和地区世俗政权严厉打击"ISIL"。

3.4 事件高发地区的恐怖主义扩散网络

恐怖主义随着时间而变化。在研究恐怖主义之前,首先要了解它的分布和趋势,然后才能使用社会空间模型设计方法来识别恐怖主义的扩散模式。

本文选择了中东进行研究,因为该地区是恐怖袭击的热点,也是研究热点。大量研究报告使我们清楚地了解该地区的冲突。中东一般泛指西亚、北非地区,约24个国家,1 500余万平方公里,3.6亿人口。西亚包括沙特、伊朗、科威特、伊拉克、阿联酋、阿曼、卡塔尔、巴林、土耳其、以色列、巴勒斯坦、叙利亚、黎巴嫩、约旦、也门和塞浦路斯。北非包括苏丹、埃及、利比亚、突尼斯、阿尔及利亚、摩洛哥、马德拉群岛、亚速尔群岛。

恐袭事件可根据其破坏程度和影响程度进行分类:一次性、封闭性和大规模性。一次性攻击是高度不确定的并且难以预测,因为其几乎不需要准备并且可以由单个人执行。封闭式攻击仅发生在特定国家,其影响程度有限。因此,本文主要关注大规模性恐袭事件,而恐怖主义组织发动的大规模袭击常跨越国界,相互关联。

3.4.1 数据处理

为了研究同一恐怖组织跨国恐怖活动的传播规律及蔓延趋势,在数据清洗的基础上,选取中东地区(region=10)在1998—2017年中"gname"已知的数据。

为了减小恐袭事件的复杂性、紧急性和不确定性,在研究其国家间扩散时,本文从数据库中提取跨国攻击。跨国攻击存在于许多不同国家或涉及许多不同国家。假设跨国攻击是稳定的,并且具有逐渐变化的趋势。

3.4.2 模型准备

3.4.2.1 检测分布和趋势[2]

Tobler的第一地理学定律认为地理表面上的所有属性值都是相互关联的,但更接近的值与更远的值相关性更强。在这里,本文介绍一种名为莫兰(Moran)的自相关系数(通常表示为Moran's I)的分布检测方法,以研究中东地区恐袭事件的分布。

莫兰指数(Moran's I)是由Moran在1948年提出的一种空间自相关分析的统计指标,相比于其他全局空间自相关统计指标而言,大部分研究人员更倾向于使用Moran's I,它强调区域统计值与均值差异的共变性,提供了一个更为全局的指标值,其计算公式如下:

$$I = \frac{n(\sum_i^n \sum_j^n w_{ij}(y_i - \bar{y})(y_j - \bar{y}))}{(\sum_i^n \sum_j^n w_{ij}) \times \sum_i^n (y_i - \bar{y})^2} \tag{14}$$

式中,I 为Moran's I指数;n 为区域单元个数;y_i 以及 y_j 分别为第 i 和第 j 个区域内的属性值;$\bar{y}$ 为所有区域属性值的平均值;w_{ij} 为区域单元之间的空间权重矩阵,用以衡量区域之间的相互邻近关系。以常用的二元邻接矩阵为例,若区域 i 和区域 j 相邻,则 $w_{ij}=1$,否则 $w_{ij}=0$。一般情况下,w_{ij} 为对称矩阵,$w_{ij}=0$。

Moran's I 的取值一般在 $-1\sim1$,在不存在空间自相关的零假设条件下,Moran's I 的期望值表示为式(15)。Moran's I $< E(I)$,表示空间负相关;Moran's I $> E(I)$,表示空间正相关;Moran's I $= E(I)$,表示空间零相关。

$$E(I)=\frac{-1}{n+1} \tag{15}$$

3.4.2.2 识别扩散模式

(1) 建立扩散网络

本文将"扩散"定义为各国之间恐怖主义的蔓延。扩散网络用于表示国家之间的恐怖活动扩散关系。本文研究恐怖组织在进行活动时在国家间的扩散现象,因此扩散网络由代表国家的节点和代表它们之间关系的链接构建。扩散网络是有向网络。例如,如果从时间 T 到 $T+1$,恐怖主义从国家 A 传播到国家 B,那么有向链接的尾部是 A,头部是 B(图4)。

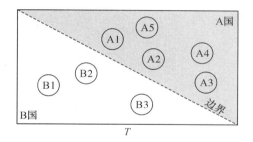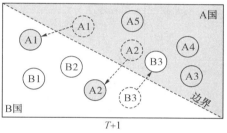

图4 恐怖主义组织在 A 国和 B 国之间的流动[3]

若干个恐怖组织可能在同一时间攻击同一个国家,假设若干个恐怖组织为合集。本文将两个国家之间的关系定义为:①恐怖组织集 X 在时间 T 攻击 A 国。②恐怖组织集 Y 在时间 $T+1$ 攻击 B 国。③X 和 Y 中至少有一个恐怖组织相同。

本文建立了位置和组织的网络。在时间 T 时,位置和组织(OL)的链接构建为:

$$OL_{ki}^{T}=\begin{cases}1, & \text{恐怖组织}k\text{对位置}i\text{发动袭击,}\\ 0, & \text{恐怖组织}k\text{未对位置}i\text{发动袭击}\end{cases} \tag{16}$$

对于每个组织 k、时间 T 和 $T+1$,位置间(LL)的链接计算如下:

$$LL_{ij}=\sum_{k}^{N}OL_{ki}^{T}OL_{ki}^{T+1} \tag{17}$$

判断 i 和 j 之间是否存在关系的标准如下:

$$LL_{ij}=\begin{cases}1, & \text{位置}i\text{和}j\text{存在关系,}\\ 0, & \text{位置}i\text{和}j\text{不存在关系}\end{cases} \tag{18}$$

(2) 确定邻接的扩散模式

在建立扩散网络之后,本文确定恐怖袭击是否在邻国之间传播,以及扩散途径能走多远。

（3）通过空间选择确定扩散模式

本文确定恐怖袭击如何在具有不同攻击程度的国家之间传播。定义了四种类型的扩散：H-H,H-L,L-H 和 L-L。配对 X-Y 表示扩散网络中的链路从 X 到 Y。H 表示该位置的值高于该区域的加权平均值,L 表示低于加权平均值。

3.4.3　模型建立与求解

（1）分布及态势

首先,构造莫兰指数中需要用到的 w 权值,以考查中东地区之间是否存在地理接壤为标准,通过二元分值建立中东 19 个国家的空间权值矩阵,见附录 2。

本文通过各国发生恐怖袭击的事件总数即频率相乘权值来求得莫兰指数（表 17）。

表 17　　　　　　　　　　　　　　　　莫兰指数

年份	Moran's I	$E(I)$	Moran's I 与 $E(I)$ 的差值空间相关性（＋为正相关）
1998	−0.077 8	−0.055 6	−0.022 2
1999	−0.077 5	−0.055 6	−0.021 9
2000	−0.073 6	−0.055 6	−0.018
2001	0.025 1	−0.055 6	0.080 7
2002	−0.009 8	−0.055 6	0.045 8
2003	−0.087	−0.055 6	−0.031 4
2004	−0.235 9	−0.055 6	−0.180 3
2005	−0.118 3	−0.055 6	−0.062 7
2006	−0.112 4	−0.055 6	−0.056 8
2007	−0.165 1	−0.055 6	−0.109 5
2008	−0.032 6	−0.055 6	0.023
2009	−0.220 4	−0.055 6	−0.164 8
2010	−0.174 9	−0.055 6	−0.119 3
2011	−0.028 3	−0.055 6	0.027 3
2012	−0.090 5	−0.055 6	−0.034 9
2013	−0.222	−0.055 6	−0.166 4
2014	−0.238 3	−0.055 6	−0.182 7
2015	−0.135 7	−0.055 6	−0.080 1
2016	−0.094 3	−0.055 6	−0.038 7
2017	−0.191 1	−0.055 6	−0.135 5

从图 5 可以看出,自 1998 年以来,大多数时间中东地区的恐怖袭击态势以负相关为主,即发生恐怖袭击的地区越来越广,且较分散。

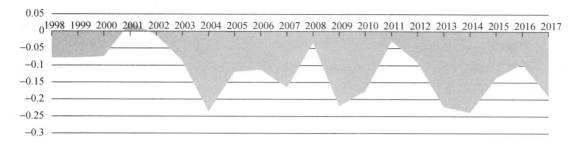

图 5 中东莫兰指数发展趋势

（2）建立扩散网络

根据建立的扩散网络建设机制，本文建立了网络，配对年份从 1998 年到 2017 年。图 6 表示了这些年中东恐怖袭击扩散的方向。

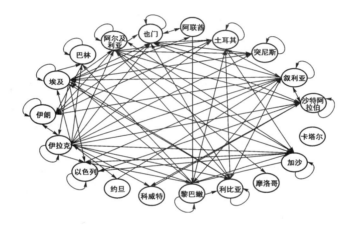

图 6 恐怖袭击蔓延网络（→表示国家间蔓延，○表示自身蔓延。）

本文对中东 19 个国家采用打分法，求出分数，其中以 0.03 为界划分为危害等级为（高）"high"与危害等级为（低）"low"的国家群，具体危害等级见表 18。

表 18　　　　　　　　　　　　　　　　中东 19 个国家危害等级排序

危害排序							
high	95	伊拉克	0.400 48	low	110	黎巴嫩	0.016 22
	228	也门	0.130 66		173	沙特阿拉伯	0.009 09
	200	叙利亚	0.103 3		94	伊朗	0.007 60
	209	土耳其	0.076 13		208	突尼斯	0.001 90
	6	阿尔及利亚	0.073 11		18	巴林	0.001 32
	113	利比亚	0.072 37		102	约旦	0.000 82
	60	埃及	0.045 13		136	摩洛哥	0.000 51
	155	加沙	0.034 75		106	科威特	0.000 15
	97	以色列	0.026 11		215	阿联酋	0.000 10
					164	卡塔尔	2.91E-05

根据国家的邻接矩阵,首先建立了中东国家的相邻网络。与邻近网络相比,得到了自我扩散和向邻里扩散的不同的恐怖活动扩散路径。一级邻居是相邻的邻居,二级邻居是一级邻居的相邻邻居,以此类推。

本文发现前文所求得的空间可达矩阵,与所求得的恐怖袭击蔓延范围,其中不能通过直达所到达的有 42 条路径。将空间可达矩阵自乘一次,减少到 31 个;二次自乘,减少到 16 个;三次自乘,减少到 8 个,以此类推,结果见表 19。

表 19　　　　　　　　　　　　　相邻关系的扩散网络

扩散类型	Self	Trans
扩散路径数	9 599	1 954
百分比	80.1%	19.9%

注：Self—自我扩散；Trans—邻里扩散

根据 3.1 国家危险等级研究同一组织跨国进行恐怖活动空间选择的扩散路径,见表 20。

表 20　　　　　　　　　　　　　空间选择的扩散网络

总和	Self	Trans	H-H	L-L	H-L	L-H
11 981	9 599	1 954	1 564	5	190	195
百分比	80.1%	19.9%	80%	0.3%	9.7%	10%

通过以上分析,主要研究结果如下：首先,恐怖袭击的重演现象在中东很常见。其次,近似重复也是中东地区的普遍现象。本文发现大多数扩散出现在自身扩散对中,接下来是相邻的二阶和三阶。第四顺序及以上扩散较少。再次,与其他类型的扩散相比,H-H 是整个时期发生的最流行的类型。L-L 发生的可能性最小。

4　总结

4.1　模型的优点

(1) 本文首先充分利用了 GTD,在考虑每个问题时,关注模型的现实条件。如在确定评分模型时,摒弃主观分析方法,通过熵值法对不确定性进行度量。根据熵的特性,可以通过计算熵值来判断一个事件的随机性及无序程度,也可判断某个指标的离散程度,离散程度越大,对综合评价的影响越大,其特性正符合本文所要求。再结合权值采用核模糊 C 均值聚类和核函数,使算法更为高效和灵活。

其次,采用 SOM 神经网络,在无监督的情况下,对其进行自组织训练,使模型更为客观。再结合打分体系,利用神经网络给出的权值进行嫌疑人与事件的识别,使模型得到了很好的结合。

再次,通过数理统计分析了解其时空特征、主要原因、蔓延特性和级别分布,使读者对态势有直观清晰的认识。采用贝叶斯网络的恐怖袭击预警模型,对未来世界以及部分国家的具体的反恐态势给出了数据的支撑,包括对袭击目标、方式和策略的预测,并对当前的世界恐怖袭击态势提出了一定的建议。

最后,通过深层挖掘数据,发现中东地区跨国袭击的态势更为严重,列为考虑对象。通过莫兰指数和建立蔓延态势分散网络,使得问题有了一定的数据支撑。

(2)模型的扩展性和可移植性比较强。

(3)模型实用性强,易于理解,符合实际。

4.2　模型的缺点

(1)对数据的处理有时过于大刀阔斧,不够细致。

(2)模型在一些条件上进行了假设,对某些信息考虑不足,模型还不完善。

(3)模型的有些条件都采取了理想化的处理,应该更加细致地去讨论。

参考文献

[1] 楚春晖,余济云,陈冬洋.基于SOM神经网络的五指山市森林健康评价[J].中南林业科技大学学报,2015,35(10):69-73.

[2] 陆娟.基于莫兰指数的盗窃犯罪率全局分布模式分析[J].警察技术,2014(1):45-46.

[3] Li Z, Sun D, Chen H, et al. Identifying the Socio-spatial Dynamics of Terrorist Attacks in the Middle East[C]. Intelligence & Security Informatics. IEEE,2016.

附件

附件1:贝叶斯网络结构中的节点变量说明.xlsx

附件2:中东19个国家的空间权值矩阵.xlsx

附件3—6:章节3.1—3.4代码(Matlab)

附件1　　　附件2　　　附件3

附件4　　　附件5　　　附件6

杨筱菡

这篇竞赛论文做的是2018年中国研究生数学建模C题,获得二等奖。

我们从两个方面来看这篇论文。

第一,结构。文章以问题为导向,对每个问题的讨论循序渐进,思路清晰,语言流畅,撰写规范。文章包括引言、数据处理、模型的建立和求解、模型评价。如果作者可以在引言部分加强一些对问题的分析,将会使结构更完整。另外,不足之处在于一些英文缩写在第一次提及时没有完整地表述清楚。

第二,内容。文章研究基于GTD数据的恐怖组织行为风险评估与预测。首先,采用熵值法确定影响恐怖袭击事件分级的变量权重,由此为依据结合权值核模糊C聚类进行恐怖袭击危害程度的分级;其次,采用自组织映射神经网络算法分析确定恐怖事件嫌疑人,构建了基于贝叶斯网络的恐怖袭击预警模型;最后,利用莫兰指数分析蔓延规律,建立了具有空间选择的扩散模型。如果作者在建模过程中稍加注意增加一些模型评估的结果,会使得模型讨论更完整。

整体来说,文章尽管有一些不足和缺点,但贵在建模内容很丰富,体现了参赛者很强的数学建模能力,可以认为是一篇优秀论文。

第三部分
2018 年 E 题

赛题：多无人机对组网雷达的协同干扰

组网雷达系统是应用两部或两部以上空间位置互相分离而覆盖范围互相重叠的雷达的观测或判断来实施搜索、跟踪和识别目标的系统，综合应用了多种抗干扰措施，具有较强的抗干扰能力，因而在军事中得到了广泛应用。如何对组网雷达实施行之有效的干扰，是当今电子对抗界面临的一个重大问题。

诸多干扰方式中较为有效的是欺骗干扰，包括距离欺骗、角度欺骗、速度欺骗以及多参数欺骗等。本赛题只考虑距离假目标欺骗，其基本原理如图1所示，干扰机基于侦察到的敌方雷达发射电磁波的信号特征，对其进行相应处理后，延迟（或导前）一定时间后再发射出去，使雷达接收到一个或多个比该目标真实距离靠后（或靠前）的回波信号。

在组网雷达探测跟踪下，真目标和有源假目标在空间状态（如位置、速度等）上表现出显著的差异：对于真目标，其空间状态与雷达部署位置无关，在同一坐标系中，各雷达探测出的真目标空间状态是基本一致的，可以认为它们是源自同一个目标（同源）；对于有源假目标，它们存在于雷达与干扰机连线以及延长线上，其空间状态由干扰机和雷达部署位置共同决定，不同雷达量测到的有源假目标的空间状态一般是不一致的，有理由认为其来自不同目标（非同源），利用这种不一致性就可以在组网雷达信息融合中心将假目标有效

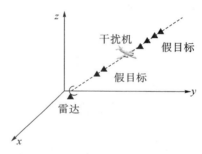

图1 对雷达实施距离多假目标欺骗干扰示意图

剔除。这种利用真假目标在组网雷达观测下的空间状态差异来进行假目标鉴别的思想简称为"同源检验"，它是组网雷达对真假目标甄别的理论依据。

为了能对组网雷达实施有效干扰，现在可利用多架无人机对组网雷达协同干扰。如图2所示，无人机搭载的干扰设备对接收到的雷达信号进行相应处理后转发回对应的雷达，雷达接收到转发回的干扰信号形成目标航迹点信息，传输至组网雷达信息融合中心。由于多无人机的协同飞行，因此在融合中心就会出现多部雷达在同一坐标系的同一空间

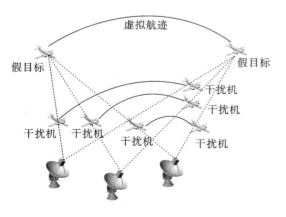

图2 多无人机协同干扰组网雷达系统示意图

位置上检测到目标信号,基于一定的融合规则就会判断为一个合理的目标航迹点,多个连续的合理目标航迹点就形成了目标航迹,即实现了一条虚假航迹。通过协同控制无人机的飞行航迹,可在敌方的组网雷达系统中形成一条或多条欺骗干扰航迹,迫使敌方加强空情处置,达到欺骗目的。

某组网雷达系统由 5 部雷达组成,雷达最大作用距离均为 150 km,也就是只能对距雷达 150 km 范围内的目标进行有效检测。5 部雷达的地理位置坐标分别为雷达 1(80,0,0),雷达 2(30,60,0),雷达 3(55,110,0),雷达 4(105,110,0),雷达 5(130,60,0)(单位:km)。雷达将检测到的回波信号经过处理后形成航迹点状态信息(本赛题主要关心目标的空间位置信息)传输到融合中心,融合中心对 5 部雷达获取的目标状态信息进行"同源检验",只要有 3 部以上雷达的航迹点状态信息通过了同源检验,即至少有 3 部雷达同一时刻解算出的目标空间位置是相同的,融合中心就将其确定为一个合理的航迹点。20 个连续的、经融合中心确认的航迹点形成的合理航迹,将被组网雷达系统视为一条真实的目标航迹。所谓合理航迹是要满足相应的目标运动规律,无论是运动速度还是转弯半径等均应在合理的范围内。

现考虑多架无人机对组网雷达系统的协同干扰问题。无人机的飞行速度控制在 120~180 km/h,飞行高度控制在 2 000~2 500 m,最大加速度不超过 10 m/s²。由于安全等因素的考虑,无人机间距须控制在 100 m 以上。鉴于无人机的雷达散射截面(RCS)较小,也采用了若干隐身技术,在距雷达一定距离飞行时,真实目标产生的回波不能被雷达有效检测(本赛题可不考虑无人机产生的真实目标回波);干扰设备产生的欺骗干扰信号经过了放大增强环节,能保证被雷达有效检测到。每架无人机均搭载有干扰设备,可独立工作。同一时刻一架无人机只能干扰一部雷达,但可在该部雷达接收机终端(雷达屏幕上)产生多个目标点,这些目标点均位于雷达与无人机连线以及延长线上,距雷达距离超过 150 km 的假目标信息直接被雷达系统删除;同一时刻多架无人机可以干扰同一部雷达。雷达同一时刻接收的多个目标点的状态信息均同时传送到信息融合中心。每架无人机不同时刻可干扰不同雷达。同一条航迹不同时刻的航迹点,可以由组网雷达系统中不同的 3 部雷达检测确定。

请建立相应的数学模型,研究下列问题:

(1)附件 1 给出了一条拟产生的虚假目标航迹数据,该虚假航迹数据包含 20 个时刻的虚假目标位置坐标信息,时间间隔为 10 s。为实现较好的干扰效果,现限定每架无人机在该空域均做匀速直线运动,航向、航速和飞行高度可在允许范围内根据需要确定。请讨论如何以最少数量的无人机实现附件 1 要求的虚假目标航迹,具体分析每一架无人机的运动规律和相应的协同策略。

该问题的解算结果,须按附件 4 规定格式具体给出每一架无人机对应时刻的空间位置坐标,存入文件"E 队号_1.xls"中,作为竞赛附件单独上传竞赛平台,是竞赛论文评审的重要依据。

(2)对雷达实施有源假目标欺骗干扰时,干扰设备可同时转发多个假目标信息(本赛题限定每一架无人机同一时刻至多产生 7 个假目标信息),但它们均存在于雷达与无人机连线以及延长线上,延迟(或导前)的时间可根据实际需要确定。该组网雷达系统的每一部雷达的数据更新率为 10 s(可直观理解为每间隔 10 s 获得一批目标的空间状态数据,无人机转发回对应雷达的假目标信息能及时获取)。协同无人机编队可产生出多条虚假航迹,以实现更好的干扰效果。实际操作中无人机可机动飞行,但为控制方便,无人机尽可能少做转弯、爬升、俯冲等机动动作,转弯半径不小于 250 m。请讨论由 9 架无人机组成的编队在 5 min 内,完成附件 1 要求的虚假航迹的同时,至多还可产生出多少条虚假的航迹。给出每一架无人机的运动规律,并分析每一条虚假航迹的运动规律和合理性。

该问题的解算结果,须按附件 4 中规定的格式具体给出每一架无人机对应时刻的空间位置坐标和每一条虚假航迹的相关数据,存入文件"E 队号_2. xls"中,作为竞赛附件单独上传竞赛平台。

（3）当组网雷达系统中的某部雷达受到压制干扰或其他因素的干扰时,可能在某些时刻无法正常获取回波信号,此时组网雷达系统信息融合中心可以采用下面的航迹维持策略：若之前与受干扰的雷达联合检测到目标的另两部雷达没有受到干扰,正常检测到回波信号,那么在融合中心就对这两部雷达检测的目标航迹点信息进行同源检验,若通过亦视为是合理的目标航迹点；若一条航迹中这类航迹点的个数不超过 3 个时(该航迹的其余航迹点仍需通过前面规定的"同源检验"),该航迹就被继续保留。针对上述航迹维持策略,协同无人机编队的飞行,有可能产生更多的虚假航迹。该组网雷达系统的每一部雷达的数据更新率仍为 10 s。重新讨论由 9 架无人机组成的编队在 5 min 内,完成附件 1 要求的虚假航迹的同时,至多还可产生出多少条虚假的航迹。给出每一架无人机的运动规律和协同策略,分析每一条虚假航迹的运动规律和合理性。

附件

附件 1　问题 1 虚假航迹点数据. xls

附件 2　问题 1 的结果. xls

附件 3　问题 2 的结果. xls

附件 4　对问题 1、问题 2 提交结果的规定(请认真
　　　　阅读,严格按照要求完成)

附件 1

附件 2

附件 3

附件 4

多无人机对组网雷达的协同干扰研究

代鋆锋　易　琼　刘国钊

同济大学土木工程学院

摘要　本文针对多无人机对组网雷达的协同干扰问题进行研究,建立了给定虚假航迹下无人机数目及各自运动轨迹的数学模型,解决了不同条件下的多无人机组合规划问题。通过对该数学模型的分析解算,能够更加合理地对无人机编队进行安排,从而提高多无人机协同干扰的能力。本文着重解决以下三个问题。

首先,仅考虑一架无人机产生两个或一个虚假航迹点的情况。假定无人机的飞行路线固定在 $2\,000\sim2\,500$ m 的六层高度平面上,间隔为 100 m,基于贪心算法的策略,在"同源检验"及飞行限制下找到了 22 条合理飞行路线;剩余的 16 条飞行路线由 16 架无人机分别产生,则最少需要 38 架无人机来产生给定的虚假航迹线;根据直线方程采用线性插值计算出 38 架无人机在 20 个时刻点的所有轨迹点坐标,最后验证了全部无人机轨迹点运动规律的合理性。

其次,采用一种逐渐变化高度的飞行模式建立了对应的模型和算法,解决了给定虚假航迹点中部分由于距离太短而无法使无人机连续产生给定假目标的问题。计算了实现给定虚假航迹需要用无人机的所有路径点,其中,用于产生大部分目标虚假航迹点的 3 架无人机的主要路径点由前述算法计算得到,剩余的航迹点仍假定由采用匀速直线运动的无人机分别单独产生;据此计算出 9 架无人机在 31 个时刻点的所有轨迹点坐标与产生的另外两条虚假航迹点的 20 个时刻点的坐标,验证了全部轨迹点运动规律的合理性。

最后,考虑航迹维持策略对问题 2 的无人机编排进行优化,实现了 7 架无人机形成给定虚假航迹,此时不考虑飞行限制要求,仅认为干扰同一雷达站的无人机和进行"同源检验"的无人机不同时出现在新组合中,遍历所有可能性找到 22 组 3 架一组的无人机组合;以每架无人机最多重复两次的限定条件进行筛选,选出包含组合最多的情况,采用局部最优选策略选出组合数最多的情况,其组合数为 3,即至多产生 3 条虚假航迹线;最后用无人机运动规律对编排情况进行判定,文中给出了一种满足运动规律且能产生 3 条虚假航迹线的无人机编排情况。

关键词　多无人机,协同干扰,同源检验,贪心算法,组合规划

1　问题重述

组网雷达系统是应用两部或两部以上空间位置互相分离而覆盖范围互相重叠的雷达的观测或判断来实施搜索、跟踪和识别目标的系统,如何对组网雷达实施行之有效的干扰,是当今电子对抗界面临的一个重大问题。诸多干扰方式中较为有效的是欺骗干扰,包括距离欺骗、角度欺骗、速度欺骗等[1],同时要开展针对雷达网的航迹欺骗干扰,必须对干扰设备进行规划、组织、协同[2]。本文拟解决的问题仅考虑距离欺骗,其基本原理是将不同干扰飞机分别对网内的雷达进行距离延时干扰,使干扰后的目标融合为同一目标。本文研究的已知条件主要有:

(1) 无人机的飞行要求:速度为 120～180 km/h,高度为 2 000～2 500 m,最大加速度不超过 10 m/s²,转弯半径大于 250 m,任意两架无人机间距大于 100 m。

(2) 对组网雷达的干扰规则:同一时刻一架无人机只能干扰一部雷达但可在雷达与无人机连线及延长线上产生多个目标点,每架无人机不同时刻可干扰不同雷达,同一时刻多架无人机可以干扰同一部雷达,同一条航迹不同时刻的航迹点可由不同的 3 部雷达确定,不考虑距雷达距离超过 150 km 的假目标信息,组网雷达系统中每一部雷达的数据更新率为 10 s。

(3) 一条包含 20 个时刻的虚假目标航迹的坐标数据,时间间隔为 10 s。

(4) 航迹维持策略:若之前与受干扰的雷达联合检测到目标的另两部雷达未受到干扰,则对这两部未干扰雷达检测的航迹点进行同源检验,通过亦视为合理的目标航迹点,一条航迹中这类航迹点的个数不超过 3 个则该航迹就被继续保留。

本文将解决以下三个问题:

问题 1:在每架无人机在该空域均做匀速直线运动的情况下,讨论如何以最少数量的无人机实现已知的虚假目标航迹,并具体分析每一架无人机的运动规律和相应协同策略。

问题 2:假定每一架无人机同一时刻至多产生 7 个假目标信息且均存在于雷达与无人机连线及延长线上,讨论由 9 架无人机组成的编队在 5 min 内,在完成已知的虚假航迹的同时至多还可产生多少条虚假的航迹,并给出每一架无人机的运动规律,分析每一条虚假航迹的运动规律和合理性。

问题 3:针对航迹维持策略,重新讨论问题 2 中的 9 架无人机组成的编队在满足问题 2 要求的情况下至多还可产生出多少条虚假航迹,给出每一架无人机的运动规律和协同策略,并分析每一条虚假航迹的运动规律和合理性。

2　模型假设及符号说明

2.1　模型假设

(1) 针对问题 1,本文提出假设

假设 1:为简化问题模型,假定匀速直线飞行的飞机均处于水平面上。

假设2:由于任意两架无人机间距必须大于100 m,为了简化这一问题,假定雷达区域内的每100 m高度平面上仅布置一架无人机的航线。

假设3:假设虚假目标航线中的每个航迹点均是由3部雷达在同一时刻所确定的,而不考虑4部或5部雷达在同一时刻确定一个航迹点。

(2)针对问题2,本文提出假设

假设1:与问题1相比,问题2中无人机可做转弯、爬升、俯冲等机动动作,从原则上讲无人机可在限定范围内做任意的空间曲线运动,但为简化问题模型,假定无人机做接近直线的小曲率飞行运动。

假设2:问题2中同样有任意两架无人机间距必须大于100 m的限制,为了简化这一问题,假设各架无人机的飞行线路处在至少相距100 m的不同高度上。

假设3:与问题1相同,依旧假设虚假目标点均由3部雷达在同一时刻确定,不考虑3部以上雷达确定目标点的可能性。

(3)针对问题3,本文提出假设

假设1:由于各雷达点之间距离过远,可认为对于一架无人机而言,通过干扰一个雷达形成一个虚拟航迹点后,所有能形成的虚假航迹线中的航迹点都是通过干扰同一个雷达形成的,即无人机与所干扰雷达站的雷达点一一对应。

假设2:在题给的5 min这个时间维度里面,任意一个由三架无人机形成的组合只能形成一条虚假航迹,即31个时刻点内不可能找到两条及以上包含20个连续虚假航迹点的空间上互不干扰的虚假航迹。

2.2　符号说明

表1中为本文中使用过的符号,特此说明。

表1　　　　　　　　　　　　　　　　符号说明

符号	含义
F	雷达点,$F \in [1,2,3,4,5]$
No	假目标点被确认的次数,$No \in [1,2,3]$
i-j	假目标点i与雷达点j的连线
D	无人机单位时间内的飞行距离

3　问题分析

组网雷达凭借多频段、多体制及信息融合的优势,使传统的欺骗干扰达不到理想的干扰效果,而利用多无人机协同干扰,可以将分布式干扰及空间航迹融合的优势充分发挥,达到理想的欺骗干扰效果[3]。本文针对组网雷达的协同干扰问题,重点解决不同条件下的多无人机组合规划问题。

首先考虑如何用最少的无人机,各自以何种飞行策略(各时刻经过的空间坐标、航向、航速等)实现 20 个已知虚假目标点(时间间隔为 10 s)。雷达站均位于地表水平面上,20 个虚假航迹点和 5 个雷达的位置坐标已给出,又已知无人机在 2 000~2 500 m 的高度作水平的匀速直线运动,由此可以作出虚假航迹点在高度为 2 000 m 平面和高度为 2 500 m 平面的投影点,位置坐标如图 1 所示。

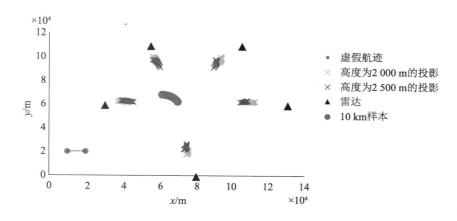

图 1 雷达站及无人机飞行范围的位置坐标

由于无人机的飞行速度限制可知,飞机在总时间 200 s 以内最多飞行 10 km,大致长度如图 1 中 10 km 样本所示。显然无人机不能从一个范围飞到另一个范围来产生目标航迹点,即一架无人机只能通过一个雷达得到虚假航迹点。

然后研究 9 架无人机在 5 min 内,各自以何种飞行策略实现 20 个虚假目标点,同时如何产生更多的虚拟航迹。此时,无人机不再局限于平面的匀速直线运动,同时限定了转弯半径不小于 250 m,且一架无人机同一时刻至多产生 7 个假目标信息。

最后,针对航迹维持策略,在其基础上对之前每一架无人机的运动规律和协同策略进行变更,合理协同无人机编队的飞行,有可能产生更多的虚假航迹。因此,可以重新讨论上述 9 架无人机组成的编队在满足之前要求的情况下至多还可产生出多少条虚假航迹,并给出每一架无人机的运动规律和协同策略。

3.1 问题 1 分析

问题 1 限定无人机为匀速直线飞行,由无人机的飞行速度限制和 10 s 的数据更新间隔,可知相邻两时刻飞行的空间距离应被限制为 $1\,000/3 \sim 500$ m。

只有 3 部雷达确认的目标点才被认为是合理航迹点,即该目标点通过了"同源检验",将 20 个时刻的假目标点与雷达连线(图 2)。为使某假目标点通过"同源检验",要求 3 架不同的无人机分别穿过该假目标点发射的 3 条

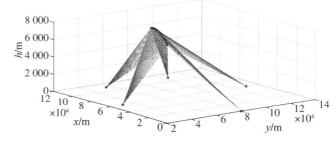

图 2 虚假航迹点与雷达的空间连线

连线。

由立体几何易知：所有连线中均不存在三条共面的直线，故不存在三个及以上的无人机路径点共线，即一架匀速直线运动的无人机不可能穿过三条及以上的连线。因此至少需要 30 架无人机（每架均穿过 2 条连线），至多需要 60 架无人机（每架仅穿过一条连线），来穿过 60 条连线（实现 20 个虚假航迹点）。

根据"同源检验"规则，同一时刻一架无人机只能干扰一部雷达，即任意一条虚假航迹点与雷达的连线，只允许一架无人机穿过。

由于任意两架无人机需保持 100 m 间距，为简化分析，设定了 6 个飞行高度，即 2 000 m、2 100 m、2 200 m、2 300 m、2 400 m、2 500 m。假定每个飞行高度上只有 1 架无人机飞行，如果在 5 个雷达区域，共 $5 \times 6 = 30$ 个平面上都可以找到 1 条飞行路线满足"同源检验"，则 30 架无人机为分析的最少无人机数量。

3.2　问题 2 分析

问题 2 中相邻两个时刻无人机的飞行距离同样被限制在 1 000/3～500 m，鉴于问题 2 指定的 9 架无人机远小于问题 1 的 38 架，因此无人机应该尽可能多地产生假目标点干扰雷达，否则很难满足无人机的数量要求。

在雷达和假目标点的连线中存在很多相距很近的连线，其间距小于最小飞行距离限制，由上文可知，无人机需要尽可能多穿过这些密集的连线。考虑相邻时间间隔（10s）无人机必须处于某两条连线上，在存在最低速度要求、飞行距离不足的情况下，如图 3 所示，可通过爬升延长飞行距离，使无人机满足最小飞行距离限制，保证无人机在相应连线上产生预定的假目标点信息。

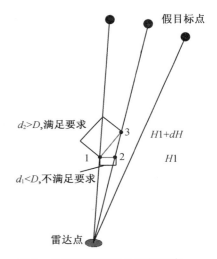

在连线密集区爬升高度 dH 取值过大或过小，都不满足限制要求且影响计算效率，经过初步分析和计算，得到 dH 为 2～5 m 时能取得不错的计算效果。

由于雷达和假目标点的任三条连线均不共面，考虑飞行半径的限制，无人机应以满足曲率半径要求的空间曲线进行飞行。由于问题 2 不要求解释飞行路线的具体形状，因此本题的重点为确定各时刻 9 架无人机的空间坐标值，使其满足"同源检测"、无人机速度限制和飞行距离限制的要求，对于无人机的飞行轨迹，只给出大致形状，而对其位置、速度、方向等不再作准确计算和讨论。

图 3　相邻时刻间延长飞行距离的方案示意图

3.3　问题 3 分析

9 架无人机中前 3 架分别欺骗形成 18、18、17 个时刻的目标虚假航迹中的航迹点，剩余 6 架除 1 架需欺骗形成 2 个时刻点外，其余 5 架均只须干扰形成 1 个时刻点，因此以这 6 架无人机进行排列组合寻找新的虚假航迹。

由 9 架无人机形成的新的虚假轨迹在水平面上这一假定简化了搜索过程，但也大大减少了新的虚假航迹的数量。

由于航迹维持策略,某些时刻点的无人机运动轨迹点位要求可以省去,则一些无人机的运动轨迹变为自由,此时前3架无人机也可参与排列组合。

任意3架无人机进行组合时,同一架无人机最多参与形成两条虚假航迹,且之前组合里的任两架无人机不能同时出现在一个新的组合里。

4　模型建立及求解

4.1　问题1:限定无人机高度的匀速直线飞行

4.1.1　模型1:最少无人机数量模型

4.1.1.1　模型合理性分析

为寻找无人机的飞行路线,首先需要掌握100条全部雷达点与虚假航迹点间连线的直线方程,以及100条直线与6个高度平面的600个交点坐标。已知雷达坐标和假目标点坐标后,即可计算连接两点的直线方程的系数 A_1,A_2,B_1,B_2,根据相关表达式,进而计算该直线在各高度点上的空间坐标。

对合理的无人机飞行路线的选择,应基于目标点被雷达确认次数的限制、无人机飞行距离的限制、两架无人机间距的限制和不同无人机的路线不能穿过同一连线的限制(具体解释见下文),根据贪心算法的策略对限制条件范围内的可能解进行遍历和筛选。这种策略所做出的每一个选择都是拟解决问题的局部最好选择,即贪心选择,并希望通过一系列的贪心选择,产生飞行路线的(局部的)最优解。虽然它不能保证最后的飞行路线解是全局最佳的,但是它可以为本问题确定一个可行的解。

采用以上策略确定了大部分解之后,采用满足条件且最简单的飞行路线作为补充的飞行路线,以满足题目要求。

4.1.1.2　直线方程及坐标点

已知空间中的两点 $A(x_1,y_1,z_1)$,$B(x_2,y_2,z_2)$,则直线 AB 的方向向量为 $\overrightarrow{AB}=(x_2-x_1,y_2-y_1,z_2-z_1)$,且

$$\frac{x-x_1}{x_2-x_1}=\frac{y-y_1}{y_2-y_1}=\frac{z-z_1}{z_2-z_1} \tag{1}$$

为直线 AB 的方程,进一步可得到:

$$x=A_1z+B_1 \tag{2}$$

$$y=A_2z+B_2 \tag{3}$$

其中,$A_1=\frac{x_2-x_1}{z_2-z_1}$,$B_1=-\frac{x_2-x_1}{z_2-z_1}z_1+x_1$,$A_2=\frac{y_2-y_1}{z_2-z_1}$,$B_2=-\frac{y_2-y_1}{z_2-z_1}z_1+y_1$。在已知雷达坐标和假目标点坐标后,即可计算连接两点的直线方程的系数 A_1、A_2、B_1、B_2,根据上述表达式,计算该直线在各高度点上的空间坐标,雷达点与假目标点连线及交点的示意

图,如图 4 所示。利用 MATLAB 编写程序,计算所需要的 5 个雷达站 6 个平面上的 600 个交点的坐标。

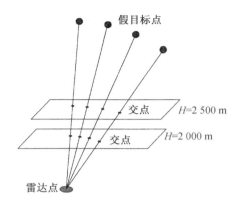

图 4　雷达点与假目标点连线及交点示意图

4.1.1.3　确定最少数量无人机及飞行路线

(1)限制条件

在建立模型寻找合理的无人机飞行方案前,须明确本模型的几个限制条件:

● 目标点被雷达确认次数的限制。目标点被雷达确认的次数达到 3 次后,认为该目标点已经被确认为合理航迹点,之后不再被任何一个雷达所发现。为此,给每个目标点 i 分配一个计数器 $No(i)$。

目标被确认一次时:
$$No(i) = No(i) + 1 \tag{4}$$

$$No(i) \leqslant 3 \tag{5}$$

● 无人机飞行距离的限制。由于无人机的飞行速度被控制在一定范围内,因此在 t_1、t_2 任意两个时刻,无人机的飞行距离 D 满足:

$$v_{min}(t_2 - t_1) \leqslant D \leqslant v_{max}(t_2 - t_1) \tag{6}$$

其中,v_{max},v_{min} 为无人机的飞行速度的上、下限。

● 两架无人机间距的限制。由于假设了飞行路线的竖直高度相距 100 m,且同一雷达区域内的水平面只有一架无人机飞行,本条限制已经被自动满足。

● 不同无人机的路线不能穿过同一连线的限制。设置第二个记录器,一旦无人机穿过雷达点和目标点间的某一条连线,则记录下该连线,之后在本雷达区域内,其他飞行航线不能再穿过该连线。

(2)解决策略和流程

应用贪心算法的策略[4],基本思想是遍历所有飞行路线的可能性,最终得到一种可行的飞行方案。给出的解决问题 1 的步骤如下,相应的流程如图 5 所示。

步骤 1:求解 100 条雷达点与虚假航迹点连线的直线方程,计算 100 条直线与 6 个高度平面(2 000 m,2 100 m,2 200 m,2 300 m,2 400 m,2 500 m)的交点坐标;

步骤 2:定义高度平面上交点 i 与交点 j 的连线为"i-j"(i,j<20),从雷达站 1 的

2 000 m高度平面上的交点 1 开始,依次计算 1-2,1-3,…,19-20 的空间长度,一旦发现第一条 i-j 的空间长度为合理飞行距离范围,即无人机从交点 i 至交点 j 的路线合理,则不再考虑本高度平面上的其他合理飞行路线。

步骤3:当某个高度平面上的 i-j 被确认为一条合理航线后,意味着虚假目标点 i、j 也被雷达确认了一次,记录每个目标点被雷达确认的次数,当目标点被雷达确认的次数增加到 3 次后,则该目标点已通过"同源检验",为节省飞机数量,之后不允许无人机的路线再穿过该目标点与雷达的连线。

步骤4:按照上文所述的方法和规则,每次只在同一高度平面寻找一条合理飞行路线。遍历所有雷达站的高度平面后,若刚好找到 30 条合理飞行路线,即为理论上最少无人机数量的飞行方案;若找到小于 30 条合理飞行路线,则需结合目标点被确认次数和飞行间距限制等因素,对飞行路线进一步规划,最终得到大于 30 架无人机的飞行方案。

图5 问题1的解决流程

4. 1. 1. 4 补充飞行路线

为使虚拟航迹点达到确认 3 次的要求,使其余无人机在满足要求的前提下各产生一个航迹点,如图6所示。

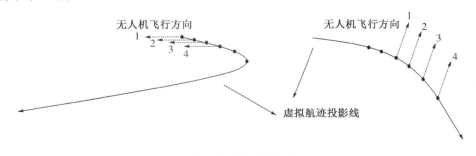

图6 补充飞行路线的选择方法

4.1.2 问题 1 求解

4.1.2.1 数据处理结果

（1）计算原理

当两个虚拟航迹相对于一个雷达在同一高度的投影点满足下式时，将这两个投影点作为一架匀速直线运动的无人机的飞行路径点：

$$\frac{1\,000}{3}(t_2 - t_1) \leqslant \sqrt{(y_{t2} - y_{t1})^2 + (x_{t2} - x_{t1})^2} \leqslant 500(t_2 - t_1) \tag{7}$$

其中，t_1，t_2 为时刻点，且 $t_2 > t_1$；x_{t1}，y_{t1}，x_{t2}，y_{t2} 为虚拟航迹的投影点坐标。

（2）计算处理思路

由程序运算得出两个可产生假目标点且可连线的路径点信息（雷达号、高度等），由此确定两个路径点的空间坐标及时刻，进而得出该飞行路径上的 20 个坐标点。通过设定合理的速度方向，得到只产生一个假目标点的飞行路径的坐标。

4.1.2.2 求解结果

根据算法结果，问题 1 模拟得到的最少无人机数量为 38 架，不同架次无人机的飞行方案如图 7(a) 所示，第 1 架无人机飞行路线如图 7(b) 所示。

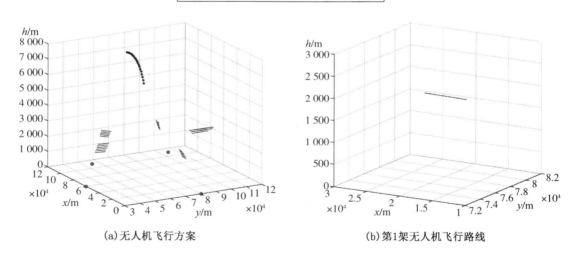

(a) 无人机飞行方案　　　　　　　　　　(b) 第 1 架无人机飞行路线

图 7　求解结果示意图

本方案共 38 架无人机，以下仅列出 1～5 架无人机各时刻段的飞行速度及飞行距离的统计和第 1 架无人机的飞行路线，分别见表 2 和表 3。

表 2　　　　　　　　　　　　部分无人机飞行速度及飞行距离

无人机编号	速度（m/s）	单位时刻内的飞行距离（m）
1	34.64	346.40
2	35.71	357.13

(续表)

无人机编号	速度(m/s)	单位时刻内的飞行距离(m)
3	34.54	345.40
4	35.93	359.31
5	34.14	341.44

表 3　　　　　　　　　　第 1 架无人机飞行路线表

第 1 架	(76 210.286 63,14 740.015 11,2 000)	→(76 219.990 84,15 086.277 47,2 000)
	→(76 229.695 05,15 432.539 84,2 000)	→(76 239.399 27,15 778.802 2,2 000)
	→(76 249.103 48,16 125.064 56,2 000)	→(76 258.807 69,16 471.326 92,2 000)
	→(76 268.511 9,16 817.589 29,2 000)	→(76 278.216 12,17 163.851 65,2 000)
	→(76 287.920 33,17 510.114 01,2 000)	→(76 297.624 54,17 856.376 37,2 000)
	→(76 307.328 75,18 202.638 74,2 000)	→(76 317.032 97,185 48.901 1,2 000)
	→(76 326.737 18,18 895.163 46,2 000)	→(76 336.441 39,19 241.425 82,2 000)
	→(76 346.145 6,19 587.688 19,2 000)	→(76 355.849 82,19 933.950 55,2 000)
	→(76 365.554 03,20 280.212 91,2 000)	→(76 375.258 24,20 626.475 27,2 000)
	→(76 384.962 45,20 972.737 64,2 000)	→(76 394.666 67,21 319,2 000)

4.2　问题 2:限定无人机数量的变速曲线飞行

4.2.1　模型 2:最多虚假航迹模型

4.2.1.1　模型合理性分析

首先,问题 2 未规定无人机必须进行直线运动,但限定其飞行转弯距离。根据此限制可将雷达更新时间段内的无人机运动简化为满足一定要求的直线运动。然后,从一个初始点出发,每次验证下一个到达点的合理性,验证基于飞行所需要满足的若干限制条件,不断对下一飞行段进行判断,从而逐步研究出一条可行的无人机飞行线路。基于以上策略确定了大部分解之后,采用满足条件且最简单的飞行路线作为补充的飞行路线,再由立体几何可推证,6 架无人机在通过问题 2 给出的 5 个雷达进行飞行不能同时产生 3 条或以上的虚拟航迹,从而基于本模型确定了至多的虚假航迹线。

4.2.1.2　无人机飞行模式简化

基于对满足题设要求的合理航迹的计算与简化,将具有以下特征的路径点视为合理的无人机路径点:

(1)相邻两个路径点的距离在 $309.2 \sim 500$ m。

(2)连续三个路径点组成的两条直线的夹角不小于 $103.6°$。

此简化使得我们在求解路径点时只需要考虑路径点之间线段的长度以及两条线之间的夹角。

根据已知条件和上述简化,可以对计算得到的无人机路径点进行检验。

检验程序包括两个步骤:相同时刻任意两个无人机路径点间的距离不得小于 100 m;一个无人机连续 3 个路径点组成的两条路径直线的夹角不能小于 $103.6°$。

4.2.1.3　确定无人机的空间坐标值

(1)限制条件

在建立模型寻找合理的无人机飞行方案前,须明确本模型的几个限制条件:

● 问题 2 也存在假目标被确认次数限制、飞行距离限制、无人机间距限制、不同无人机不能穿过相同连线的限制,具体可参见问题 1 对限制条件的讨论。

● 爬升高度的限制。相邻连线间距小于最小飞行距离限制时,需要通过爬升来增加飞行距离,爬升总高度 H 或爬升次数 n 和一次爬升高度 dH 满足:

$$H \leqslant 2\,500(\text{m}) \ \text{或者} \ n \times dH \leqslant 2\,500(\text{m}) \tag{8}$$

● 飞行距离的限制。由于雷达和假目标点的连线呈现"先密后疏"的状态,经过一定时间飞行后,相邻连线的间距可满足最小飞行距离限制,不必再通过爬升增加飞行距离,只需水平飞往下一时刻点的连线即可。随着连线间距的增大,无人机最终将超过最大飞行距离限制,即无人机无法在规定时间内(10s)穿过下一条连线产生假目标,则该位置即为该无人机产生最后一个假目标的位置。

(2)解决策略

以下对解决问题 2 的策略进行了阐述,相应的流程如图 8 所示。

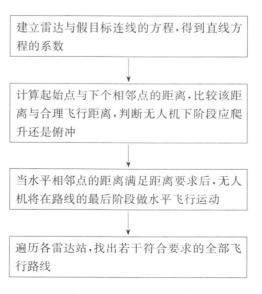

图 8　问题 2 的解决流程

首先,求解 100 条雷达点与虚假航迹点连线的直线方程。

其次,根据求解的直线方程,确定第一条连线与 2 000 m 高度平面的交点 k_1 的坐标,并计算同一高度上下一条连线的交点 k_2 的坐标,计算 k_1、k_2 的间距。若小于距离限制要求,则将 k_2 的 z 坐标增加 dH,得到 k_2' 的坐标,计算 k_1、k_2' 的间距并判断是否满足距离要求,直至最终两点的间距满足要求为止,则两点间的某条连线即为完整飞行路线中的一部分。

再次,按照上述规则可能出现爬升距离过大超过距离限制的情况,此时无人机可作俯冲飞行,即缩小相邻时刻间的距离以满足要求,设定单次下降量为 $0.5dH$,计算出发点与抵达点之间的距离,直至两点间距满足要求为止。

最后,按照上文方法不断寻找下一个合理路径点,最终无人机不需要爬升也可满足距离限制,因此,飞行最后阶段将为水平直线运动。总体上仍是基于贪心算法的策略,通过每次确定的一小段合理飞行路径,逐渐形成一条完整的飞行路线。

4.2.1.4　补充无人机的坐标值

问题 2 的补充飞行路线与问题 1 的补充飞行路线设计方法相似,即可以用合理方向的匀速直线运动来补充无人机的其他不需要产生假目标的路径点。此外,补充的无人机应在前 20 个时刻内尽可能多地产生虚拟航迹。根据无人机的速度要求,其高度和飞行长度都受到限制,从最后的两个虚拟航迹点出发可得到相应的路径点。在求得所有路径点之后,将结果文件代入验证程序进行验证,验证成功则满足上述曲率要求,否则需要根据不符合要求的路径点进行修改与调整。

4.2.1.5　确定至多的虚假航迹线

根据上述求得的自由无人机数量来确定最多可以产生的虚假航迹数量。基于上述的求解思路,若能找到 3 条能够产生给定虚拟航迹的无人机路径点轨迹,则可余下 6 架自由无人机。此外,6 架无人机可产生 2 条虚拟航迹,因此 9 架无人机总共可产生 3 条虚拟航迹。

4.2.2　问题 2 求解

(1) 数据处理思路

将 6 架自由无人机分为两组并分别用于产生一条水平虚拟航迹线。首先使确定了 2 号雷达区的自由无人机作匀速直线运动,确定其全部路径点;其次,根据前 20 个路径点、自由无人机的高度、拟作虚拟航迹线高度确定虚拟航迹线,再根据求得的虚拟航迹线计算其他区域的自由无人机的前 20 个路径点;最后线性插值得到其他雷达区域自由无人机的剩余路径点。

(2) 求解结果

根据算法结果,在限定无人机数量为 9 架的情况下,问题 2 模拟得到的无人机的飞行方案如图 9(a) 所示,飞行方案平面如图 9(b) 所示,由这 9 架飞机产生的其余 2 条虚假航迹线如图 9(c) 所示,第 1 架无人机飞行路线如图 9(d) 所示。

本方案共 9 架无人机、两条虚拟航线,以下仅列出第 1 架无人机的飞行路线和第 1 条的虚拟航迹坐标,见表 4。

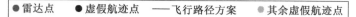

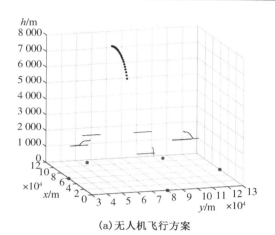

(a)无人机飞行方案

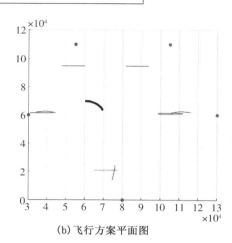

(b)飞行方案平面图

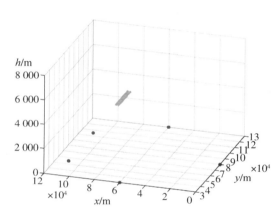

(c)其余两条虚假航迹线示意图

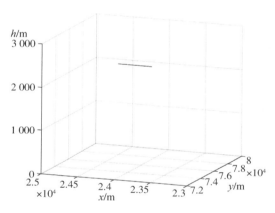

(d)第1架无人机飞行路线

图 9　求解结果示意图

表 4　　　　　　　　　　　　无人机飞行路线及虚拟航线坐标

第 1 架	(74 534.528 07,13 823.227 13,2 000)	→(74 590.204 32,14 158.064 81,2 000)
	→(74 645.880 57,14 492.902 48,2 000)	→(74 701.556 83,14 827.740 15,2 000)
	→(74 757.233 08,15 162.577 82,2 000)	→(74 812.909 33,15 497.415 49,2 000)
	→(74 868.585 59,15 832.253 17,2 000)	→(74 924.261 84,16 167.090 84,2 000)
	→(74 979.938 09,16 501.928 51,2 000)	→(75 035.614 35,16 836.766 18,2 000)
	→(75 091.290 6,17 171.603 85,2 000)	→(75 146.966 85,17 506.441 53,2 000)
	→(75 202.643 11,17 841.279 2,2 036)	→(75 261.508 49,18 172.804 53,2 070)
	→(75 322.784 6,18 502.111 87,2 102)	→(75 385.404 44,18 830.094 73,2 132)
	→(75 448.808 18,19 157.984 65,2 160)	→(75 511.864 35,19 486.829 92,2 186)

(续表)

第1架	→(75 573.669 27,19 818.059 9,2 210)	→(75 633.273 47,20153.240 82,2232)
	→(75 689.972 27,20 494.100 8,2 252)	→(75 746.464 91,20 824.503 04,2 268)
	→(75 797.734 62,21 164.296 15,2 282)	→(75 843.968 13,21 499.632 7,2 292)
	→(75 883.895 73,21 833.291 45,2 298)	→(75 917.207 27,22 167.985 45,2 300)
	→(75 938.720 24,22 526.651 79,2 300)	→(75 944.561 4,22 933.684 21,2 300)
	→(75 933.181 82,23 395.470 22,2 300)	→(75 921.802 23,23 857.256 23,2 300)
	→(75 910.422 65,24 319.042 24,2 300)	
虚拟航迹1	(33 037.668 68,64 432.825 71,6 200)	→(34 277.661 13,64 432.817 05,6 200)
	→(35 517.653 57,64 432.808 4,6 200)	→(36 757.646 01,64 432.799 74,6 200)
	→(37 997.638 46,64 432.791 08,6 200)	→(39 237.630 9,64 432.782 42,6 200)
	→(40 477.623 35,64 432.773 77,6 200)	→(41 717.615 79,64 432.765 11,6 200)
	→(42 957.608 23,64 432.756 45,6 200)	→(44 197.600 68,64 432.747 8,6 200)
	→(45 437.593 12,64 432.739 14,6 200)	→(46 677.585 57,64 432.730 48,6 200)
	→(47 917.578 01,64 432.721 83,6 200)	→(49 157.570 45,64 432.713 17,6 200)
	→(50 397.562 9,64 432.704 51,6 200)	→(51 637.555 34,64 432.695 85,6 200)
	→(52 877.547 79,64 432.687 2,6 200)	→(54 117.540 23,64 432.678 54,6200)
	→(55 357.532 67,64 432.669 88,6 200)	→(56 597.525 12,64 432.661 23,6 200)

4.3 问题3:考虑航迹维持的限定数量变速曲线飞行

4.3.1 模型3:考虑航迹维持策略的最多虚假航迹模型

（1）模型合理性分析

根据航迹维持策略,所描述的"之前"可简单认为是指受到干扰的"前一个时刻"。据此,无人机产生虚拟航迹点的有效与否仅与受到干扰的"前一个时刻"的状态有关,这种一个过程状态的可能性仅由前一过程的状态来决定的规则符合马尔可夫模型的定义,可结合枚举遍历和排列组合等方法分过程依次进行动态决策,从而得到考虑航迹维持策略下可产生最多虚拟航迹的无人机编队情况。

（2）无人机空间坐标表达

根据分析理解,本问题可以分为三个子问题:首先是考虑航迹维持策略对问题2的无人机编队安排进行优化;其次是在不考虑无人机运动合理性的前提下,根据优化后的无人机编队安排寻找出包含最多"三机组合"的情况;最后是依据无人机运动规律对上一个子问题得到的情况进行验证筛选,满足要求的即为产生虚假航迹最多的可能的无人机编排情况。

要分析每一条虚假航迹运动规律的合理性就必须要建立起虚假航迹与无人机之间运动规律的相互关系。根据参考文献[5],二者之间的相互关系如图10所示。

设雷达坐标为(x_r,y_r,z_r),无人机坐标为(x_u,y_u,z_u),虚假点坐标为(x_p,y_p,z_p),

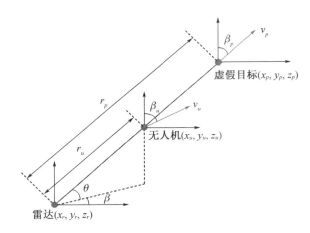

图 10　无人机和虚假目标之间的关系

假设 $i=p$ 时,表示虚假目标,$i=u_j$ 时,表示第 j 架无人机,r_i 表示 i 到雷达的径向距离,θ_i 表示俯仰角,φ_i 表示方位角,β_i 为航向角,h_i 表示飞行高度,则由图示几何关系得到以下关系。

过两点建立直线方程,并假定无人机做定高度飞行,由几何关系推导得:

$$
\begin{cases}
\theta = \arcsin\big[(z_i - z_r)/r_i\big] \\
\varphi = \arctan\big[(y_i - y_r)/(x_i - x_r)\big] \\
\dot{\theta} = \dfrac{\dot{z}_i \sqrt{(x_i - x_r)^2 + (y_i - y_r)^2}}{r_i^2} - \dfrac{z_i - z_r}{r_i^2} \cdot \dfrac{(x_i - x_r)\dot{x}_i + (y_i - y_r)\dot{y}_i}{\sqrt{(x_i - x_r)^2 + (y_i - y_r)^2}} \\
\dot{\varphi} = \dfrac{(x_i - x_r)\dot{y}_i + (y_i - y_r)\dot{x}_i}{\sqrt{(x_i - x_r)^2 + (y_i - y_r)^2}}
\end{cases}
\tag{9}
$$

无人机与虚假目标之间的速度关系为

$$
\frac{v_{u_j}}{v_p} = \frac{h_{u_j}}{h_p}
\tag{10}
$$

通过以上关系就可以建立起无人机与虚假目标点之间的运动轨迹关系,并对运动轨迹的合理性进行验证。值得注意的是对于本问题还有 $r_p \leqslant 150 \text{ km}$ 的约束。

(3) 无人机位置的动态决策思路

根据之前得到的无人机协同干扰策略,针对问题所定义的航迹维持策略,在其基础上对每一架无人机的运动规律和协同策略进行变更,合理协同无人机编队的飞行,有可能产生更多的虚假航迹。因此,本文要求重新讨论问题 2 中的 9 架无人机组成的编队在满足问题 2 要求的情况下至多还可产生出多少条虚假航迹,仍要给出每一架无人机的运动规律和协同策略,并分析每一条虚假航迹的运动规律和合理性。

根据航迹维持策略,无人机产生虚拟航迹点的有效与否仅与受到干扰的"前一个时刻"的状态有关,这种一个过程状态的可能性仅由前一过程的状态来决定的规则符合马尔可夫模型,可借鉴相关算法分过程依次进行动态决策。同时,基于该策略,在下面的求解过程中可以仅考虑连续的不超过 3 个的某些时刻点的雷达站检测不到目标,由此放松原先对这些点的无人机运动轨迹要求。

（4）求解流程

步骤1：对9架无人机重新进行运动点位安排，争取最大数量的自由无人机。

步骤2：根据上述假定和条件对9架无人机进行每3架一组的排列组合。

步骤3：在每架无人机最多重复两次的限定条件下对上述组合进行筛选，选出包含组合最多的一种情况，若不考虑其他限制则包含的组合数即为至多能产生的虚假航迹，该情况的组合即为无人机的协同策略。

步骤4：对前一步得到的各种情况进行判定，利用速度、加速度、转弯半径等条件判定运动轨迹是否满足要求，满足则该情况合理。

4.3.2　问题3求解

步骤1：对9架无人机重新进行运动点位安排，争取最大数量的自由无人机。

若要使可自由飞行的无人机数量最多，应尽可能让问题2中仅要求过一时刻点的无人机不被检测到，据此对无人机编队重新进行编排。考虑航迹维持策略后的无人机分配情况见表5。

表5　考虑航迹维持策略后的无人机分配

无人机编号	1	2	3	4	5	6	7	8	9
干扰的时刻点位	12～29	12～29	12～28	30～31	29	30	31	—	—
干扰的雷达	1	2	5	2	5	5	5	—	—

注：仍如问题2中规定，将附件1给定的虚拟航迹点认为是5 min内的最后20个时刻点

由表5可见，此时只需7架无人机就可完成给定虚假航迹的目标。计算出目标虚假航迹对应的无人机运动轨迹坐标，将其投影到x-y平面并标出5个雷达站及其作用范围（$r_p \leqslant 150$ km），如图11所示。

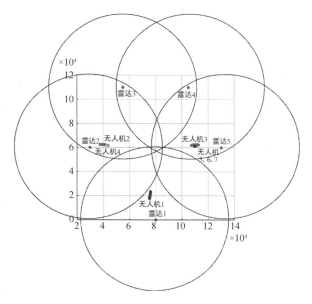

从图11可以发现，雷达站的作用范围足够大，在距离较远时仍可以干扰到其他雷达站。因此，在寻找可能的虚假航迹时，可以先不考虑无人机飞行速度、高度、转弯半径等问题，优先考虑3架无人机能否组成新的组合。

步骤2：根据上述假定和条件对9架无人机进行每3架一组的排列组合。

根据为干扰形成之前所给的虚假航迹所编排的无人机编队（表5），可以得到几种无法同时出现在新组合的无人机情况。

（1）干扰同一雷达站的无人机

雷达站1：无人机1号；

图11　各架无人机的空间位置及雷达的作用范围

雷达站 2:无人机 2、4 号(无法同时出现在新组合中);

雷达站 3:无;

雷达站 4:无;

雷达站 5:无人机 3、5、6、7 号(无法同时出现在新组合中)。

(2) 某一时刻进行同源检验的无人机

无人机 1、2、3 号(无法同时出现在新组合中);

无人机 1、2、5 号(无法同时出现在新组合中);

无人机 4、6、7 号(无法同时出现在新组合中)。

在这些限定条件下进行排列组合可以看作是一个逐次排队筛选问题的过程,分别以 1~9 号无人机为排列初始位置,分情况再逐个筛选满足要求的无人机编号,由此形成 3 架无人机一组的组合。可用枚举法进行求解,组合算法原理如图 12 所示。

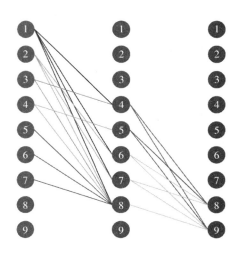

图 12　寻找无人机组合算法原理示意图

通过枚举法算出所有可能的任意 3 架无人机一组的排列组合情况,见表 6,共有 22 种不同的组合,即 22 条不同的虚假航迹。

由于 1~7 号无人机均参与了干扰形成给定的虚假航迹,因此在新的虚假航迹组合中只能再出现一次;而 8、9 号无人机可以在新组合中各自重复出现两次,但不可成对重复出现两次。以此为约束条件在步骤 2 的 22 种组合中选取最多组合的情况。

表 6　　　　　　　　　　　　　任意 3 架无人机一组的排列组合情况

组合编号	组合起始无人机编号								
	1	2	3	4	5	6	7	8	9
1	1/4/8	2/6/8	3/4/5	4/5/8	5/8/9	6/8/9	7/8/9	—	—
2	1/4/9	2/6/9	3/4/8	4/5/9	—	—	—	—	—
3	1/6/8	2/7/8	3/4/9	4/8/9	—	—	—	—	—
4	1/6/9	2/7/9	3/8/9	—	—	—	—	—	—
5	1/7/8	2/8/9	—	—	—	—	—	—	—
6	1/7/9	—	—	—	—	—	—	—	—
7	1/8/9	—	—	—	—	—	—	—	—

步骤 3:在每架无人机最多重复两次的限定条件下对上述组合进行筛选。

为找到能选取最多组合的情况,可采用局部最优化的思想进行编程计算,即分为不同的几种情况并以不同的组合为起点进行选取,得到一种组合数的情况,通过比较得到一个最大值即为所求组合数最大的情况。这种沿一个方向不断进行优化且可以通过一系列局部最优的选择来得到所需结果的问题符合贪心算法的原理,可以选用该策略进行求解。得到的部分结果见表 7。

表 7　　　　　　　　　　　　　　组合数最多的情况

组合最多的情况	组合数
1	1/4/8＋2/6/9＋3/8/9
2	1/4/9＋2/6/8＋3/8/9
3	1/6/8＋2/7/9＋3/8/9
4	1/7/8＋2/6/9＋3/4/5
5	1/7/9＋2/6/8＋3/8/9
…	…

搜索到的组合数最多的情况有 3 个组合,即由 9 架无人机组成的编队在 5 min 内完成题意所要求的虚假航迹的同时,至多还可产生出 3 条虚假航迹。

组合数为 3 的情况有几十种,但是不是每一种情况都可以产生 3 条虚假航迹,只有满足无人机运动规律的要求才能算是一种成功的情况。

步骤 4:对前一步得到的各种情况进行判定,判定是否符合无人机运动规律。

借助问题 2 的计算方法,代入无人机编队情况进行计算(简便起见仍只考虑定高飞行),可以得到一系列无人机轨迹点和虚假航迹点,再判定其是否满足运动规律要求,若不满足要求则换一种情况再次判定。

根据这种策略,筛选出几种满足合理运动规律要求的情况,现举出一种满足无人机运动规律和虚假航迹运动规律的虚假航迹情况见表 8。

综上所述,考虑航迹维持策略后,由 9 架无人机组成的编队在 5 min 内完成题意要求的虚假航迹的同时,至多还可产生 3 条虚假的航迹。按照表 8 所示的无人机编队协同策略对组网雷达进行协同干扰,可保证每一条虚假航迹的运动规律是合理的。

表 8　　　　　　　一种可产生 3 条虚假航迹的无人机编队协同策略

	虚假航迹 1			虚假航迹 2			虚假航迹 3		
同源检测	一	二	三	一	二	三	一	二	三
无人机编号	1	6	8	2	7	9	3	8	9
干扰的雷达	1	5	4	2	5	3	5	3	4

5 模型评价

5.1 模型的优点

(1) 在问题 1 中,基于贪心算法的策略,通过程序算法在各高度平面上寻找合理的飞行路线,同时将各飞行路线布置在不同高度平面上,较好地规避了相距 100 m 这一限制,使模型能够更加简单快捷地得出结果。

(2) 在问题 2 中,通过采用无人机爬升飞行的策略,在满足各种飞行要求的限制下,仅以 3 架无人机就实现了 17 个虚假目标航迹点,从而以较高的效率找到了 9 架无人机在各个时刻的空间坐标值。

(3) 在问题 3 中,模型将无人机组合与运动规律(速度、加速度、高度、转弯半径)分步考虑,即先寻找合适的组合后验证运动规律的合理性,较好简化了问题,从而较快较多地找到了可能满足要求的无人机编排情况。

5.2 模型的缺点

(1) 对问题 1,模型在某些条件上进行了较理想的假设,如将线路固定在预定高度,得到的结果未必是整体最优,实际中应该更深入地进行讨论。

(2) 对问题 2,同样可能出现局部最优的问题,如飞行起点选择比较随意,仅给出了当前条件假设下的最优线路,未与其他合理的飞行线路进行对比。

(3) 对问题 3,模型找到的组合数大多不满足要求,浪费储存空间,且在验证无人机运动规律合理性时借助了上一问题的计算方法,即假定无人机定高飞行,可能使筛选条件更加苛刻,最终导致得出的无人机编排方案比真实情况少。

参考文献

[1] 周续力,张伟. 对组网雷达的多目标航迹欺骗[J]. 火力与指挥控制,2008(s2):136-138.

[2] 杨忠,王国宏,孙殿星. 雷达网航迹欺骗干扰协同规划技术[J]. 指挥控制与仿真,2015(6):45-49.

[3] 孙琳,李小波,毛云祥,等. 基于多机协同的组网雷达欺骗干扰策略[J]. 电子信息对抗技术,2016,31(3):51-54.

[4] 司守奎. 数学建模算法与应用[M]. 北京:国防工业出版社,2013.

[5] 郭淑芬,余国文,熊鑫,等. 基于无人机协同的航迹欺骗干扰方法研究[J]. 空军预警学院学报,2018(1):44-47,54.

陈雄达

这篇论文通过算法对多无人机对组网雷达的协同干扰问题进行了研究。

对于只考虑一架无人机产生两个虚假航迹的问题,论文作者提出通过计算和贪心算法找到可能的合理飞行路线,利用几何关系计算了它们的所有轨迹,并进行了检验。对于多无人机问题,作者提出尽可能让无人机处在雷达与虚假目标的连线上,以产生尽可能多的虚假目标，最终给出 9 架无人机可以产生 2 条虚假航迹的定量结论。对于扩展的问题，作者也给出了一个大致的无人机空间区域分配的模型，采用局部优化的方法近似地给出多架无人机组合产生虚假航迹的方法。这些方法计算简便，可以方便地给出无人机的轨迹和虚假航迹的空间表示，计算量小使得该算法可能很快速地执行。

文中没有对这个方法进行进一步的验证，对该方法的最优程度也缺少一定的说明。

论文结构清楚，计算方法也很简练，仅用到了一些简单的几何关系和贪心算法。但在结果的表述上还可以进一步优化，例如，无人机在如何产生虚假目标的示意上，应该对每一时间点无人机和航迹中某一点的对应关系有直观的说明。